高等学校机械设计制造及其自动化专业系列教材

工程力学习题与学习指导

主　编　曹丽杰
副主编　范志毅　刘小妹
主　审　潘　颖

西安电子科技大学出版社

内 容 简 介

本书是依据“理工科非力学专业基础力学课程教学基本要求”和“卓越工程师教育培养计划”要求而编写的。

全书共17章，每一章均包括知识点归纳、典型例题解析和自测题(附参考答案)。本书在编写过程中，借鉴了国内外优秀教材并结合作者多年的教学经验，加强了工程应用，力图帮助读者掌握基本内容，学会分析方法，提高计算能力。

本书可作为高等工科院校非力学专业学生的基础力学课程的辅助教材，也可供使用其他力学教材的读者学习参考。

图书在版编目(CIP)数据

工程力学习题与学习指导/曹丽杰主编. —西安：西安电子科技大学出版社，2018.10(2021.7重印)
ISBN 978-7-5606-4986-3

Ⅰ. ①工… Ⅱ. ①曹… Ⅲ. ①工程力学—高等学校—教学参考资料
Ⅳ. ①TB12

中国版本图书馆CIP数据核字(2018)第198707号

策划编辑 马乐惠
责任编辑 杨 薇
出版发行 西安电子科技大学出版社(西安市太白南路2号)
电 话 (029)88202421 88201467 邮 编 710071
网 址 www.xduph.com 电子邮箱 xdupfxb001@163.com
经 销 新华书店
印刷单位 陕西天意印务有限责任公司
版 次 2018年10月第1版 2021年7月第2次印刷
开 本 787毫米×1092毫米 1/16 印张 13.5
字 数 319千字
印 数 3001～4000册
定 价 32.00元
ISBN 978-7-5606-4986-3/TB

XDUP 5288001-2

前　　言

本书是和“卓越工程师教育培养计划配套教材”系列教材《理论力学》、《材料力学》、《简明工程力学》(第二版)相配套的教辅用书，是按照教育部力学基础课程教学指导分委员会制定的“理工科非力学专业基础力学课程教学基本要求”和“卓越工程师教育培养计划”(下文简称“卓越计划”)要求而编写的。

上海工程技术大学是教育部提出的“卓越计划”首批试点高校之一，“卓越计划”培养专业从首批的汽车车辆工程、城市轨道交通车辆工程，已经扩展到机械制造及自动化、材料加工工程等专业。为了更好地配合“卓越计划”的开展与实施，编者对卓越班级的力学课程进行了改革探索，立足于“中少学时”，编写了面向工程应用型人才培养的《理论力学》、《材料力学》和《简明工程力学》三本教材。其中，《材料力学》和《简明工程力学》获得 2015 年上海市普通高校优秀教材。为帮助学生理解力学基本概念、加强对基本解题技巧的掌握、提高学生的学习和应试能力，我们编写了与上述教材配套的《工程力学习题与学习指导》一书。

全书共 17 章，每章包括三部分内容：

(1) 知识点归纳：简明扼要地列出本章的知识点，梳理基本概念和基本公式，便于学生从总体上系统地掌握本章的知识体系和重点内容。

(2) 典型例题解析：精选反映各章基本知识点和基本方法的典型例题，给出详细的分析解答过程，以提高学生的综合分析能力。

(3) 自测题：自测题根据章节的不同，分为判断、选择、填空和计算题等，题后附有答案，便于学生自测。

本书由上海工程技术大学机械工程学院工程力学教学部编写，范志毅编写第 1～3 章和第 8、9 章，曹丽杰编写第 4、5 章和第 10～12 章及第 14～17 章，刘小妹编写第 6、7 章及第 13 章。全书由曹丽杰任主编，潘颖任主审。

本书的特点是，对教材内容层层展开归纳梳理，简明扼要，全面具体，在少学时教学情况下，便于学生快速复习，掌握知识点，抓住重、难点，举一反三，提高解题能力。本书作为教辅资料，适合工科非力学专业少学时“理论力学”、“材料力学”、“工程力学”课程使用。

本书在编写过程中，参考了国内外的众多同类优秀书籍，汲取了它们的长处，选用了其中的部分经典例题和习题。需要指出的是，除了已列出的参考文献书目外，编者也参考了其他相关资料，限于篇幅，不逐一列出，编者在此一并对其作者表示衷心的感谢。

由于编者水平有限，书中不当和错误之处在所难免，恳请读者批评指正，如有宝贵意见和建议，欢迎联系本书编者，电子邮箱：lixuexiti2017@126.com。

编　者

2018年3月

目　录

第 1 章　静力学基础

一、知识点归纳

1. 静力学公理

公理 1　力的平行四边形法则

作用在刚体上同一点的两个力，可以合成为一个合力。合力的作用点不变，合力的大小和方向，由这两个力为边构成的平行四边形的对角线确定(图 1.1(a))，即 $\boldsymbol{F}_R=\boldsymbol{F}_1+\boldsymbol{F}_2$。

此公理亦可表述为三角形法则：平行移动其中一个力，使两个力首尾相接(图 1.1(b))。合力矢 $\boldsymbol{F}_R$，从起点 O 指向终点，与 $\boldsymbol{F}_1$ 和 $\boldsymbol{F}_2$ 形成三角形。

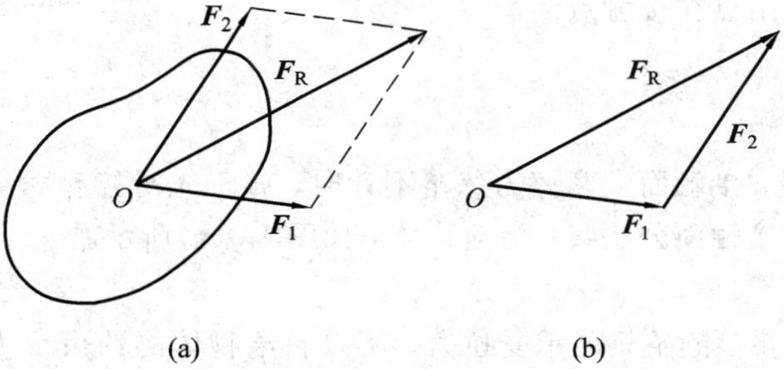

图 1.1

公理 2　二力平衡条件

作用在刚体上的两个力，使刚体保持平衡的充要条件是这两个力的大小相等，方向相反，且在同一直线上(图 1.2)，即 $\boldsymbol{F}_1=-\boldsymbol{F}_2$。

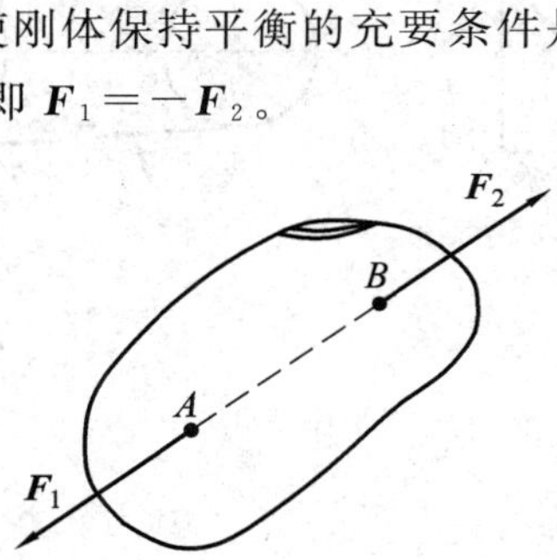

图 1.2

公理 3　加减平衡力系原理

在某一力系上加上或减去任意的平衡力系，得到的新力系不改变对刚体的作用效应，因此可以等效替换原力系。

推理 1　力的可传性

作用于刚体上某点的力，可以沿着其作用线移到刚体内任意一点，不改变力对刚体的作用效应。

推理 2　三力平衡汇交定理

作用于刚体上三个相互平衡的力，若其中两个力的作用线汇交于一点，则此三力必在同一平面内，且第三个力的作用线通过汇交点。

公理 4　作用和反作用定律

作用力和反作用力总是同时存在，两力的大小相等、方向相反，沿着同一直线，分别作用在两个相互作用的物体上。

公理 5　刚化原理

变形体在某一力系作用下处于平衡，如将此变形体视为刚体，其平衡状态保持不变。

2. 约束

1) 约束的定义

约束是指对非自由体的某些位移起限制作用的周围物体。

约束反力是指约束对物体的作用力，简称反力。反力的大小通常是未知的，方向与物体运动趋势相反，作用点在接触点。

2) 约束的类型

(1) 光滑接触面约束。

物体间相互触碰，接触面上摩擦力忽略不计时，属于光滑接触面约束。其约束反力作用在接触点，方向沿接触面公法线，指向物体，如图 1.3(a)所示。

(2) 柔体约束。

柔软的绳索、皮带、链条只能承受拉力，所以它给物体的约束反力只可能是拉力。其约束反力作用在接触点，方向沿着绳索背离物体，如图 1.3(b)所示。

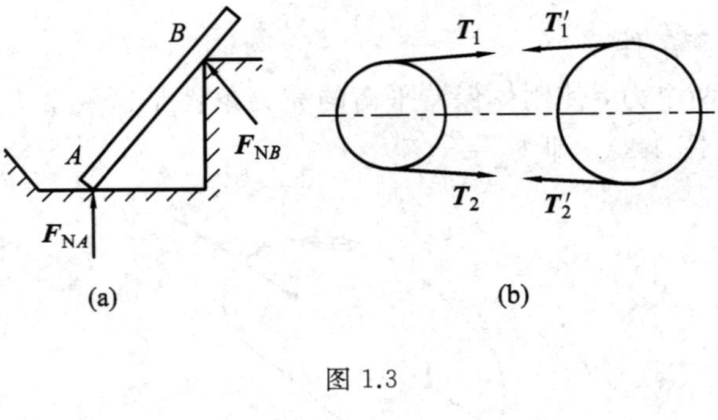

图 1.3

(3) 光滑铰链约束。

圆柱铰链是由圆柱销钉将两个带相同孔洞的构件连接在一起而成，销钉与孔洞之间认为是光滑接触面约束，销钉对构件的约束反力应沿接触点的公法线方向且通过孔洞中心，通常用一对正交分力 $\boldsymbol{F}_x$ 和 $\boldsymbol{F}_y$ 来表示。光滑铰链约束分为固定铰链支座（见图 1.4）和滚动铰链支座(见图 1.5)。

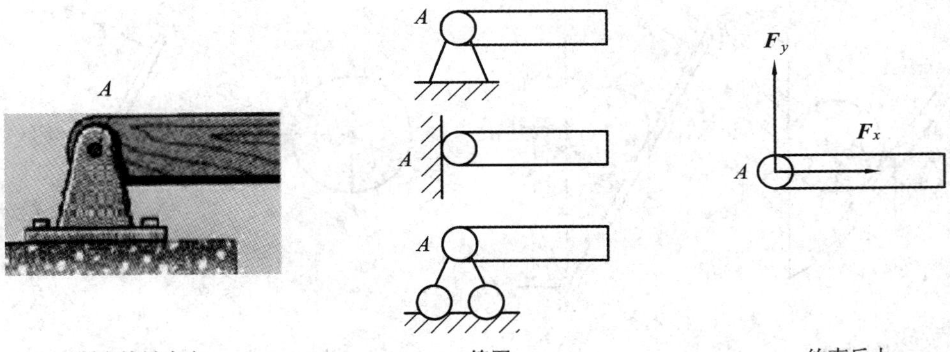

固定铰链支座　　　　简图　　　　约束反力

图 1.4

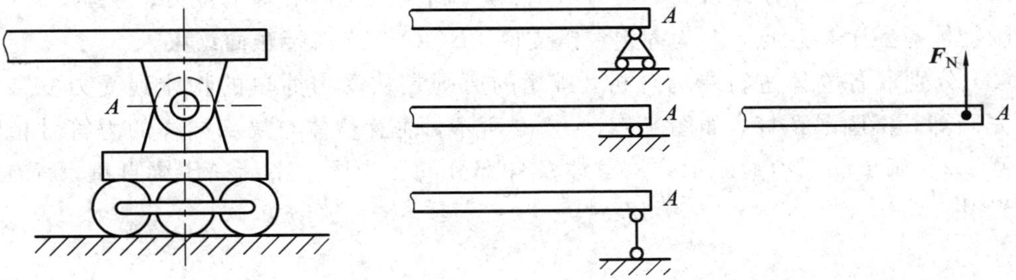

滚动支座　　　　简图　　　　约束反力

图 1.5

(4) 固定端。

当梁的一端插入柱子或墙内，不能移动和转动，称为固定端约束，如图 1.6(a)所示。固定端 A 处的约束反力作用可简化为两个约束反力 $\boldsymbol{F}_{Ax}$、$\boldsymbol{F}_{Ay}$ 和一个矩为 M_A 的约束反力偶，分别限制柱子的水平、垂直和转动位移，如图 1.6 (b)所示。

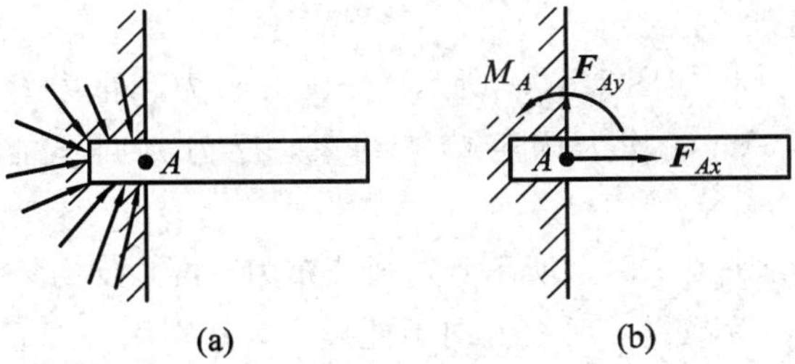

(a)　　　　(b)

图 1.6

二、典型例题解析

例 1.1　画出图 1.7(a)所示物系整体及各个物体的受力图。所有接触处均光滑。

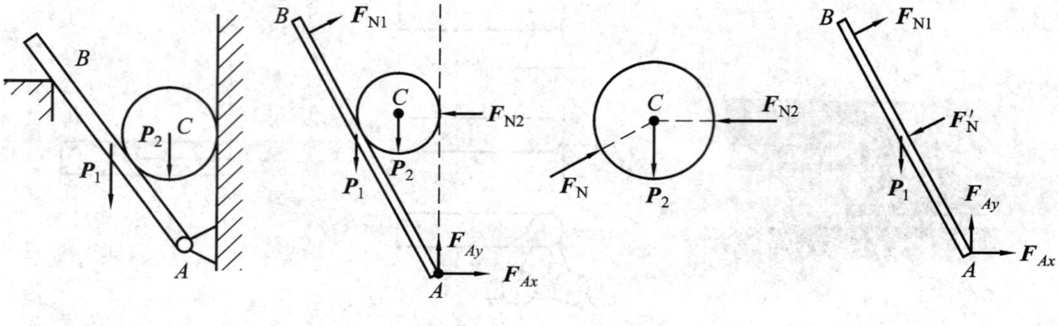

(a) (b) (c) (d)

图 1.7

解 (1) 整体受力分析如图 1.7(b)所示：先画主动力，杆和球的重力；再画反力，整体与周围物体有三个接触点，A 为固定铰链支座，B、C 为光滑接触面约束。

(2) 分别取各物体进行受力分析，遵循的原则是从受力简单的物体到受力复杂的物体。先画球，再画 AB 杆，如图 1.7(c)、(d)所示，注意整体与局部同样的力符号相同。

例 1.2 画出图 1.8(a)所示结构整体及各部分的受力图。不计 AB 梁自重，所有接触处均光滑。

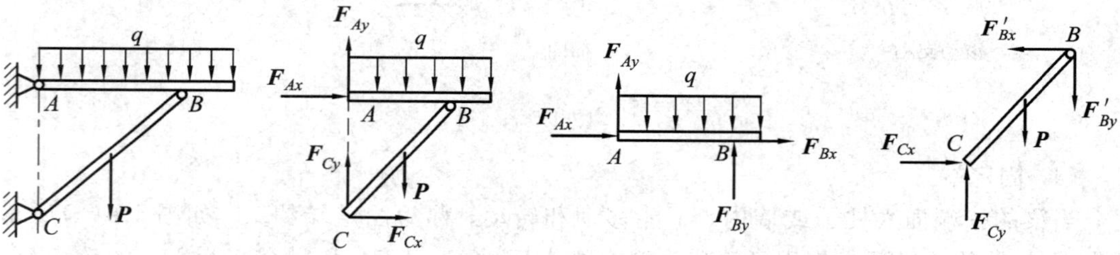

(a) (b) (c) (d)

图 1.8

解 (1) 整体受力分析如图 1.8(b)所示：先画分布力和重力 $\boldsymbol{P}$，再画反力，整体与周围物体有两个接触点，A、C 均为固定铰链约束，反力方向不能确定，用一对正交力表示。

(2) AB 梁受力分析如图 1.8(c)所示：先画分布力，再画反力，AB 与周围约束有两个接触点，A 为固定铰，B 为铰链，反力方向不能确定，分别用一对正交力表示。注意 A 的反力与整体一致。

(3) BC 梁受力分析如图 1.8(d)所示：先画重力 $\boldsymbol{P}$，再画反力，与周围约束有两个接触点 B 和 C，B 为固定铰链，用一对正交力表示，注意正交力的方向和图 1.8(c)中的 B 点反力方向相反，互为作用力和作用反力。C 的反力与图 1.8(b)保持一致。

例 1.3 画出图 1.9(a)所示三铰拱整体及各部分的受力图。不计自重，所有接触处均光滑。

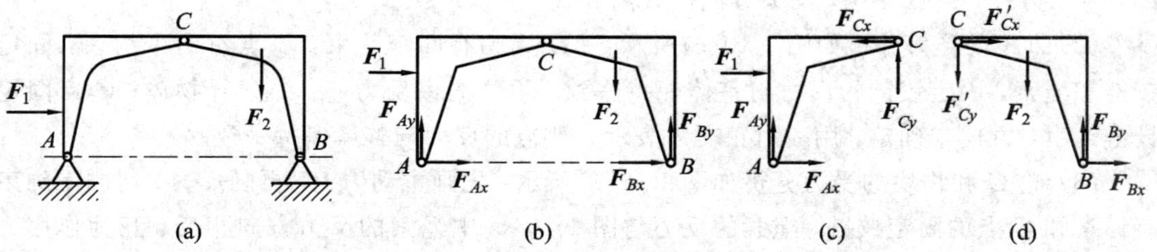

图 1.9

解　(1) 整体受力分析如图 1.9(b)所示：先画主动力 $\boldsymbol{F}_1$、$\boldsymbol{F}_2$，再画反力，整体与周围物体有两个接触点，A、B 均为固定铰链约束，反力方向不能确定，用一对正交力表示。

(2) AC 受力分析如图 1.9(c)所示：先画主动力 $\boldsymbol{F}_1$，再画反力，AB 与周围约束有两个接触点，A、C 均为固定铰链约束，反力方向不能确定，分别用一对正交力表示。注意 A 的反力与整体一致。

(3) BC 受力分析如图 1.9(d)所示：先画主动力 $\boldsymbol{F}_2$，再画反力，与周围约束有两个接触点 B 和 C，C 为固定铰链，用一对正交力表示，注意正交力的方向和图 1.9(c)中的 C 点反力方向相反，互为作用力和作用反力。B 的反力与图 1.9(b)中的保持一致。

例 1.4　画出图 1.10(a)所示物系整体及各个物体的受力图。未画重力物体不计自重，所有接触处均光滑。

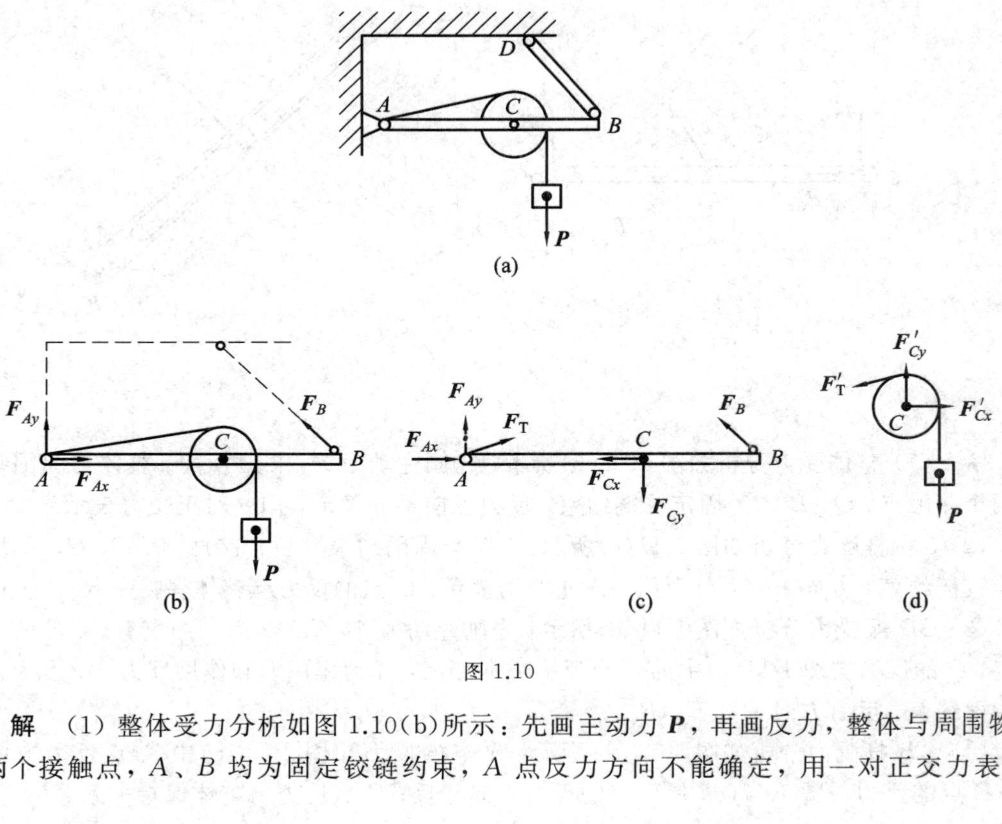

图 1.10

解　(1) 整体受力分析如图 1.10(b)所示：先画主动力 $\boldsymbol{P}$，再画反力，整体与周围物体有两个接触点，A、B 均为固定铰链约束，A 点反力方向不能确定，用一对正交力表示。

BD 为二力杆，B 点受拉，反力方向沿杆离开。

(2) AB 梁受力分析如图 1.10(c)所示：AB 周围有四个约束，A 点有两个约束，固定铰链和绳索，固定铰链的反力与整体保持一致，柔体约束反力，沿绳离开物体；C 点固定铰链约束，方向未确定，用一对正交力表示。B 点的反力与整体保持一致。

(3) 轮 C 和物块的受力分析如图 1.10(d)所示：先画主动力 $\boldsymbol{P}$，再画反力，与周围约束有绳索和 C 点的固定铰链，绳索的反力与图 1.10(c)中绳索的反力方向相反，互为作用力和作用反力，C 点的反力与图 1.10(c)中 C 点的反力方向相反，互为作用力和反作用力。

例 1.5 画出图 1.11(a)所示结构的整体及各部分的受力图。不计自重，所有接触处均光滑接触。

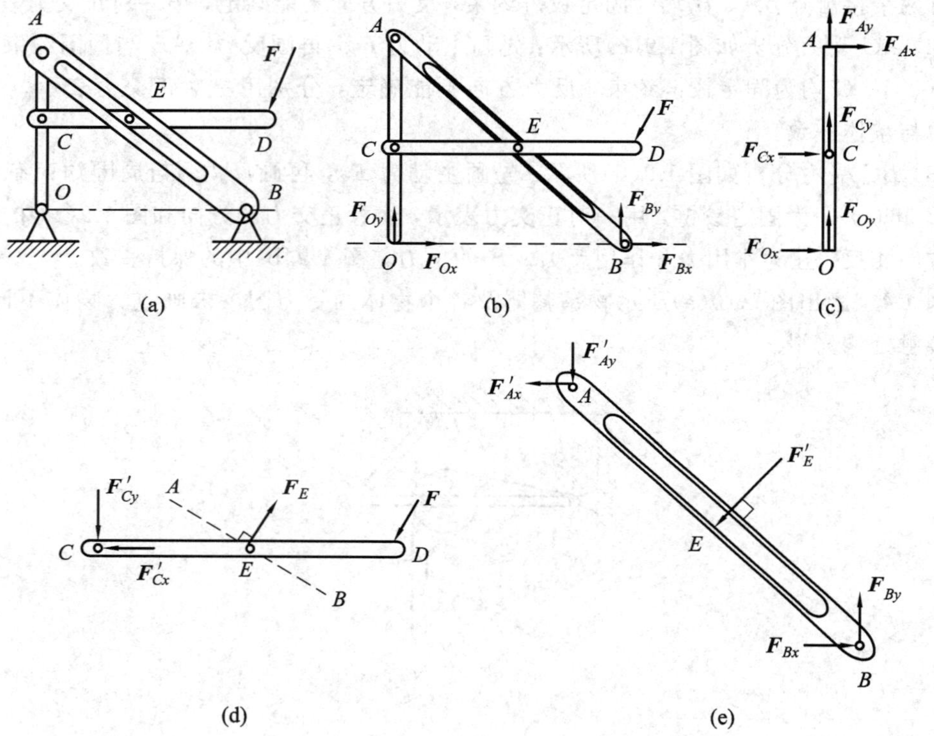

图 1.11

解 (1) 整体受力分析如图 1.11(b)所示：先画主动力 $\boldsymbol{F}$，再画反力，整体与周围物体有两个接触点，O、B 均为固定铰链约束，反力方向不能确定，用一对正交力表示。

(2) OA 杆受力分析如图 1.11(c)所示：OA 与周围约束有三个接触点，O、C、A 均为固定铰链约束，方向未定，分别用一对正交力表示，O 点的反力与整体保持一致。

(3) CD 梁受力分析如图 1.11(d)所示：先画主动力 $\boldsymbol{F}$，CD 与周围约束有 C、E 两个接触点，C 的反力与图 1.11(c)中的 C 点反力方向相反，互为作用力和作用反力；E 点为光滑接触面约束，反力方向垂直于 AB。

(4) AB 杆受力分析如图 1.11(e)所示：A 点的反力与图 1.11(c)中 A 点反力方向相反；E 点的反力与图 1.11(d)中 E 点的反力方向相反；B 点反力与整体保持一致。

三、自测题

(一) 选择题

1. 光滑面对物体的约束反力，作用在接触点处，其方向沿接触面的公法线(　　)。

(A) 指向受力物体，为压力　　(B) 指向受力物体，为拉力

(C) 背离受力物体，为拉力　　(D) 背离受力物体，为压力

2. 柔索对物体的约束反力，作用在连接点，方向沿柔索(　　)。

(A) 指向被约束体，恒为拉力　　(B) 背离被约束体，恒为拉力

(C) 指向被约束体，恒为压力　　(D) 背离被约束体，恒为压力

3. 如图 1.12 所示，两绳 AB、AC 悬挂一重为 $\boldsymbol{P}$ 的物块，已知夹角 $\alpha<\beta<\gamma=90°$，若不计绳重，当物块平衡时，将两绳的张力 $\boldsymbol{F}_{AB}$、$\boldsymbol{F}_{AC}$大小相比较，则有(　　)。

(A) $\boldsymbol{F}_{AB}>\boldsymbol{F}_{AC}$　　(B) $\boldsymbol{F}_{AB}<\boldsymbol{F}_{AC}$

(C) $\boldsymbol{F}_{AB}=\boldsymbol{F}_{AC}$　　(D) 无法确定

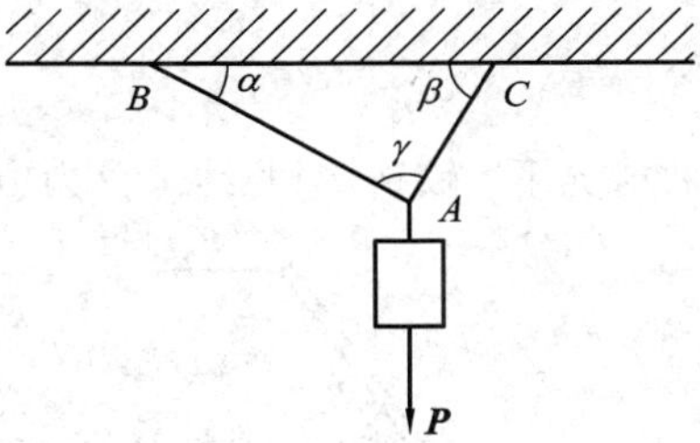

图 1.12

4. 在下列公理中，只适用于刚体的是(　　)。

(A) 二力平衡公理　　(B) 力的平行四边形法则

(C) 刚化原理　　(D) 作用与反作用定律

5. 加减平衡力系公理适用于(　　)。

(A) 任意物体　　(B) 变形体

(C) 刚体　　(D) 由刚体和变形体组成的系统

参考答案：1. (A)；2. (B)；3. (B)；4. (A)；5. (C)。

(二) 填空题

1. 刚体是指__________的物体。

2. 作用于物体上同一点的两个力，可以合成为一个合力，该合力的大小和方向由力的__________确定。

3. 两物体间的作用力和反作用力，总是同时存在，且大小________、方向________，沿________，分别作用在这两个物体上。

4. 约束反力的方向应与约束所能限制的物体的运动方向________。

5. 如图 1.13 所示弯杆 ABC，不计重量，C 点处受力 $\boldsymbol{F}$ 作用，用作图法可通过________定理，确定 B 点处支座反力的作用线位置。

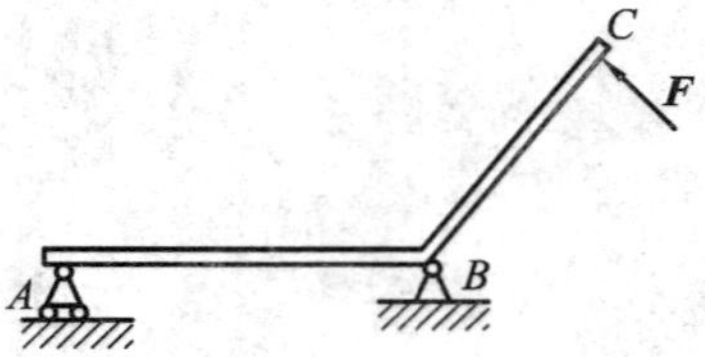

图 1.13

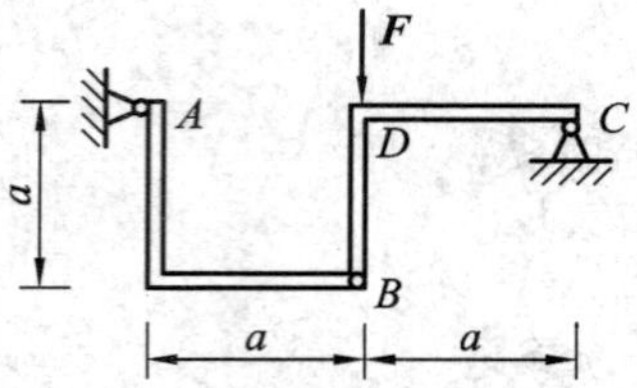

图 1.14

6. 如图 1.14 所示平衡的平面结构中，两根边长均为 a 的直角弯杆 AB 和 BC 在 B 处铰接。BC 杆的 D 处作用有铅垂力 $\boldsymbol{F}$，若不计两弯杆自重和各接触处摩擦，则根据三力平衡汇交定理，C 处约束反力的作用线沿__________的连线。

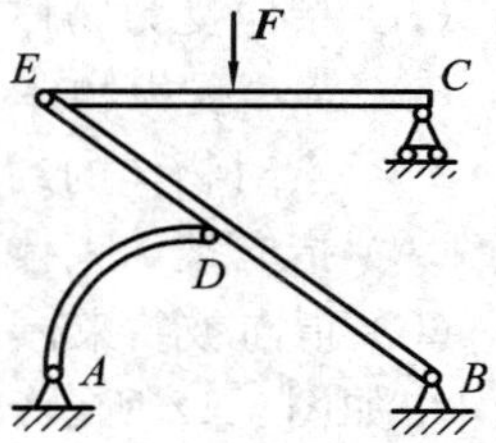

图 1.15

7. 图 1.15 所示平面结构，D、E 为铰链，若不计各构件自重和各接触处摩擦，则属于二力构件的是杆__________。

参考答案：

1. 受力不变形；2. 平行四边形法则或三角形法则；3. 相等，相反，同一作用线；4. 相反；5. 三力平衡汇交；6. BC；7. AD。

(三) 画图题

1. 试判断图 1.16 所示三种情况下，铰链 A 的约束反力方向。

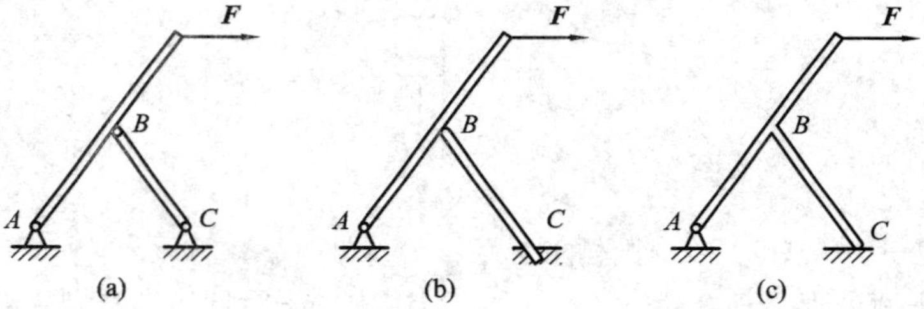

图 1.16

2. 如图 1.17 所示，分析结构整体及各部分的受力，未画重力的不计自重，所有接触均为光滑接触。

3. 分析图 1.18 所示连续梁整体及各部分的受力，不计杆自重，所有接触均为光滑接触。

4. 如图 1.19 所示，分析结构整体及各部分的受力，未画重力的不计自重，所有接触均为光滑接触。

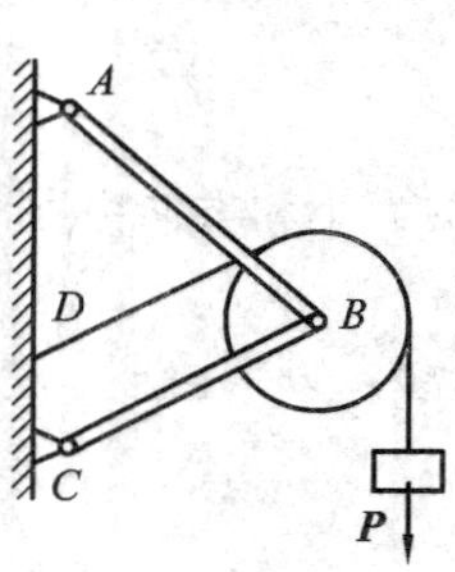

图 1.17

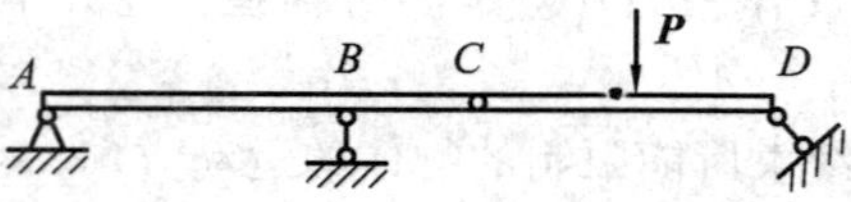

图 1.18

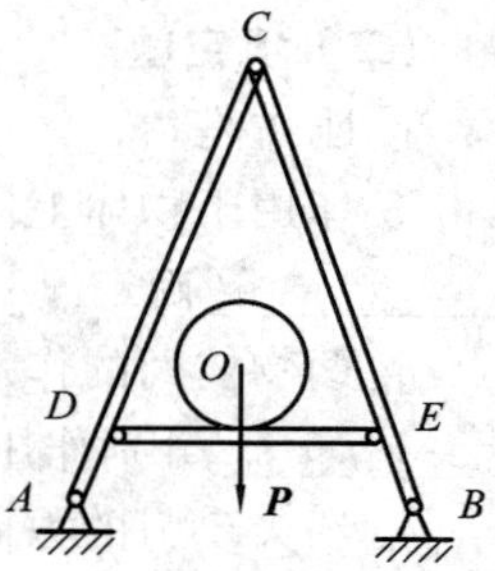

图 1.19

参考答案：1. 如图 1.20 所示；2. 如图 1.21 所示；3. 如图 1.22 所示；4. 如图 1.23 所示。

1.

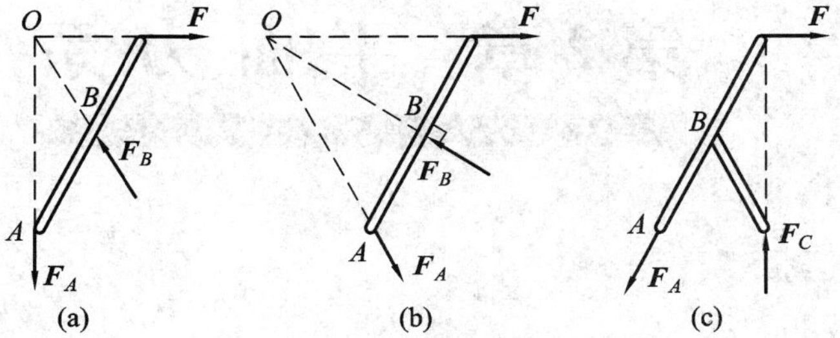

图 1.20

2.

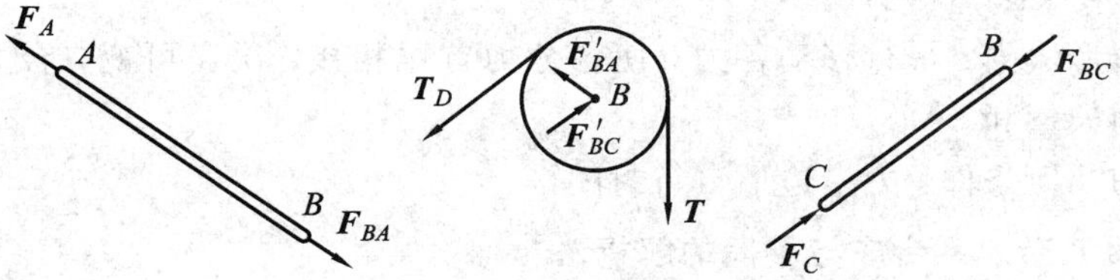

图 1.21

3.

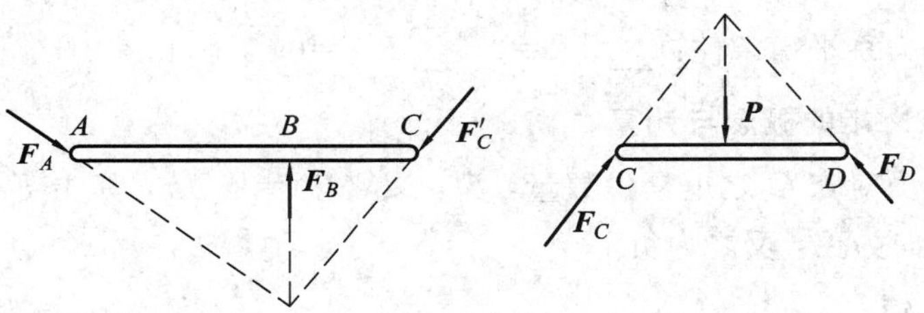

图 1.22

4.

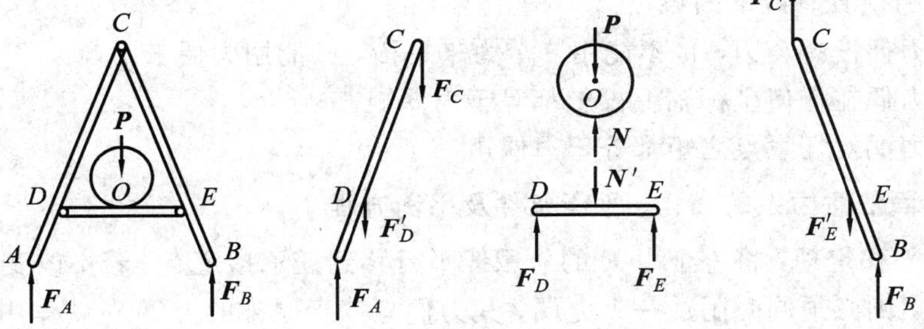

图 1.23

第2章 平面力系

一、知识点归纳

1. 平面汇交力系合成与平衡的几何法

力多边形法则：平行移动各力，使各分力首尾相接，次序可变，合力为封闭边。合力为各分力的矢量和。

平衡的几何条件：力多边形自行封闭。

2. 平面汇交力系合成与平衡的解析法

合力投影定理：合力在某一轴上的投影等于各分力在同一轴上投影的代数和。

合力大小：$F_{Rx}=\sum F_x$、$F_{Ry}=\sum F_y$，$F_R=\sqrt{F_{Rx}^2+F_{Ry}^2}$。

方向：$\tan\varphi=F_{Ry}/F_{Rx}$，$\varphi$ 为合力与 x 轴的夹角。

平面汇交力系平衡条件：$\sum F_x=0$，$\sum F_y=0$

3. 力对点之矩的概念与计算

平面内的力对点 O 之矩是代数量，为：$M_O(\boldsymbol{F})=\pm Fh$，其中 F 为力的大小，h 为力臂，逆时针转向为正，反之为负。

4. 平面力偶

平面力偶三要素：大小、转向、作用面。力偶大小是力偶矩，即：$M=\pm Fh$，其中 F 为力的大小，h 为力偶臂，规定逆时针转向的力偶为正，反之为负。

平面力偶具有以下的特点：

(1) 力偶没有合力，也不能用一个力来平衡，只能用力偶来平衡。

(2) 力偶在任何坐标轴上投影都等于力偶矩。

(3) 力偶对任意点之矩都等于力偶矩。

5. 平面任意力系的简化、平衡条件及平衡方程

力的平移定理：将一个力 $\boldsymbol{F}$ 的作用线平行移到任意指定点，若不改变 $\boldsymbol{F}$ 对刚体原来的作用效果，则必须同时附加一个力偶，其力偶矩等于原来的力 $\boldsymbol{F}$ 对新作用点之矩。

平面任意力系向作用面内任一点的简化结果如下：

主矢的大小和方向为

$$F_{Rx}=\sum F_{ix}，F_{Ry}=\sum F_{iy}，F_R=\sqrt{F_{Rx}^2+F_{Ry}^2}，\tan\varphi=\frac{F_{Ry}}{F_{Rx}}$$

主矩的大小和方向为

$M_O = \sum M_O(\boldsymbol{F}_i)$，逆时针转动为正，顺时针转动为负。

平面任意力系的简化结果讨论如下：

(1) 若 $F_R=0$，$M_O\neq0$，简化为一力偶，此力偶为平面力系的合力偶，主矩与简化中心的选择无关。

(2) 若 $F_R\neq0$，$M_O=0$，简化结果为作用线过简化中心的一个合力 $\boldsymbol{F}_R$。改变简化中心，主矢不变。

(3) 若 $F_R\neq0$，$M_O\neq0$，可进一步简化，结果为一合力 $\boldsymbol{F}_R$，其大小、方向与主矢相同，作用线在距简化中心 O 为 $d=|M_O/F'_R|$ 处。

6. 平面简单桁架的节点法与截面法

1) 节点法

节点法是以桁架的节点为研究对象，建立平衡方程，求解未知力。节点的受力是汇交力系，满足两个平衡方程：

$$\sum F_{ix}=0,\ \sum F_{iy}=0$$

2) 截面法

截面法是用假想的平面将桁架截开，以截面的一侧为研究对象，建立平衡方程，求解未知力。截面法所用的平衡方程是平面任意力系的平衡方程：

$$\sum F_{ix}=0,\ \sum F_{iy}=0,\ \sum M_A(\boldsymbol{F}_i)=0$$

7. 摩擦

摩擦角 φ_f：为全约束反力与法线间夹角的最大值，且有 $\tan\varphi_f=f_s$。

自锁：物体依靠接触面间的相互作用的正压力与摩擦力(即全反力)，自己把自己卡紧，无论外力多大都不会松开，这种现象称为自锁。

自锁条件：当 $\alpha<\varphi_f$ 时，力系永远平衡，α 为所有主动力的合力与法向的夹角。

二、典型例题解析

例 2.1　铆接薄板在孔心 A、B 和 C 处受 3 个力作用，如图 2.1(a)所示。$F_1=100$ N，沿铅直方向；$F_3=50$ N，沿水平方向，并通过点 A；$F_2=50$ N，力的作用线也通过点 A，尺寸如图。求此力系的合力。

解　(1) 几何法。

作力多边形 $abcd$，其封闭边 ad 即确定了合力 F_R 的大小和方向。由图 2.1(b)，得

$$\begin{aligned}F_R&=\sqrt{\left(F_1+F_2\times\frac{4}{5}\right)^2+\left(F_3+F_2\times\frac{3}{5}\right)^2}\\&=\sqrt{\left(100+50\times\frac{4}{5}\right)^2+\left(50+50\times\frac{3}{5}\right)^2}\\&=161\ \text{N}\end{aligned}$$

$$\angle(F_R \cdot F_1) = \arccos\left(\frac{F_1 + F_2 \times \frac{4}{5}}{F_R}\right) = \arccos\left(\frac{100 + 50 \times \frac{4}{5}}{161}\right) = 29.74° = 29°44'$$

(2) 解析法。

建立如图 2.1(c)所示的直角坐标系 Axy。

$$\sum F_x = F_1 + F_2 \times \frac{3}{5} = 50 + 50 \times \frac{3}{5} = 80\ \text{N}$$

$$\sum F_y = F_1 + F_2 \times \frac{4}{5} = 100 + 50 \times \frac{4}{5} = 140\ \text{N}$$

$$\boldsymbol{F}_R = (80\boldsymbol{i} + 140\boldsymbol{j})\ \text{N}$$

$$F_R = \sqrt{80^2 + 140^2} = 161\ \text{N}$$

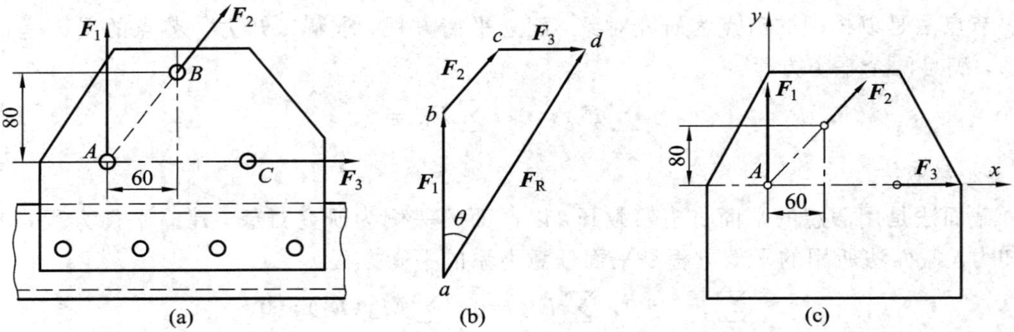

图 2.1

例 2.2 如图 2.2(a)所示，刚架的点 B 作用一水平力 $\boldsymbol{F}$，刚架重量不计。求支座 A、D 的约束力。

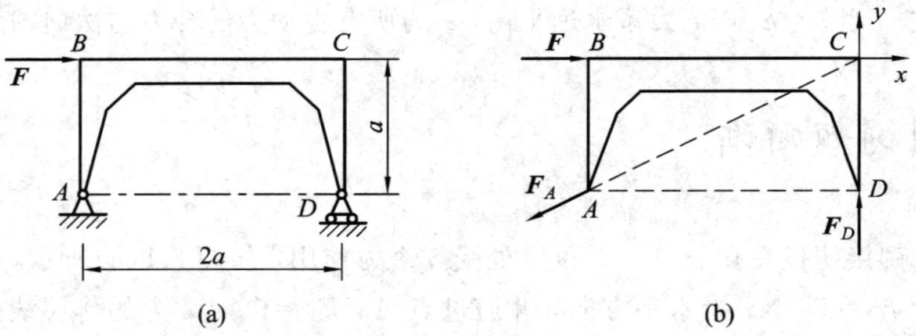

图 2.2

解 研究对象：刚架。由三力平衡汇交定理可知，支座 A 的约束力 $\boldsymbol{F}_A$ 必通过点 C，方向如图 2.2(b)所示。取坐标系 Cxy，由平衡理论得

$$\sum F_x = 0,\ F - F_A \times \frac{2}{\sqrt{5}} = 0 \qquad (2-1)$$

$$\sum F_y = 0,\ F_D - F_A \times \frac{1}{\sqrt{5}} = 0 \qquad (2-2)$$

式(2-1)、式(2-2)联立，解得

$$F_A=\frac{\sqrt{5}}{2}F=1.12F，F_D=0.5F$$

例 2.3　铰链4杆机构 $CABD$ 的 CD 边固定，在铰链 A、B 处有力 $\boldsymbol{F}_1$、$\boldsymbol{F}_2$ 作用，如图2.3(a)所示。该机构在图示位置平衡，不计杆自重。求力 $\boldsymbol{F}_1$ 与 $\boldsymbol{F}_2$ 的关系。

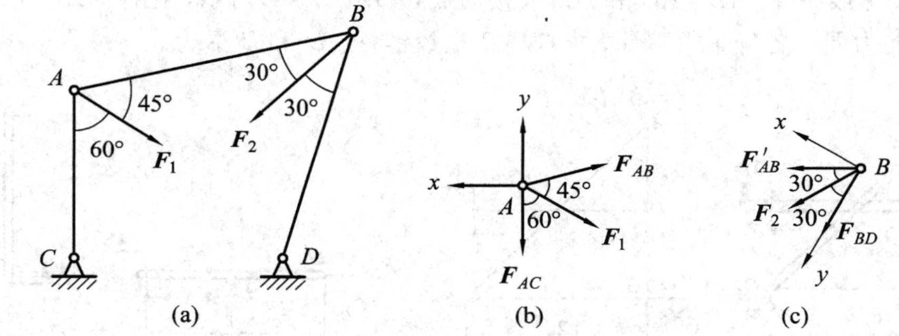

图 2.3

解　(1) 节点 A，坐标及受力如图2.3(b)所示，由平衡条件得

$$\sum F_x=0,\quad F_{AB}\cos15^\circ+F_1\cos30^\circ=0，F_{AB}=-\frac{\sqrt{3}F_1}{2\cos15^\circ}\ (压)$$

(2) 节点 B，坐标及受力如图2.3(c)所示，由平衡条件得

$$\sum F_x=0，-F_{AB}\cos30^\circ-F_2\cos60^\circ=0$$

$$F_2=-\sqrt{3}F_{AB}=\frac{3F_1}{2\cos15^\circ}=1.553F_1$$

即

$$F_1:F_2=0.644$$

例 2.4　图2.4(a)所示结构中，各构件自重不计。在构件 AB 上作用一力偶矩为 M 的力偶，求支座 A 和 C 的约束力。

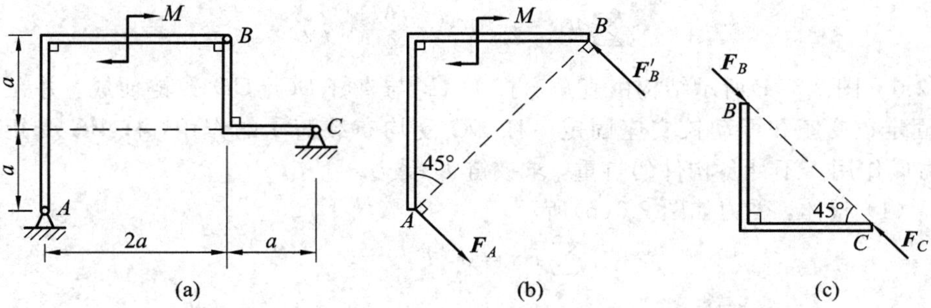

图 2.4

解　(1) BC 为二力杆：

$$F_C=-F_B$$

(2) 研究对象 AB，受力如图 2.4(b)所示，$\boldsymbol{F}_A$、$\boldsymbol{F}_B$ 构成力偶，则

$$\sum M=0,\ F_A\times\sqrt{2}\times 2a-M=0,\ F_A=\frac{M}{2\sqrt{2a}}=\frac{\sqrt{2}M}{4a}$$

$$F_C=F_B=F_A=\frac{\sqrt{2}M}{4a}$$

例 2.5 构架由杆 AB、AC 和 DF 铰接而成，如图 2.5(a)所示，在杆 DEF 上作用一力偶矩为 M 的力偶。各杆重力不计，求杆 AB 上铰链 A、D 和 B 受力。

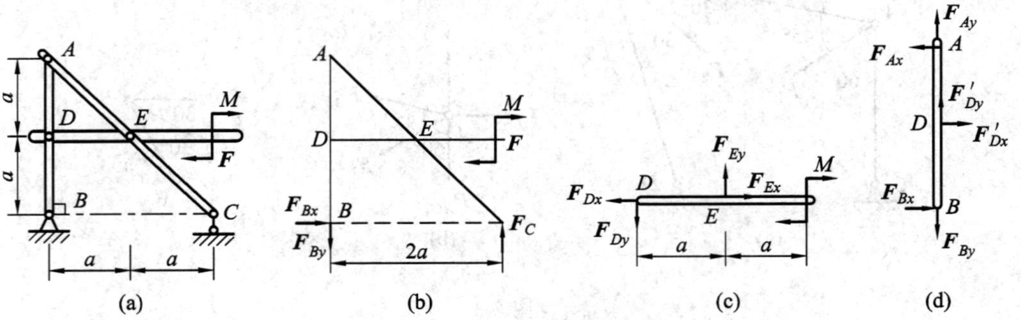

图 2.5

解 (1) 整体，受力如图 2.5(b)所示：

$$\sum F_x=0,\ F_{Bx}=0$$

$$\sum M_C=0,\ F_{By}=\frac{M}{2a}\ (\downarrow)$$

(2) 杆 DE，受力如图 2.5(c)所示：

$$\sum M_E=0,\ F_{Dy}=\frac{M}{a}\ (\downarrow)$$

(3) 杆 ADB，受力如图 2.5(d)所示：

$$\sum M_A=0,\ F_{Dx}=0$$

$$\sum F_x=0,\ F_{Ax}=0$$

$$\sum F_y=0,\ F_{Ay}=\frac{M}{2a}\ (\downarrow)$$

例 2.6 图 2.6(a)所示结构由直角弯杆 DAB 与直杆 BC、CD 铰链而成，并在 A 处与 B 处用固定铰支座和可动铰支座固定。杆 DC 受均布载荷 q 的作用，杆 BC 受矩为 $M=qa^2$ 的力偶作用。不计各构件的自重，求铰链 D 受力。

解 (1) 整体，受力如图 2.6(b)所示。

$$\sum F_x=0,\ F_{Ax}=0$$

$$\sum M_B=0,\ F_{Ay}a-M+q\frac{a^2}{2}=0,\ F_{Ay}=q\ \frac{a}{2}$$

(2) 杆 CD，受力如图 2.6(c)所示。

$$\sum M_C=0,\ F_{Dy}=\frac{qa}{2}$$

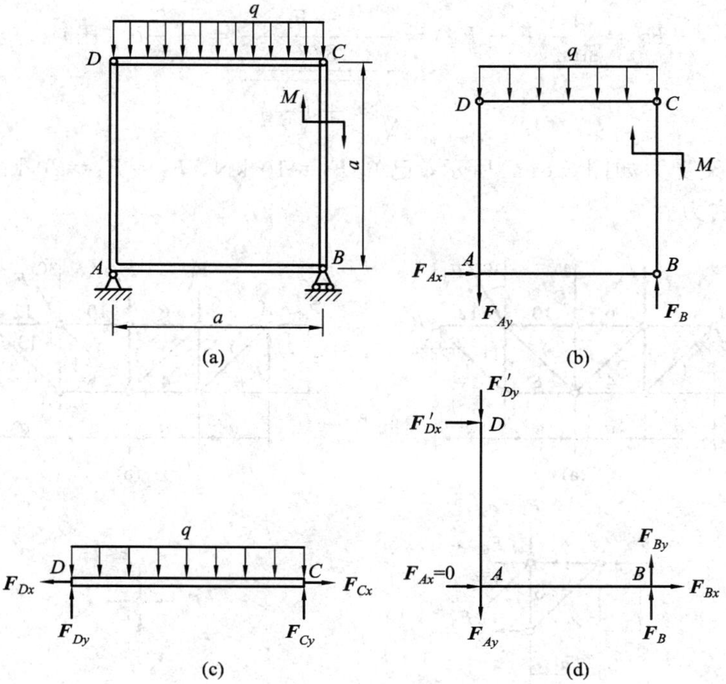

图 2.6

(3) 直角杆 DAB，受力如图 2.6(d)所示。

$$\sum M_B = 0,\ F_{Ay}a + F'_{Dy}a - F'_{Dx}a = 0$$

$$F_{Dx} = qa,\ F_D = \sqrt{F_{Dx}^2 + F_{Dy}^2} = \sqrt{5}\,q\,\frac{a}{2}$$

例 2.7　平面悬臂桁架所受的载荷如图 2.7(a)所示。求杆 1、2 和 3 的内力。

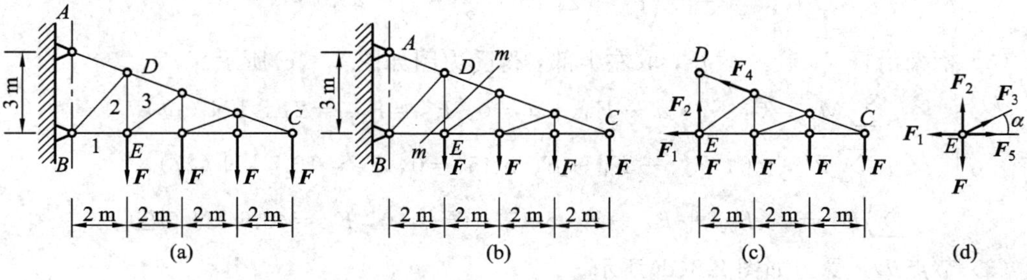

图 2.7

解　(1) 桁架沿截面 mm 截开(图 2.7(b))，取右半部，得受力图 2.7(c)。

$$\sum M_C = 0,\ -F_2 \times 6 + F \times 6 + F \times 4 + F \times 2 = 0,\ F_2 = 2F\ (\text{拉})$$

$$\sum M_D = 0,\ -F_1 \times \frac{9}{4} - F \times 2 - F \times 4 - F \times 6 = 0,\ F_1 = -5.33F\ (\text{压})$$

(2) 节点 E，受力如图 2.7(d)所示。

$$\sum F_y = 0,\ F_2 - F + F_3 \sin\alpha = 0$$

$$F_3=\frac{1}{\sin\alpha}(F-F_2)=\frac{-F}{\dfrac{3/2}{\sqrt{2^2+\left(\dfrac{3}{2}\right)^2}}}=-\frac{5}{3}F\ (\text{压})$$

例 2.8 桁架受力如图 2.8(a)所示，已知 $F_1=10\ \text{kN}$，$F_2=F_3=20\ \text{kN}$。求桁架中杆 4、5、7、10 的内力。

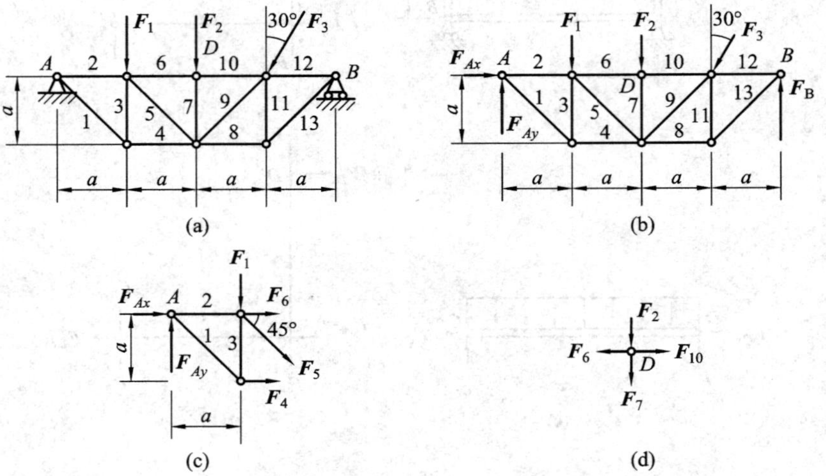

图 2.8

解 (1) 整体，受力如图 2.8(b)所示。

$$\sum F_x=0,\ F_{Ax}-F_3\sin30^\circ=0,\ F_{Ax}=F_3\sin30^\circ=10\ \text{kN}$$

$$\sum M_A=0,\ -F_1\cdot a-F_2\times2a-F_3\cos30^\circ\times3a+F_B\times4a=0$$

$$F_B=\frac{1}{4}\left(F_1+2F_2+\frac{3\sqrt{3}}{2}F_3\right)=25.5\ \text{kN}$$

(2) 桁架沿杆 4、5、6 截开，取左半部，得受力图如图 2.8(c)所示。

$$\sum M_C=0,\ F_4\cdot a-F_{Ay}\cdot a=0,\ F_4=F_{Ay}=21.8\ \text{kN}\ (\text{拉})$$

$$\sum F_{Ay}=0,\ F_{Ay}-F_1-F_5\sin45^\circ=0,\ F_5=16.7\ \text{kN}\ (\text{拉})$$

$$\sum F_x=0,\ F_{Ax}+F_6+F_5\cos45^\circ+F_4=0,\ F_6=43.6\ \text{kN}\ (\text{压})$$

(3) 节点 D，受力如图 2.8(d)所示。

$$\sum F_x=0,\ F_{10}-F_6=0,\ F_{10}=43.6\ \text{kN}\ (\text{压})$$

$$\sum F_y=0,\ -F_2-F_7=0,\ F_7=-20\ \text{kN}\ (\text{压})$$

例 2.9 平面桁架的支座和载荷如图 2.9(a)所示，求杆 1、2 和 3 的内力。

解 (1) 桁架沿杆 AD 和杆 3、2 截断，取上半部分，得受力图如图 2.9(b)所示。

$$\sum F_x=0,\ F_3=0$$

$$\sum M_D=0,\ F_2=-2\frac{F}{3}\ (\text{压})$$

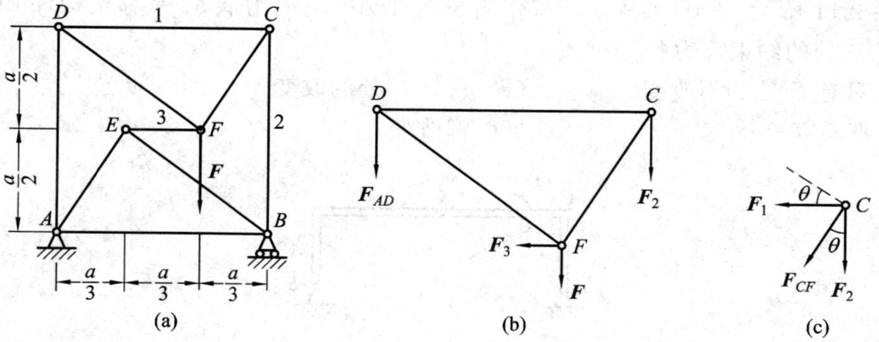

图 2.9

(2) 节点 C，受力如图 2.9(c)所示。全部力系向垂直于 $\boldsymbol{F}_{CF}$ 方向投影得

$$F_1\cos\theta - F_2\sin\theta = 0,\ F_1 = F_2\tan\theta = -\frac{2}{3}F\cdot\frac{a/3}{a/2} = -\frac{4}{9}F\ (\text{压})$$

三、自测题

(一) 判断题

1. 作用在一个物体上有三个力，当这三个力的作用线汇交于一点时，则此力系必然平衡。（　　）

2. 力对一点之矩，不因力沿其作用线移动而改变。（　　）

3. 合力一定大于分力。（　　）

4. 平面任意力系向 A 点简化得到一个合力，如果向 B 点简化，也能简化成一合力。（　　）

5. 物体的重心一定在物体上。（　　）

参考答案：1. ×；2. √；3. ×；4. √；5. ×。

(二) 选择题

1. 图 2.10 所示平面机构，正方形平板与直角弯杆 ABC 在 C 处铰接。平板在板面内受矩为 $M=8\ \text{N}\cdot\text{m}$ 的力偶作用，若不计平板与弯杆的重量，则当系统平衡时，直角弯杆对板的约束反力大小为(　　)。

(A) 2 N　　(B) 4 N　　(C) $2\sqrt{2}$ N　　(D) $4\sqrt{2}$ N

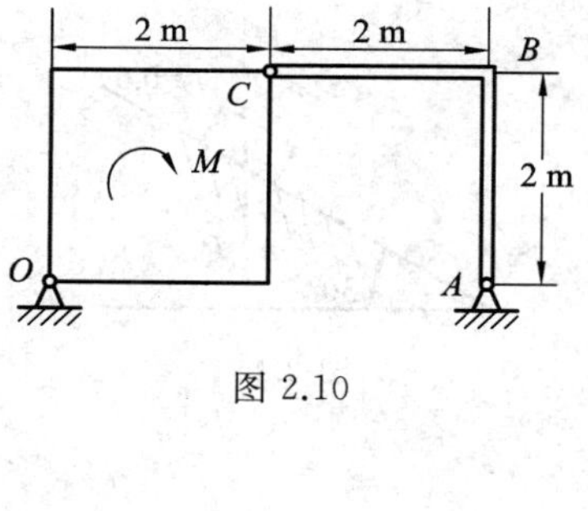

图 2.10

2. 图 2.11 所示，铰拱架中，若将作用于构件 AC 上的力偶 M 平移至构件 BC 上，则 A、B、C 三处的约束反力(　　)。

(A) 只有 C 处的不改变　　(B) 只有 C 处的改变

(C) 都不变　　(D) 都改变

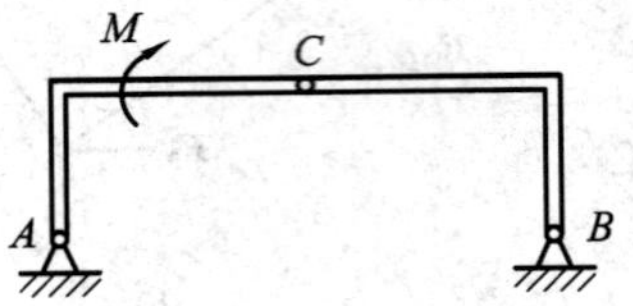

图 2.11

3. 图 2.12 所示平面直角弯杆 ABC，$AB=3$ m，$BC=4$ m，受两个力偶作用，其力偶矩分别为 $M_1=300$ N · m、$M_2=600$ N · m，转向如图。若不计杆重及各接触处摩擦，则 A、C 支座的约束反力的大小为(　　)。

(A) $F_A=300$ N，$F_C=100$ N

(B) $F_A=300$ N，$F_C=300$ N

(C) $F_A=100$ N，$F_C=300$ N

(D) $F_A=100$ N，$F_C=100$ N

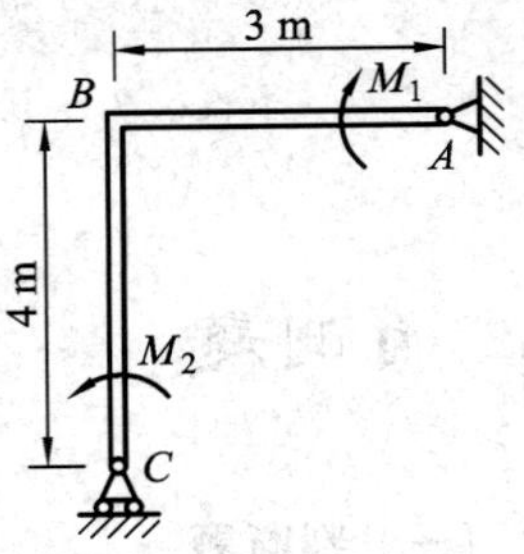

图 2.12

4. 如图 2.13 所示，不计自重的杆 AB，其 A 端与地面光滑铰接，B 端放置在倾角为 30°的光滑斜面上，受主动力偶 M 的作用，则杆 AB 正确的受力图为(　　)。

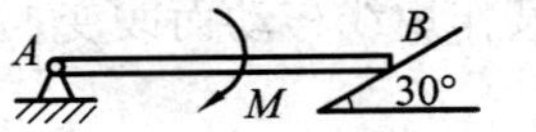

图 2.13

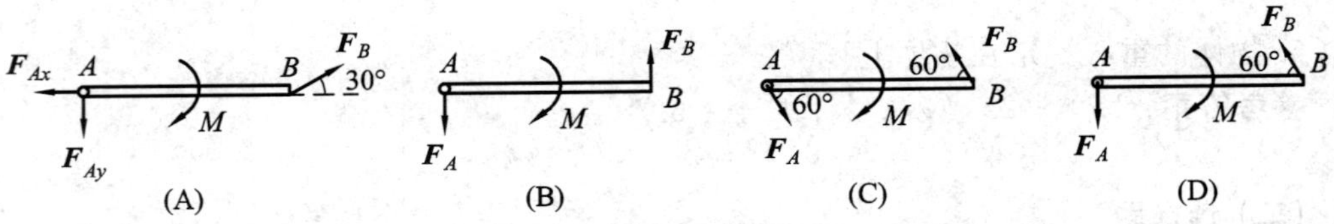

5. 如图 2.14 所示斜面倾角为 30°，一重为 P 的物块放在斜面上，物块与斜面间静滑动摩擦系数 $f=0.6$，下述判断正确的是(　　)。

(A) 不管 P 有多重，物块在斜面上总能保持平衡

(B) P 有一极值，重量超过该极值物体下滑，否则处于平衡

(C) 不管 P 有多轻，物块总要下滑

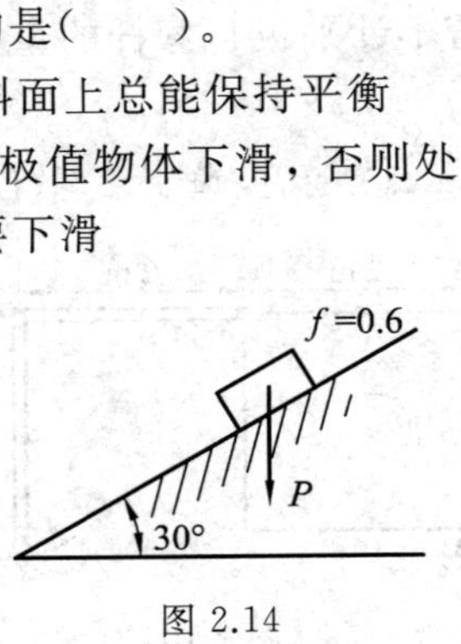

图 2.14

参考答案：1. (C)；2. (D)；3. (D)；4. (C)；5. (A)。

(三) 填空题

1. 力偶的两力对其作用面内任一点的矩的代数和恒等于____________，而与矩心的位置____________。

2. 合力在任一轴上的投影，等于各分力在同一轴上投影的____________。

3. 图 2.15 所示一矩形刚板，不计重量。为使刚板在自身平面内发生转动，施加一力偶。组成该力偶的两个力应沿____________的方向施加最省力。

4. 约束反力的方向应与约束所能限制的物体的运动方向____________。

5. 如图 2.16 所示，沿边长为 $a=2$ m 的正方形各边分别作用有 $\boldsymbol{F}_1$、$\boldsymbol{F}_2$、$\boldsymbol{F}_3$、$\boldsymbol{F}_4$，且 $F_1=F_2=F_3=F_4=4$ kN，该力系向 B 点简化的结果为：主矢大小为 $F'_R=$____________，主矩大小为 $M_B=$____________，向 D 点简化的结果是____________。

6. 在图 2.17 矩形板的 A 点处作用一力 $\boldsymbol{F}$，则该力对点 O 的矩的大小为____________。

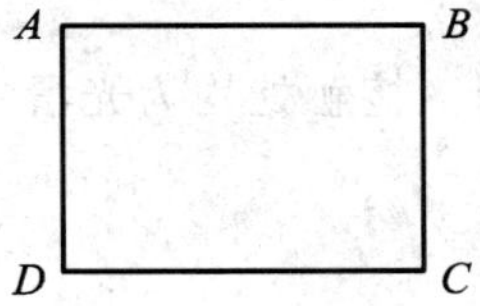

图 2.15

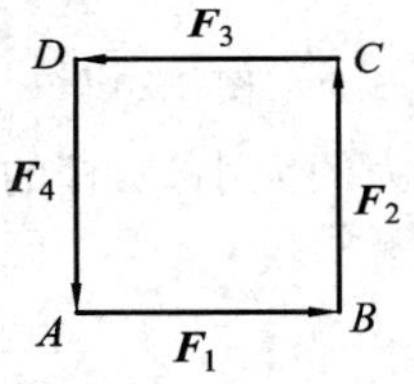

图 2.16

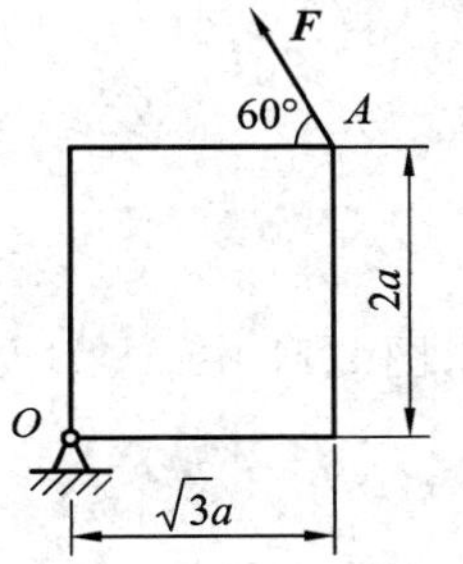

图 2.17

7. 图 2.18A 中力系简化的最终结果只能是图____________。

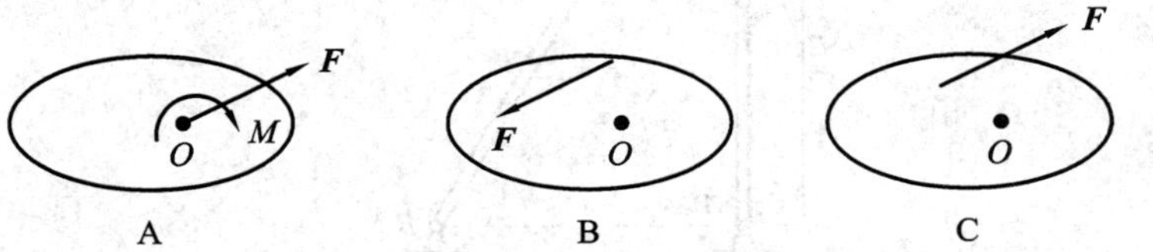

图 2.18

8. 图 2.19 直角弯杆 BCD 和直杆 AB 在 B 处铰接，各杆尺寸如图所示。弯杆 BCD 上作用有力偶，其力偶矩为 M，不计各杆的自重和各处摩擦，则 A 处约束力的大小为____________。

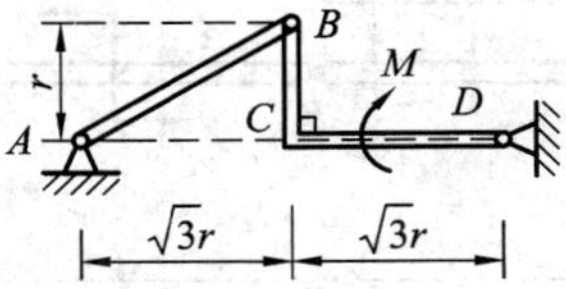

图 2.19

参考答案：

1. 力偶矩，无关； 2. 代数和； 3. 垂直于 AC 或者 DB 方向；

4. 相反； 5. 0，16 kN · m，力偶 16 kN · m； 6. 2.5 Fa；7. C； 8. $\dfrac{\sqrt{3}M}{3r}$。

（四）计算题

1. 如图 2.20 所示平面直角刚架 ACB，AC 段水平，$AC=CB=2a$，刚架受已知铅垂力 $\boldsymbol{F}_1$ 和水平力 $\boldsymbol{F}_2$ 作用，已知 $F_2=2F_1=2F$，不计刚架自重，试求固定端 A 的约束反力。

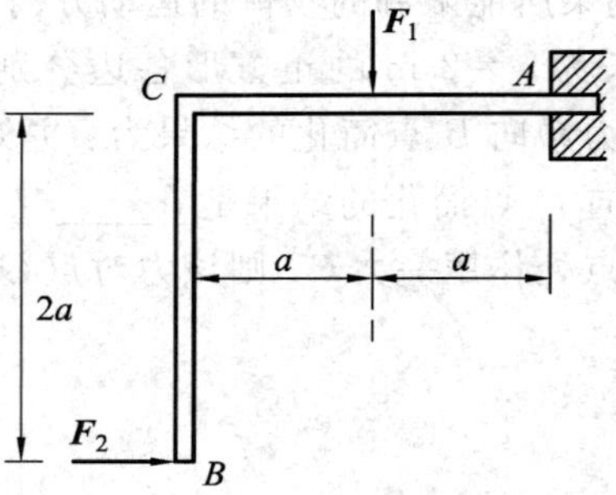

图 2.20

2. 求图 2.21 中 A、B 处约束反力的大小。（杆的重量不计，接触处均为光滑）

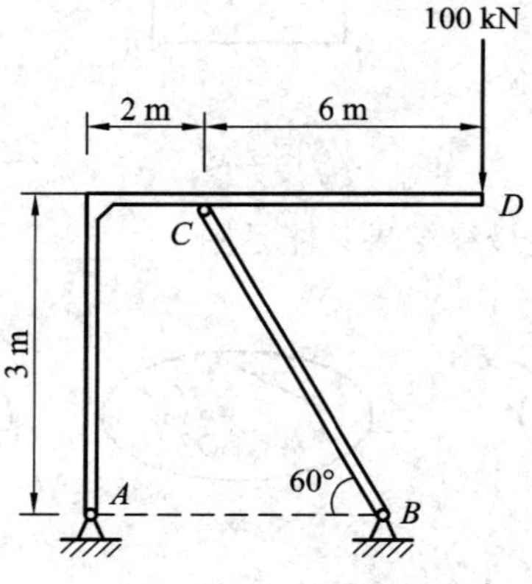

图 2.21

3. 在图 2.22 所示连续梁中，已知 q、M，不计梁的自重，求各连续梁在 A、B、C 三处的约束力。

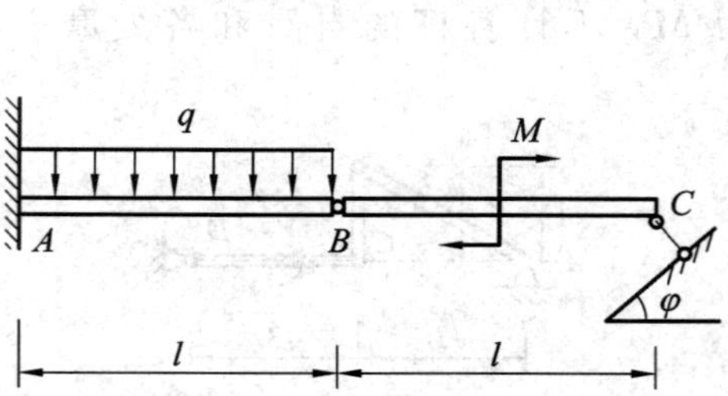

图 2.22

4. 如图 2.23 所示，相同的三根直角折杆 AB、CD、EF 的长边为 8 m、短边为 4 m，用光滑铰链连接长边中点 C、E、B，已知 $P=8$ kN，杆重不计。求 A、C 支座反力。

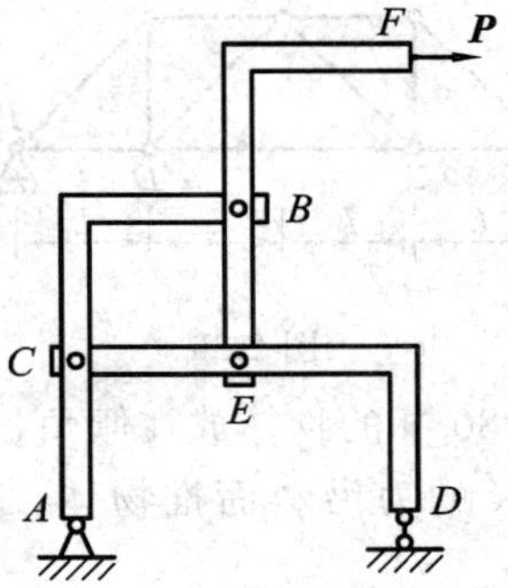

图 2.23

5. 图 2.24 所示构架中，各杆自重不计，载荷 $P=10$ kN，A 处为固定端，B、C、D 处为铰链。求固定端 A 及 BD 杆的内力。

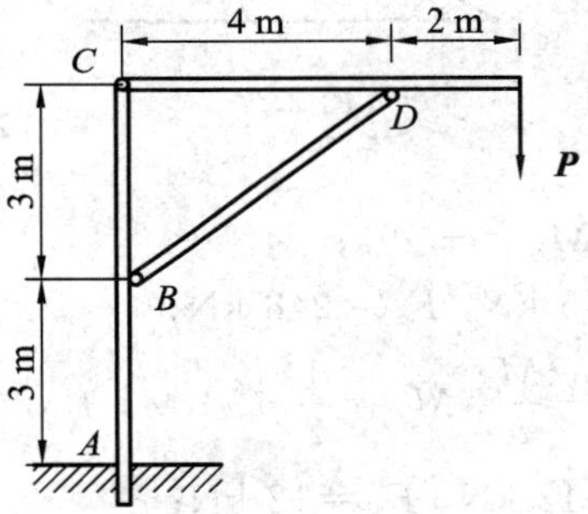

图 2.24

6. 如图 2.25 所示，两水平梁 BD 与 CE 用竖直杆 BC 铰接，受铅直力 $\boldsymbol{F}$ 和均布载荷 q 作用，杆重不计。求杆 BC、AB 的内力 $\boldsymbol{F}_{BC}$、$\boldsymbol{F}_{AB}$，以及支座 D、E 的约束力。力 $\boldsymbol{F}$ 的作用点在 DB 杆的中点。

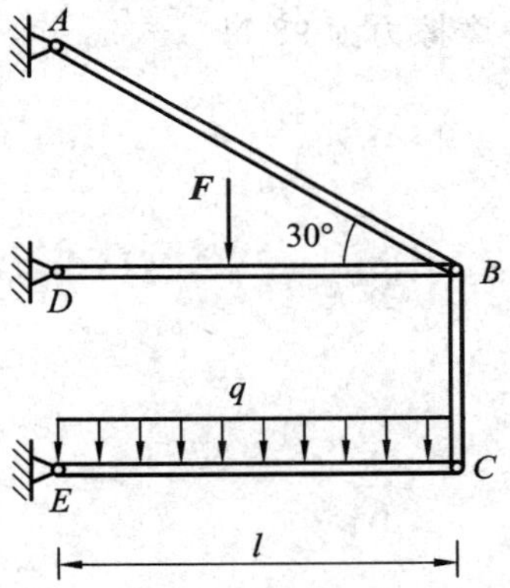

图 2.25

7. 在图 2.26 所示桁架中，已知 $\boldsymbol{F}$、L，求杆 CD 的内力。

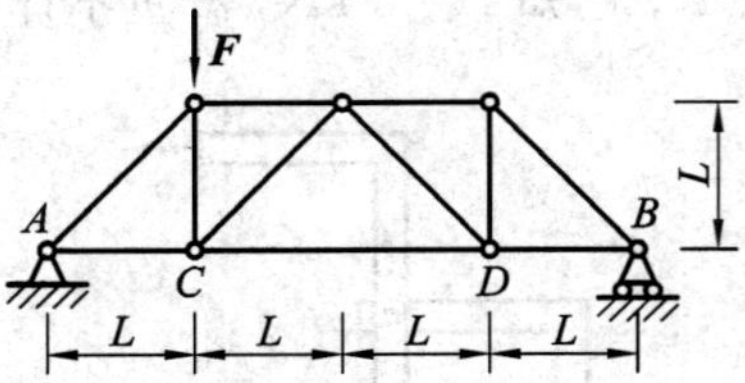

图 2.26

8. 如图 2.27 所示，重力 $P=980$ N 的物体放在倾角 $\alpha=30°$的斜面上。接触面间的静摩擦因数 $f_s=0.2$。现用 $F_Q=588$ N 的力沿斜面推物体，问物体在斜面上处于静止还是滑动？此时摩擦力为多大？

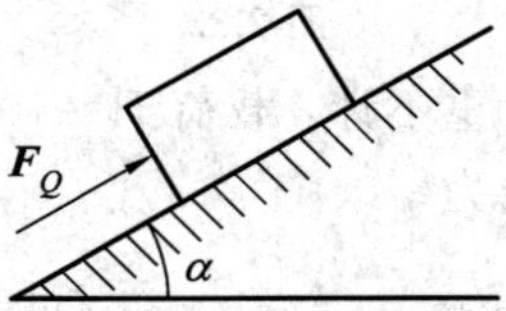

图 2.27

参考答案：

1. $F_{Ax}=-2F$，$F_{Ay}=F$，$M_A=-5\mathrm{Fa}$；

2. $F_{Ax}=124$ kN，$F_{Ay}=215$ kN，$F_B=248$ kN；

3. $F_{Ax}=\dfrac{M}{l}\tan\varphi$，$F_{Ay}=ql-\dfrac{M}{l}$，$M_A=\dfrac{1}{2}ql^2-M$，$F_C=\dfrac{M}{l\cos\varphi}$；

4. $F_{Ax}=-8$ kN，$F_{Ay}=-12$ kN，$F_C=12$ kN；

5. $F_{Ax}=0$，$F_{Ay}=10$ kN，$M_A=60$ kN·m，$F_D=25$ kN；

6. $F_{Dx}=\dfrac{\sqrt{3}}{2}(F+ql)$，$F_{Dy}=0.5F$，$F_E=F_{BC}=0.5ql$；

7. $F_{CD}=\dfrac{F}{2}$；

8. 物体在斜面上处于静止，摩擦力为 98 N。

第3章　空 间 力 系

一、知识点归纳

1. 力在空间直角坐标轴上的投影

（1）直接投影法：将力直接投影到坐标轴，α、β、γ 分别为力与 x、y、z 轴的夹角，则在三个轴上的投影为

$$\left.\begin{aligned} X &= F\cos\alpha \\ Y &= F\cos\beta \\ Z &= F\cos\gamma \end{aligned}\right\}$$

（2）二次投影法：将力先投影到 xy 平面，再分别投影到 x 轴和 y 轴 ，则在三个轴上的投影为

$$\left.\begin{aligned} X &= F\sin\gamma\cos\varphi \\ Y &= F\sin\gamma\sin\varphi \\ Z &= F\cos\gamma \end{aligned}\right\}$$

2. 力对轴之矩的定义、解析式

X、Y、Z 分别为力 $\boldsymbol{F}$ 在坐标轴上投影，x、y、z 为力作用点的坐标，力对三轴之矩

$$\left.\begin{aligned} M_x(\boldsymbol{F}) &= yZ - zY \\ M_y(\boldsymbol{F}) &= zX - xZ \\ M_z(\boldsymbol{F}) &= xY - yX \end{aligned}\right\}$$

3. 重心和形心

（1）矢径法计算重心位置：

$$\boldsymbol{r}_C = \frac{\sum \boldsymbol{r}_i \cdot \Delta P_i}{P}$$

（2）直角坐标系计算重心坐标：

$$x_C = \frac{\sum x_i \Delta P_i}{P},\ y_C = \frac{\sum y_i \Delta P_i}{P},\ z_C = \frac{\sum z_i \Delta P_i}{P}$$

（3）均质物体的重心就是形心：

$$x_C = \frac{\sum V_i x_i}{V},\ y_C = \frac{\sum V_i y_i}{V},\ z_C = \frac{\sum V_i z_i}{V}$$

（4）均质等厚物体的重心：

$$x_C=\frac{\sum S_i x_i}{S},\ y_C=\frac{\sum S_i y_i}{S},\ z_C=\frac{\sum S_i z_i}{S}$$

(5) 均质等截面的细长线段的重心：

$$x_C=\frac{\sum l_i x_i}{l},\ y_C=\frac{\sum l_i y_i}{l},\ z_C=\frac{\sum l_i z_i}{l}$$

二、典型例题解析

例 3.1 力系中，$F_1=100$ N，$F_2=300$ N，$F_3=200$ N，各力作用线的位置如图 3.1 所示。试将力系向原点 O 简化。

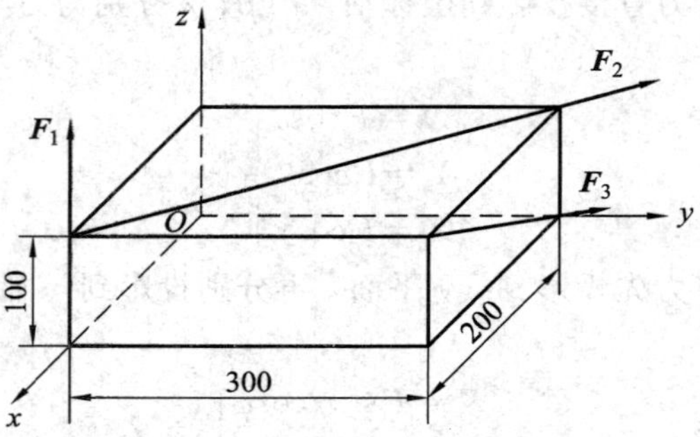

图 3.1

解 由题意得

$$F_{Rx}=-300\times\frac{2}{\sqrt{13}}-200\times\frac{2}{\sqrt{5}}=-345\ \text{N}$$

$$F_{Ry}=300\times\frac{3}{\sqrt{13}}=250\ \text{N}$$

$$F_{Rz}=100-200\times\frac{1}{\sqrt{5}}=10.6\ \text{N}$$

$$M_x=-300\times\frac{3}{\sqrt{13}}\times 0.1-200\times\frac{1}{\sqrt{5}}\times 0.3=-51.8\ \text{N}\cdot\text{m}$$

$$M_y=-100\times 0.20+200\times\frac{2}{\sqrt{13}}\times 0.1=-36.6\ \text{N}\cdot\text{m}$$

$$M_z=300\times\frac{3}{\sqrt{13}}\times 0.2+200\times\frac{2}{\sqrt{5}}\times 0.3=103.6\ \text{N}\cdot\text{m}$$

主矢

$$F_R=\sqrt{F_{Rz}^2+F_{Ry}^2+F_{Rx}^2}=426\ \text{N},\ \boldsymbol{F}_R=(-345\boldsymbol{i}+250\boldsymbol{j}+10.6\boldsymbol{k})\ \text{N}$$

主矩

$$M_O=\sqrt{M_x^2+M_y^2+M_z^2}=122\ \text{N}\cdot\text{m},\ M_O=(-51.8\boldsymbol{i}-36.6\boldsymbol{j}+104\boldsymbol{k})\ \text{N}\cdot\text{m}$$

例 3.2　一平行力系由五个力组成，力的大小和作用线的位置如图 3.2 所示。图中小正方格的边长为 10 mm。求平行力系的合力。

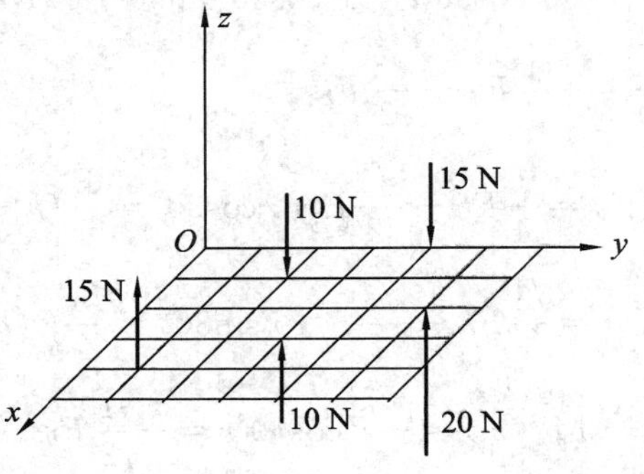

图 3.2

解　由题意得合力 $\boldsymbol{F}_{\mathrm{R}}$ 的大小为

$$F_{\mathrm{R}}=\sum F_i=15+10+20-10-15=20\ \mathrm{N}$$

$$F_{\mathrm{R}}=20\ \mathrm{kN}$$

合力作用线过点(x_C，y_C，0)：

$$x_C=\frac{1}{20}(15\times 40+10\times 30+20\times 20-10\times 10)=60\ \mathrm{mm}$$

$$y_C=\frac{1}{20}(15\times 10+10\times 30+20\times 50-10\times 20-15\times 40)=32.5\ \mathrm{mm}$$

例 3.3　水平圆盘的半径为 r，外缘 C 处作用有已知力 $\boldsymbol{F}$。力 $\boldsymbol{F}$ 位于铅垂平面内，且与 C 处圆盘切线夹角为 60°，其他尺寸如图 3.3(a)所示。求力 $\boldsymbol{F}$ 对 x、y、z 轴之矩。

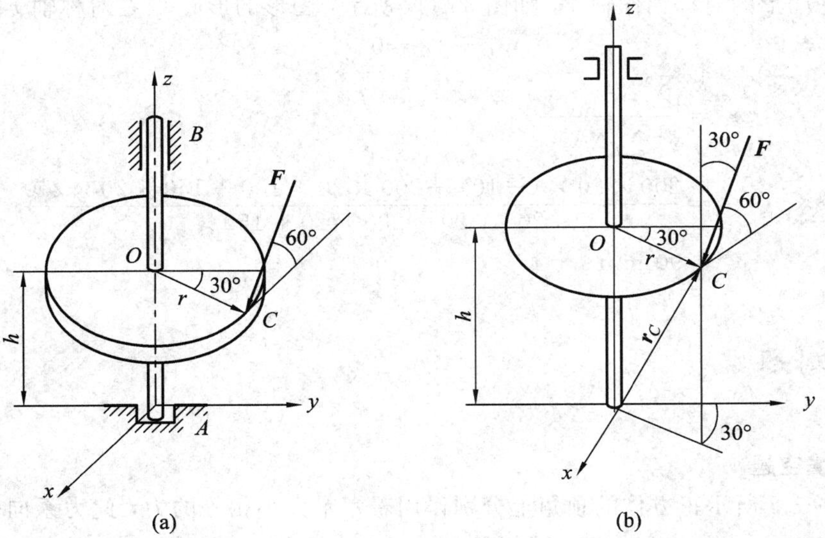

图 3.3

解 如图 3.3(b)所示，由已知得

$$F_{xy}=F\cos60°\cdot F_z=F\cos30°$$

$$\begin{aligned}\boldsymbol{F}&=F\cos60°\cos30°\boldsymbol{i}-F\cos60°\sin30°\boldsymbol{j}-F\sin60°\boldsymbol{k}\\&=\frac{\sqrt{3}}{4}\boldsymbol{i}-\frac{1}{4}F\boldsymbol{j}-\frac{\sqrt{3}}{2}F\boldsymbol{k}\end{aligned}$$

$$M_x(F)=\frac{1}{4}Fh-\frac{\sqrt{3}}{2}F\cdot r\cos30°=\frac{F}{4}(h-3r)$$

$$M_y(F)=\frac{\sqrt{3}}{4}Fh+\frac{\sqrt{3}}{2}F\cdot r\sin30°=\frac{\sqrt{3}}{4}F(h+r)$$

$$M_z(F)=-F\cos60°r=-\frac{1}{2}Fr$$

例 3.4 工字钢截面尺寸如图 3.4(a)所示，求此截面的几何中心。

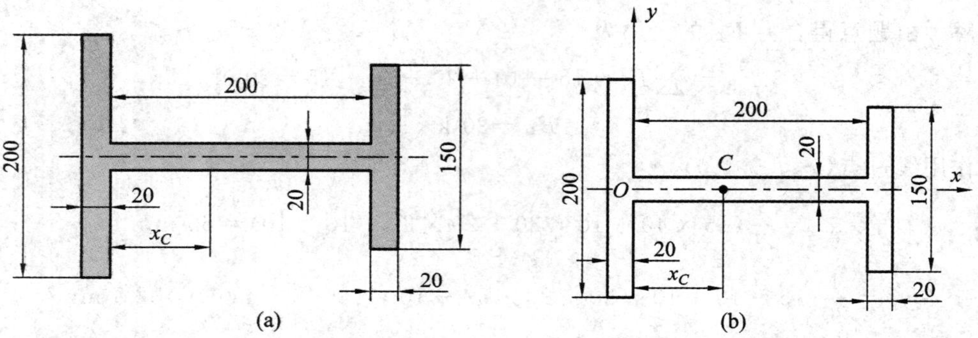

图 3.4

解 把图形的对称轴作轴 x，如图 3.4(b)所示，图形的形心 C 在对称轴 x 上，即

$$y_C=0$$

$$\begin{aligned}x_C&=\frac{\sum\Delta A_i\cdot x_i}{\sum\Delta A_i}\\&=\frac{200\times20\times(-10)+200\times20\times100+150\times20\times210}{200\times20+200\times20+150\times20}\\&=90\ \text{mm}\end{aligned}$$

三、自测题

(一) 填空题

1. 如图 3.5 所示正方体的顶角上分别作用着六个大小相等的力，此力系向任一点简化的结果是主矢________(等于，不等于)零，主矩________(等于，不等于)零。

2. 如图 3.6 所示，已知 $A(1,0,1)$，$B(0,1,2)$(单位米)，$\boldsymbol{F}=\sqrt{3}$ kN。则力 $\boldsymbol{F}$ 对 x 轴的矩为________，对 y 轴的矩为________，对 z 轴的矩为________。

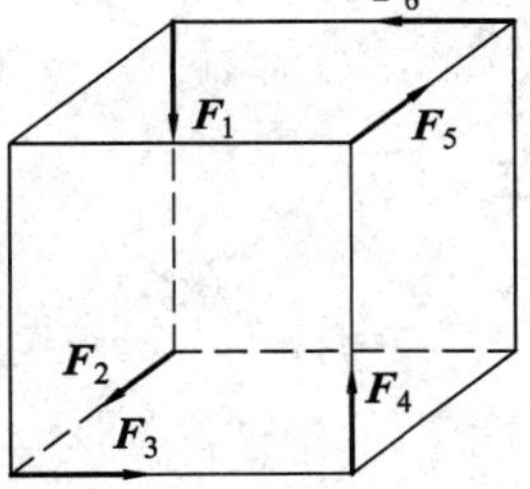

图 3.5

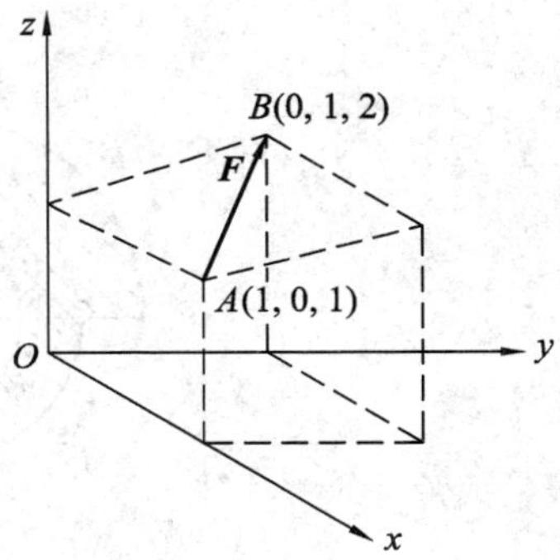

图 3.6

参考答案：1. 等于，不等于；2. −1 kN · m，−2 kN · m，1 kN · m。

（二）计算题

1. 在正立方体的顶角 A 和 B 处分别作用力 $\boldsymbol{F}_1$ 和 $\boldsymbol{F}_2$，如图 3.7 所示。求此力系在 x 轴上的投影和对 x 轴之矩。

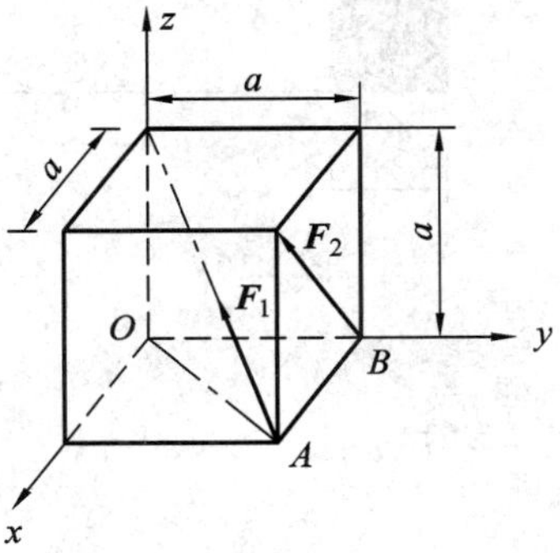

图 3.7

2. 图 3.8 所示斜五面体 $OABCDE$ 沿坐标轴正向三个棱边的长度 $OA=4$ m，$OC=3$ m，$OE=3$ m，斜平面 $ABDE$ 沿对角线 EB 间作用一力 $P=10$ kN，求该力在 x、y、z 轴上的投影及对 x、y、z 轴之矩。

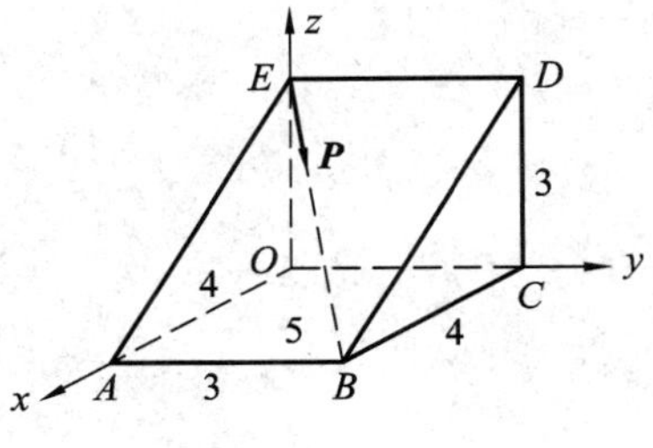

图 3.8

3. 求图 3.9 所示阴影部分的重心位置。其中 $R_1=10$ cm，$R_2=8$ cm，$r=6$ cm。

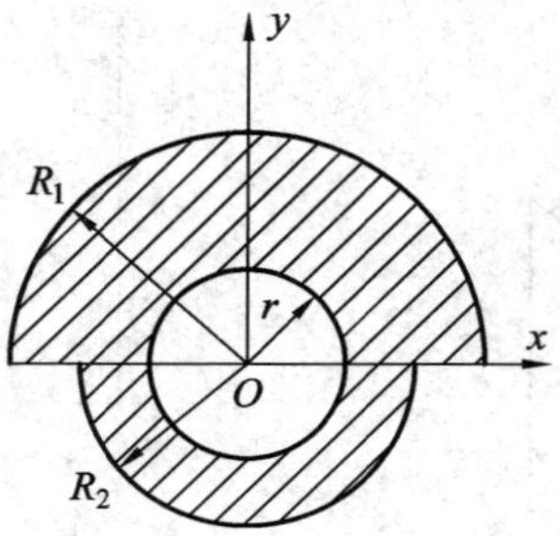

图 3.9

4. 求图 3.10 所示双曲拱桥的主拱圈截面的重心位置。

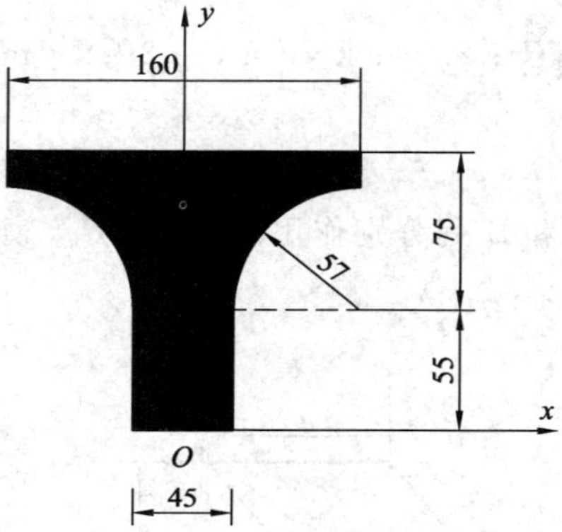

图 3.10

参考答案：

1. $-\frac{\sqrt{3}}{3}F_1+\frac{\sqrt{2}}{2}F_2$，$\frac{\sqrt{3}}{3}F_1a+\frac{\sqrt{2}}{2}F_2a$；

2. $F_x=\frac{4}{\sqrt{34}}$ kN，$F_y=\frac{3}{\sqrt{34}}$ kN，$F_z=-\frac{3}{\sqrt{34}}$ kN，

$M_x=-\frac{9}{\sqrt{34}}$ kN·m，$M_y=\frac{12}{\sqrt{34}}$ kN·m，$M_z=0$；

3. $x_C=0$，$y_C=2.24$ cm；

4. $x_C=0$，$y_C=82.7$ mm。

第4章　点的运动

一、知识点归纳

描述动点的运动有三种方法，即矢径法、直角坐标法、自然坐标法。

1. 矢径法

矢径法是以点的位置矢径随着时间连续变化规律作为表达式表示点的运动，如图 4.1 所示。

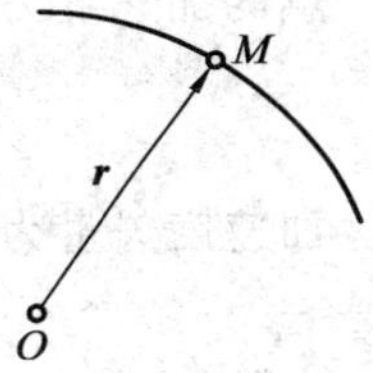

图 4.1

其运动方程为

$$\boldsymbol{r}=\boldsymbol{r}(t)$$

矢径 $\boldsymbol{r}$ 的矢端曲线即为点的运动轨迹。

点的速度：动点的速度是矢径对时间的一阶导数，即

$$\boldsymbol{v}=\frac{\mathrm{d}\boldsymbol{r}}{\mathrm{d}t}=\dot{\boldsymbol{r}}$$

点的速度方向是矢径矢端曲线的切线方向。

点的加速度：动点的加速度是速度的一阶导数，矢径的二阶导数。

$$\boldsymbol{a}=\frac{\mathrm{d}\boldsymbol{v}}{\mathrm{d}t}=\frac{\mathrm{d}^2\boldsymbol{r}}{\mathrm{d}t^2}=\ddot{\boldsymbol{r}}$$

点的加速度方向是速度矢端曲线的切线方向。

2. 直角坐标法

直角坐标法是用直角坐标表示点的位置的方法，如图 4.2 所示。

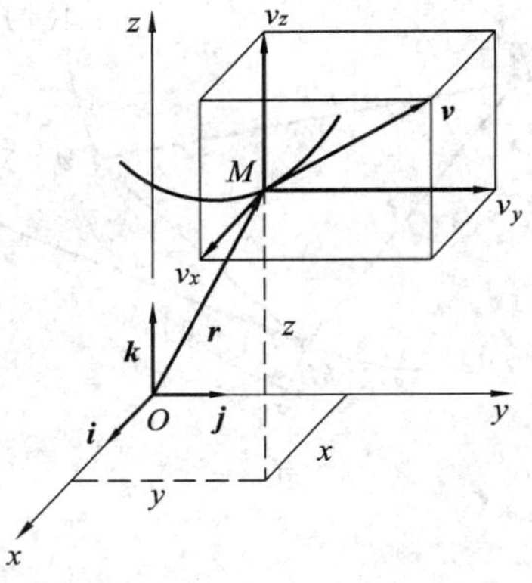

图 4.2

其运动方程为

$$x=x(t),\ y=y(t),\ z=z(t)$$

矢径为

$$\boldsymbol{r}=x\boldsymbol{i}+y\boldsymbol{j}+z\boldsymbol{k}$$

点的速度为

$$v_x=\frac{\mathrm{d}x}{\mathrm{d}t},\ v_y=\frac{\mathrm{d}y}{\mathrm{d}t},\ v_z=\frac{\mathrm{d}z}{\mathrm{d}t}$$

速度矢径为

$$\boldsymbol{v}=v_x\boldsymbol{i}+v_y\boldsymbol{j}+v_z\boldsymbol{k}$$

点的速度大小为

$$v=\sqrt{v_x^2+v_y^2+v_z^2}$$

其方向余弦为

$$\cos(\boldsymbol{v},\ \boldsymbol{i})=\frac{v_x}{v},\ \cos(\boldsymbol{v},\ \boldsymbol{j})=\frac{v_y}{v},\ \cos(\boldsymbol{v},\ \boldsymbol{k})=\frac{v_k}{v}$$

点的加速度为

$$a_x=\frac{\mathrm{d}v_x}{\mathrm{d}t},\ a_y=\frac{\mathrm{d}v_y}{\mathrm{d}t},\ a_z=\frac{\mathrm{d}v_z}{\mathrm{d}t}$$

加速度矢量为

$$\boldsymbol{a}=a_x\boldsymbol{i}+a_y\boldsymbol{j}+a_z\boldsymbol{k}$$

点的加速度大小为

$$a=\sqrt{a_x^2+a_y^2+a_z^2}$$

其方向余弦为

$$\cos(\boldsymbol{a},\ \boldsymbol{i})=\frac{a_x}{a},\ \cos(\boldsymbol{a},\ \boldsymbol{j})=\frac{a_y}{a},\ \cos(\boldsymbol{a},\ \boldsymbol{k})=\frac{a_k}{a}$$

3. 自然法

自然法是以点的轨迹作为一条曲线形式的坐标轴来确定点的位置的方法。动点在轨迹上的位置由弧长 s 确定，弧长 s 为代数量，为动点 M 在轨迹上的弧坐标，如图 4.3 所示。

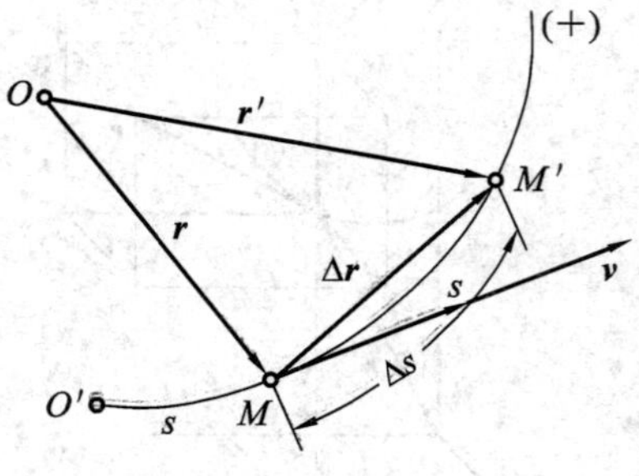

图 4.3

运动方程为

$$s=s(t)$$

点的速度为

$$\boldsymbol{v}=\frac{\mathrm{d}\boldsymbol{r}}{\mathrm{d}t}=\frac{\mathrm{d}\boldsymbol{r}}{\mathrm{d}s}\frac{\mathrm{d}s}{\mathrm{d}t}=\frac{\mathrm{d}s}{\mathrm{d}t}\boldsymbol{\tau}=v\boldsymbol{\tau}$$

速度的大小等于弧坐标对于时间的一阶导数，它的方向沿轨迹的切线，并指向运动的一方，如图 4.4 所示。

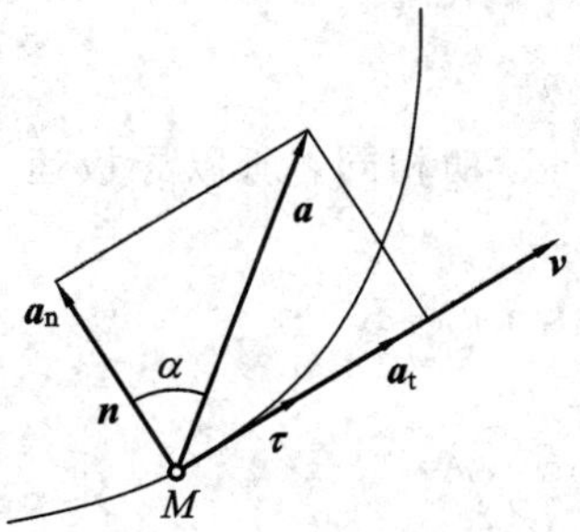

图 4.4

点的加速度为

$$\boldsymbol{a}_\tau=\frac{\mathrm{d}v}{\mathrm{d}t}\boldsymbol{\tau}=a_\tau\boldsymbol{\tau}，\boldsymbol{a}_\mathrm{n}=\frac{v^2}{\rho}\boldsymbol{n}=a_n\boldsymbol{n}，a_b=0$$

$$|\ a\ |=\sqrt{\boldsymbol{a}_\mathrm{t}^2+\boldsymbol{a}_\mathrm{n}^2}$$

加速度方向与主法线之间夹角为

$$\alpha=\arctan\frac{|\ a_\mathrm{t}\ |}{a_\mathrm{n}}$$

切向加速度 $\boldsymbol{a}_\mathrm{t}$ 表示速度代数值随时间的变化率，法向加速度 $\boldsymbol{a}_\mathrm{n}$ 表明速度方向随时间的变化率。$\boldsymbol{a}_\mathrm{t}$ 与 $\boldsymbol{v}$ 同向时，点作加速运动，$\boldsymbol{a}_\mathrm{t}$ 与 $\boldsymbol{v}$ 反向时，点作减速运动。

二、典型例题解析

例 4.1　已知：正弦机构如图 4.5 所示。曲柄 OM 长为 r，绕 O 轴匀速转动，它与水平线间的夹角为 $\varphi=\omega t+\theta$，其中 θ 为 $t=0$ 时的夹角，ω 为一常数。动杆上 A、B 两点间距离为 b。求：点 A 和 B 的运动方程及点 B 的速度和加速度。

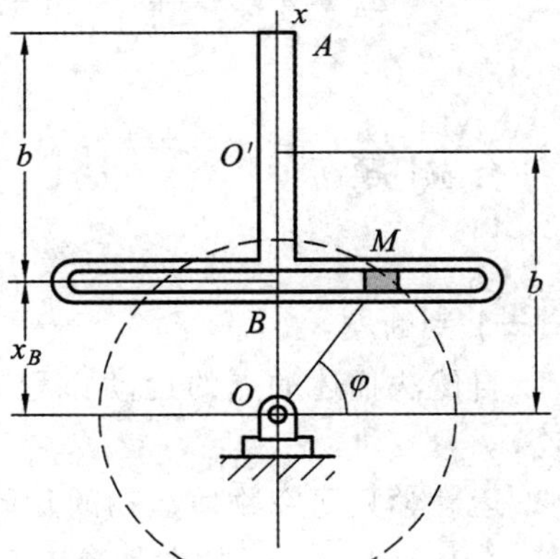

图 4.5

解　A、B 点都作直线运动，取 Ox 轴如图所示。运动方程分别为

$$x_A=b+r\sin\varphi=b+r\sin(\omega t+\theta)$$

$$x_B=r\sin\varphi=r\sin(\omega t+\theta)$$

B 点的速度和加速度分别为

$$v_B=\dot{x}_B=r\omega\cos(\omega t+\theta)$$

$$a_B=\ddot{x}_B=-r\omega^2\sin(\omega t+\theta)=-\omega^2x_B$$

例 4.2 一偏心圆盘凸轮机构如图 4.6 所示。圆盘 C 的半径为 R，偏心距为 e。设凸轮以匀角速度 ω 绕 O 轴转动，求导板 AB 的速度和加速度。

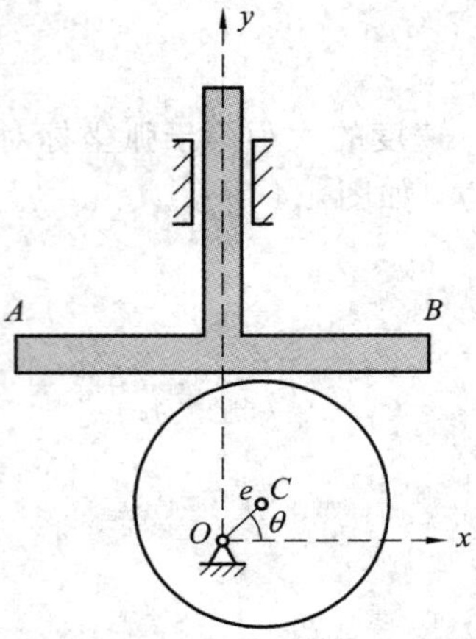

图 4.6

解 如图建立坐标系，则圆盘 C 沿 y 向的运动方程为

$$y_C = e\sin\theta$$

而导板的运动与圆盘 C 的 y 方向运动相同，所以导板运动方程为

$$y = e\sin\theta + R = e\sin\omega t + R$$

速度方程和加速度方程为

$$v_{AB} = y' = e\omega\cos\omega t$$

$$a_{AB} = v'_{AB} = -e\omega^2\sin\omega t$$

例 4.3 套筒 A 由绕过定滑轮 B 的绳索牵引而沿导轨上升，滑轮中心到导轨的距离为 l，如图 4.7 所示，设绳索以等速 v_0 下拉，忽略滑轮尺寸，求套筒 A 的速度和加速度。

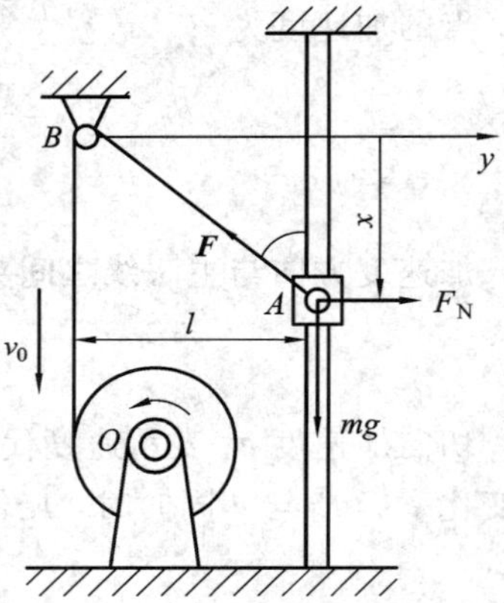

图 4.7

解 设初始时，绳索 AB 的长度为 L，时刻 t 时的长度为 s，则有关系式 $s = L - v_0 t$，并且 $s^2 = l^2 + x^2$，将上面两式对时间求导，得

$$\dot{s} = -v_0,\ 2s\dot{s} = 2x\dot{x}$$

由此解得

$$\dot{x} = -\frac{sv_0}{x} \tag{4-1}$$

(4-1)式可写成：$x\dot{x} = -v_0 s$，将该式对时间求导，得

$$\ddot{x}x + \dot{x}^2 = -\dot{s}v_0 = v_0^2 \tag{4-2}$$

将(4-1)式代入(4-2)式可得

$$a_x = \ddot{x} = \frac{v_0^2 - \dot{x}^2}{x} = -\frac{v_0^2 l^2}{x^3}$$ （负号说明滑块 A 的加速度向上）

三、自测题

(一) 判断题

1. 自然法描述的点的运动方程 $s = f(t)$ 为已知，则任一瞬间点的速度、加速度即可确定。 ( )

2. 运动学只研究物体运动的几何性质，而不涉及引起运动的物理原因。 ( )

3. 在某瞬时，点的切向加速度和法向加速度都等于零，则该点一定作匀速直线运动。 ( )

4. 自然轴系指的是由切线、主法线和副法线组成的一个正交轴系。 ( )

5. 两个点沿同一圆周运动，下述说法是否正确：

(1) 全加速度较大的点，其切向加速度一定较大。　(　　)

(2) 全加速度较大的点，其法向加速度一定较大。　(　　)

(3) 若两个点的全加速度矢在某一瞬时相等，则该瞬时两点的速度大小必相等。　(　　)

(4) 若两个点的全加速度矢在某段时间内相等，则这两点的速度在这段时间内必相等。　(　　)

参考答案：1. ×；2. √；3. ×；4. √；5. ×，×，×，√。

(二) 选择题

1. 一点做曲线运动，开始时速度 $v_0=12$ m/s，某瞬时切向加速度 $a_t=4$ m/s^2，则 2 s 末该点的速度的大小为(　　)。

(A) 4 m/s　　(B) 20 m/s　　(C) 6 m/s　　(D) 无法确定

2. 如图 4.8 所示，已知 M 点的运动方程为 $x=5t^2$，$y=3t$，问图示的运动状态可能的是(　　)。

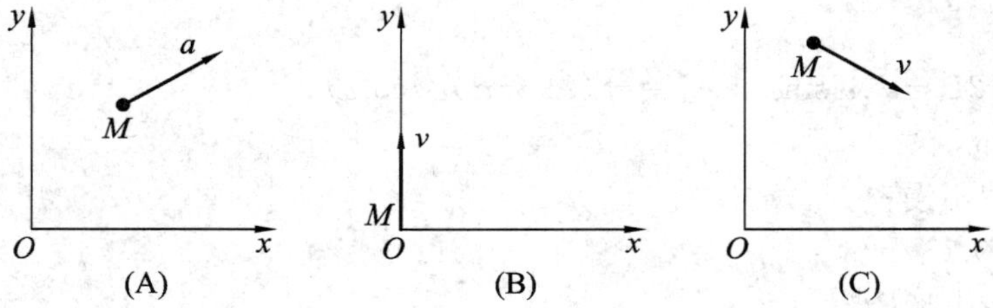

图 4.8

3. 点作曲线运动，若其法向加速度越来越大，则该点的速度(　　)。

(A) 越来越大

(B) 越来越小

(C)大小变化不能确定

4. 点 M 沿半径为 R 的圆周运动，其速度为 $v=kt$，k 是有量纲的常数。则点 M 的全加速度为(　　)。

(A) $(k^2t^2/R)+k^2$　　(B) $[(k^2t^2/R^2)+k^2]^{1/2}$

(C) $[(k^4t^4/R^2)+k^2]^{1/2}$　　(D) $[(k^4t^2/R^2)+k^2]^{1/2}$

参考答案：1. (D)；2. (B)；3. (C)；4. (C)。

(三) 填空题

1. 在图 4.9 所示曲柄滑块机构中，曲柄 OC 绕 O 轴转动，$\varphi=\omega t$(ω 为常量)。滑块 A、B 可分别沿通过 O 点且相互垂直的两直槽滑动。若 $AC=CB=OC=L$，$MB=d$，则 M 点沿 X 方向的速度的大小为__________，沿 X 方向的加速度的大小为__________。

2. 点沿半径 $R=50$ cm 的圆周运动，已知点的运动规律为 $S=Rt^3$(cm)，则当 $t=1$ s 时，该点的加速度的大小为__________。

3. 点 M 沿螺旋线自外向内运动，如图 4.10 所示。走过的弧长与时间的一次方成正比。点的加速度是越来越__________(大或小)，该点越跑越__________(快、慢、不快不慢)。

4. 点沿半径为 $R=4$ m 的圆周运动，初瞬时速度 $v_0=-2$ m/s，切向加速度 $a_t=4$ m/s^2(为常量)。则 $t=2$ s 时，该点速度的大小为________，加速度的大小为________。

5. 图 4.11 杆 AB 绕 A 轴以 $\varphi=5t$(φ 以 rad 计，t 以 s 计)的规律转动，其上一小环 M 将杆 AB 和半径为 R(以 m 计)的固定大圆环连在一起，若以 O_1 为原点，逆时针为正向，则用自然法表示的点 M 的运动方程为______________。

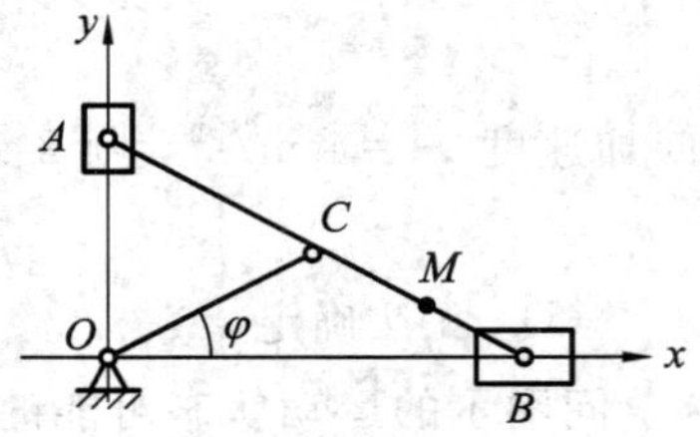

图 4.9

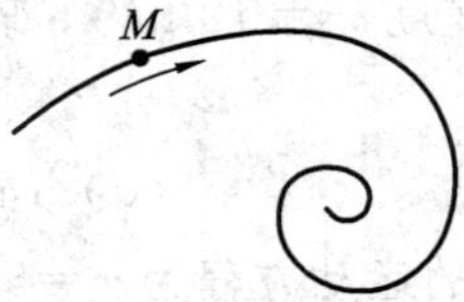

图 4.10

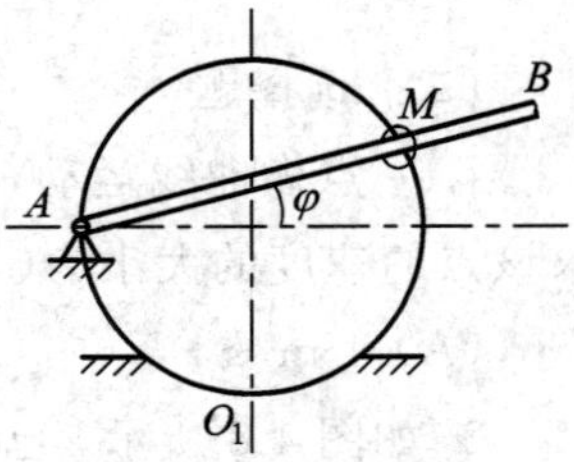

图 4.11

参考答案：

1. $v_x=-(2L-d)\omega\sin\omega t$，$a_x=-(2L-d)\omega^2\cos\omega t$；
2. 540.8 cm/s^2；
3. 大，不快不慢；
4. 6 m/s，9.85 m/s^2；
5. $s=\pi R/2+10Rt$。

（四）计算题

1. 图 4.12 所示曲线规尺，各杆长为 $OA=AB=200$ mm，$CD=DE=AC=AE=50$ mm。如杆 OA 以等角速度 $\omega=\frac{\pi}{5}$ rad/s 绕 O 轴转动，并且当运动开始时，杆 OA 水平向右。求尺上点 D 的运动方程和轨迹。

2. 如图 4.13 所示点 M 在直管 OA 内以匀速 u 向外运动，同时直管又按 $\varphi=\omega t$ 规律绕 O 轴转动。开始时 M 在 O 点，求动点 M 在任意瞬时相对于地面和相对于直管的速度及加速度。

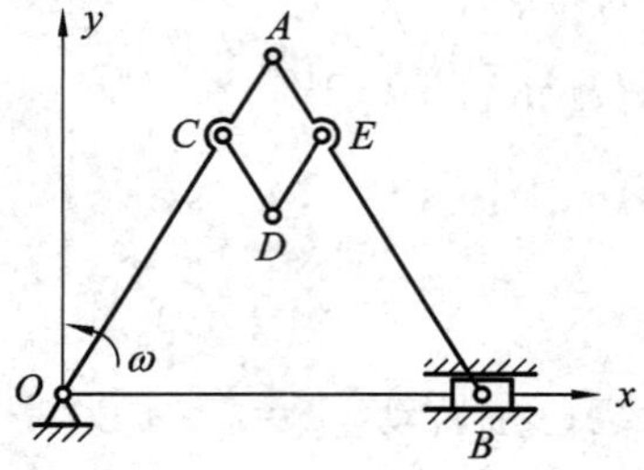

图 4.12

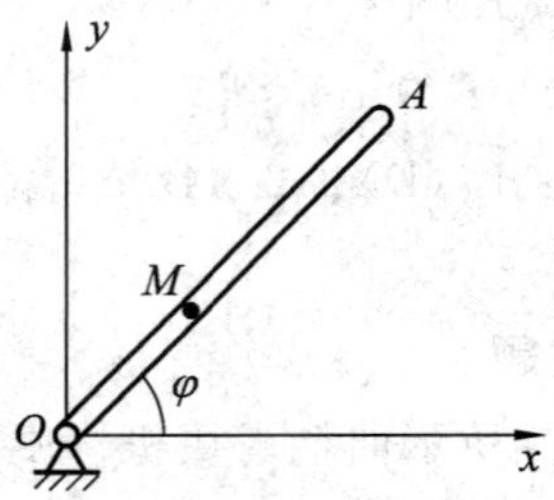

图 4.13

3. 如图 4.14 所示，半圆形凸轮以等速 $v_0 = 0.01$ m/s 沿水平方向向左运动，而使活塞杆 AB 沿铅垂方向运动。当运动开始时，活塞杆 A 端在凸轮的最高点上。如凸轮的半径 $R = 80$ mm，求活塞 B 相对于地面和相对于凸轮的运动方程和速度，并作出其运动图和速度图。

4. 如图 4.15 所示，飞机在铅垂面内以不变的速率 v_0 沿半径为 R 的圆弧运动，当飞机位于 A 点时，点 M 从它分离出来以恒定的加速度 g 相对于静止坐标系 $O_1x_1y_1$ 运动。设原点 O 固结于飞机的坐标系 Oxy 与定坐标系 $O_1x_1y_1$ 的轴始终彼此平行。求在动坐标系 Oxy 中看到点 M 的加速度与角 φ 的关系。

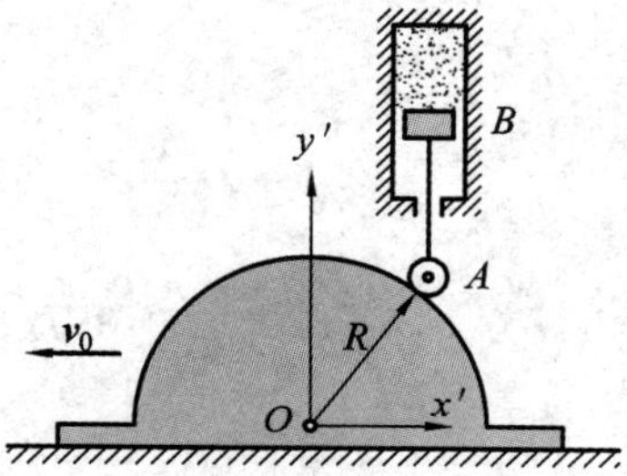

图 4.14

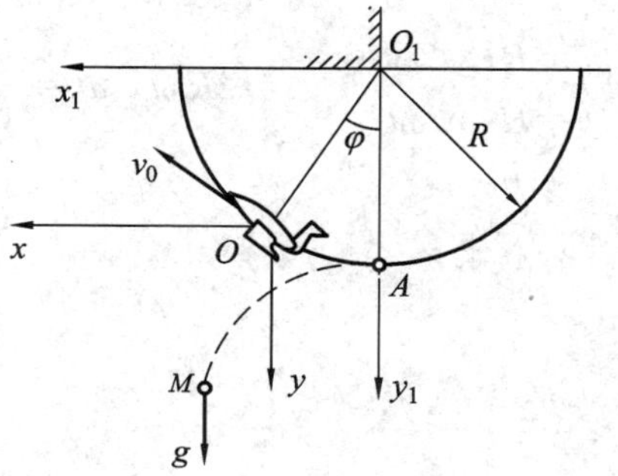

图 4.15

5. 如图 4.16 所示，偏心凸轮半径为 R，绕 O 轴转动，转角 $\varphi = \omega t$（ω 为常量），偏心距 $OC = e$，凸轮带动顶杆 AB 沿铅垂轨道作往复运动。试求顶杆的运动方程和速度。

6. 如图 4.17 所示摇杆滑道机构中的滑块 M 同时在固定的圆弧槽 BC 和摇杆 OA 的滑道中滑动。圆弧 BC 的半径为 R，摇杆 OA 的轴 O 在弧 BC 的圆周上。摇杆绕 O 轴以等角速度 ω 转动，当运动开始时，摇杆在水平位置。试分别用直角坐标法和自然法给出点 M 的运动方程，并求其速度和加速度。

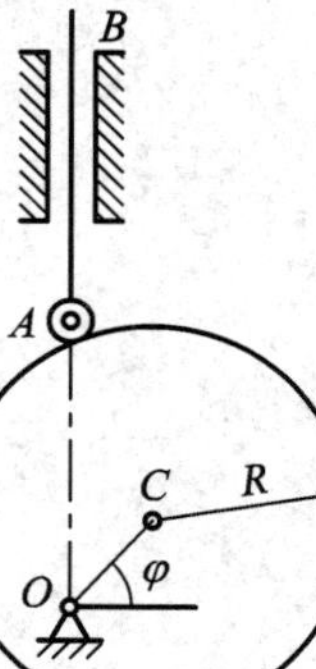

图 4.16

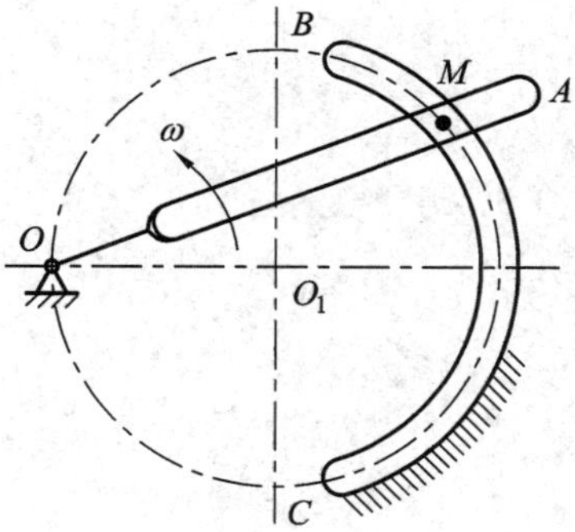

图 4.17

参考答案：

1. $\dfrac{x^2}{40\,000} + \dfrac{y^2}{10\,000} = 1$；

2. $v=u\sqrt{(\omega t)^2+1}$，$a=u\omega\sqrt{(\omega t)^2+4}$，$v_r=u$，$a_r=0$；

3. (1) $x=0$，$y=0.10\sqrt{64-t^2}$ m；$\dot{x}=0$，$\dot{y}=-\dfrac{0.01t}{\sqrt{64-t^2}}$ m/s

(2) $x'=0.01t$，$y'=0.01\sqrt{64-t^2}$；$\dot{x}'=0.01$ m/s，$\dot{y}'=-\dfrac{0.01t}{\sqrt{64-t^2}}$ m/s^2

4. $a_r=\sqrt{g^2+\left(\dfrac{v_0^2}{R}\right)^2+2g\dfrac{v_0^2}{R}\cos\varphi}$；

5. $v=e\omega\left[\cos\omega t+\dfrac{e\sin 2\omega t}{2\sqrt{R^2-e^2\cos^2\omega t}}\right]$；

6. $\begin{cases}x=R\cos 2\omega t\\ y=R\sin 2\omega t\end{cases}$，　$s=2R\omega t$，$a_n=\dfrac{v^2}{R}=4R\omega^2$。

第 5 章　刚体的基本运动

一、知识点归纳

刚体的平行移动和定轴转动称为刚体的基本运动。刚体的复杂运动均可分解成若干基本运动的合成。

1. 刚体的平行移动

(1) 平行移动定义：刚体运动时，若其上的任意两点的连线始终与它的初始位置平行，简称平移或平动，如图 5.1 所示。平动时，其上各点的轨迹为直线，称为直线平移；若为曲线，则称为曲线平移。

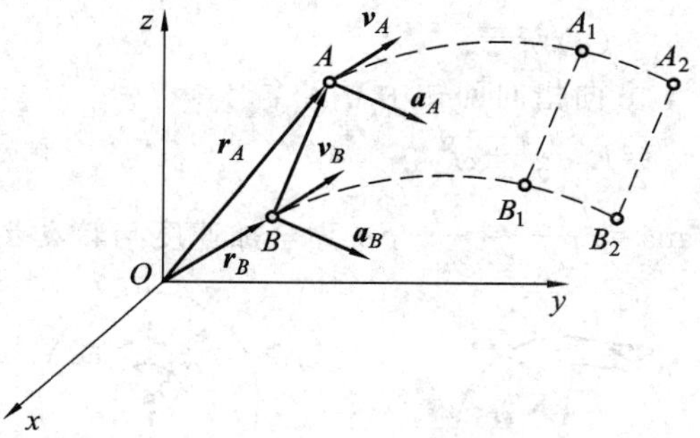

图 5.1

(2) 平行移动的特点：刚体上各点的轨迹形状、速度及加速度相同，即：$\boldsymbol{v}_A=\boldsymbol{v}_B$，$\boldsymbol{a}_A=\boldsymbol{a}_B$。

2. 刚体的定轴转动

(1) 定轴转动定义：刚体运动时，存在一条始终不变的转轴，刚体上各点绕着转轴作圆周运动，如图 5.2 所示。

(2) 定轴转动的特点：转轴上各点的速度和加速度均为零，刚体上其他点在垂直于转轴的平面内作圆周运动。

(3) 运动方程：$\varphi=f(t)$，方向规定为从转轴 x 的正向向负向看去，逆时针转向为正，反之为负。φ 的单位为 rad。

角速度：$\omega=\dot{\varphi}$，单位为 rad/s。

角加速度：$\alpha=\dot{\omega}=\ddot{\varphi}$，单位为 $\mathrm{rad/s^2}$。

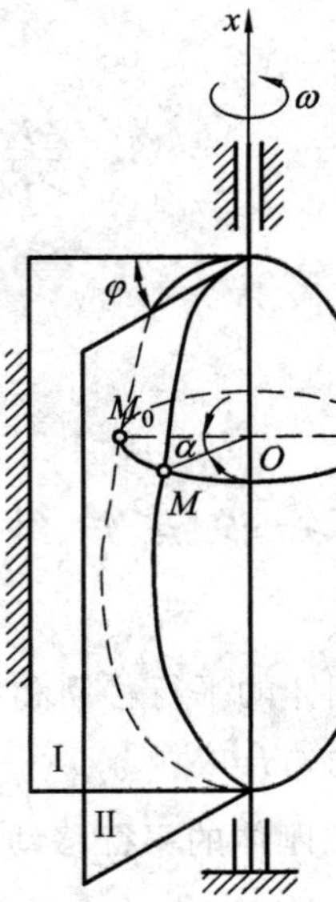

图 5.2

注意：

① 角速度 ω 与转速 n 之间的换算关系 $\omega=\frac{n\pi}{30}$，转速 n 的单位是 r/min。

② 角速度 ω 与角加速度 α 符号相同时，刚体加速转动；反之，减速转动。

③ 角速度 ω 与角加速度 α 的矢量表示 $\boldsymbol{\omega}=\omega\boldsymbol{k}$，$\boldsymbol{\alpha}=\alpha\boldsymbol{k}$。

匀变速转动公式：

$$\omega=\omega_0+\alpha t$$

$$\varphi=\varphi_0+\omega_0 t+\frac{1}{2}\alpha t^2$$

$$\omega^2=\omega_0^2+2\alpha(\varphi-\varphi_0)$$

3. 绕定轴转动刚体上点的速度

速度大小 $\boldsymbol{v}=R\omega$，方向垂直于半径 R，指向刚体转动的方向(与 ω 相同)，如图 5.3(a)、(b)所示。

4. 绕定轴转动刚体上点的加速度

切向加速度 $\boldsymbol{a}_{\mathrm{t}}=R\alpha$，方向垂直于转动半径，指向与角加速度 α 方向一致，如图 5.4(a)、(b)所示。

法向加速度 $\boldsymbol{a}_{\mathrm{n}}=R\omega^2$，方向指向回转中心。

全加速度 $\boldsymbol{a}=\sqrt{\boldsymbol{a}_{\mathrm{t}}+\boldsymbol{a}_{\mathrm{n}}}=R\sqrt{\alpha^2+\omega^4}$。

全加速度的方位角 $\tan\theta=\frac{|a_{\mathrm{t}}|}{a_{\mathrm{n}}}=\frac{|\alpha|}{\omega^2}$，$\theta$ 为全加速度与转动半径之间的夹角。

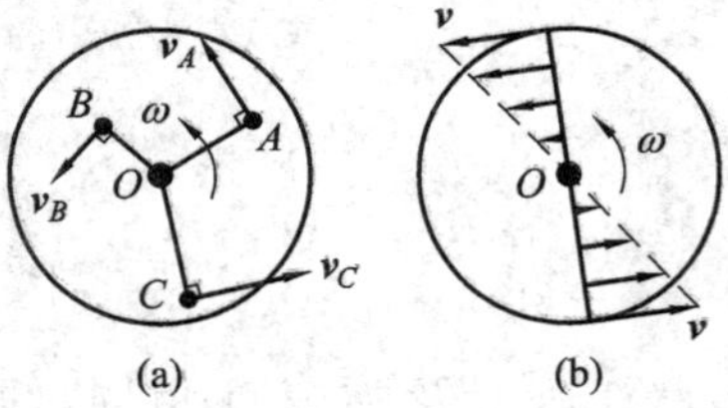

图 5.3

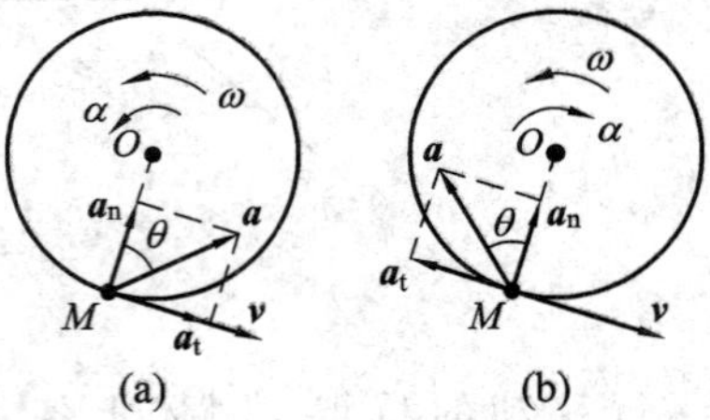

图 5.4

二、典型例题解析

例 5.1 物体绕定轴转动的运动方程为 $\varphi=4t-3t^3$(φ 以 rad 计，t 以 s 计)。试求物体内与转动轴相距 $r=0.5$ m 的一点，在 $t_0=0$ 与 $t_1=1$ s 时的速度和加速度的大小，并问物体在什么时刻改变它的转向？

解 角速度：

$$\omega=\frac{\mathrm{d}\varphi}{\mathrm{d}t}=\frac{\mathrm{d}}{\mathrm{d}t}(4t-3t^3)=4-9t^2$$

角加速度：

$$\alpha = \frac{d\omega}{dt} = \frac{d}{dt}(4 - 9t^2) = -18t$$

速度：

$$v = r\omega = r(4 - 9t^2)$$
$$v\,|_{t=0} = r\omega = 0.5 \times (4 - 9 \times 0^2) = 2\ (\text{m/s})$$
$$v\,|_{t=1} = 0.5 \times (4 - 9 \times 1^2) = -2.5\ (\text{m/s})$$

切向加速度：

$$a_t = \rho\alpha = r(-18t) = -18rt$$

法向加速度：

$$a_n = \frac{v^2}{\rho} = \frac{[r(4 - 9t^2)]^2}{r} = r\,(4 - 9t^2)^2$$

全加速度：

$$a = \sqrt{a_t^2 + n_n^2} = \sqrt{(-18rt)^2 + [r\,(4 - 9t^2)^2]^2} = r\sqrt{324t^2 + (4 - 9t^2)^4}$$
$$a\,|_{t=0} = r\sqrt{324 \times 0^2 + (4 - 9 \times 0^2)^4} = 0.5 \times 16 = 8\ (\text{m/s}^2)$$
$$a\,|_{t=1} = r\sqrt{324 \times 1^2 + (4 - 9 \times 1^2)^4} = 0.5 \times 30.81 = 15.405\ (\text{m/s}^2)$$

物体改变方向时，速度等于零。即：$v = r(4-9t^2) = 0$，$t = \frac{2}{3}(\text{s}) = 0.667(\text{s})$。

例 5.2　揉茶机的揉桶由三个曲柄支持，曲柄的支座 A、B、C 与支轴 a、b、c 都恰成等边三角形，如图 5.5 所示。三个曲柄长度相等，均为 $l = 150$ mm，并以相同的转速 $n = 45$ r/min分别绕其支座在图示平面内转动。求揉桶中心点 O 的速度和加速度。

解　三根曲柄作定轴转动，揉桶作平行移动，故 a 点与 O 点的速度、加速度相同。

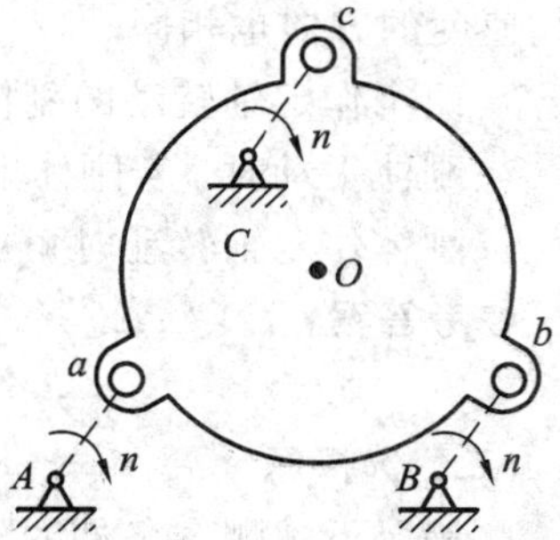

图 5.5

$$\omega = n\,\frac{2\pi}{60} = 45 \times \frac{\pi}{30} = \frac{3\pi}{2}$$

$$v_a = l\omega = 150 \times \frac{3}{2} \times 3.14 = 706.5 \approx 707\ (\text{mm/s})$$

$$v_O = v_a \approx 707\ (\text{mm/s})$$

$$a = \rho\sqrt{\alpha^2 + \omega^4} = 150 \times \sqrt{0 + \omega^4} = 150\omega^2$$

$$a_a = 150 \times (1.5 \times 3.14)^2 = 3328\ (\text{mm/s}^2)$$

$$a_O = a_a = 3328\ (\text{mm/s}^2)$$

例 5.3　图 5.6 槽杆 OA 可绕一端 O 转动，槽内嵌有刚连于方块 C 的销钉 B，方块 C 以匀速率 v_C 沿水平方向移动。设 $t=0$ 时，OA 恰在铅直位置。求槽杆 OA 的角速度与角加速度随时间 t 变化的规律。

解　销钉 B 与 C 同在一方块上作刚体的平行移动，故它们的速度相同。

$$\tan\varphi = \frac{v_C t}{b},\ \varphi = \arctan\frac{v_C t}{b}$$

角速度：

$$\omega=\frac{\mathrm{d}\varphi}{\mathrm{d}t}=\frac{1}{1+\left(\frac{v_C t}{b}\right)^2}\cdot\frac{v_C}{b}=\frac{b^2}{b^2+v_C^2t^2}\cdot\frac{v_C}{b}=\frac{bv_C}{b^2+v_C^2t^2}$$

角加速度：

$$\alpha=\frac{\mathrm{d}\omega}{\mathrm{d}t}=\frac{\mathrm{d}}{\mathrm{d}t}\left(\frac{bv_C}{b^2+v_C^2t^2}\right)=-bv_C\cdot\frac{1}{(b^2+v_C^2t^2)^2}\cdot 2v_C^2t=-\frac{2bv_C^3t}{(b^2+v_C^2t^2)^2}$$

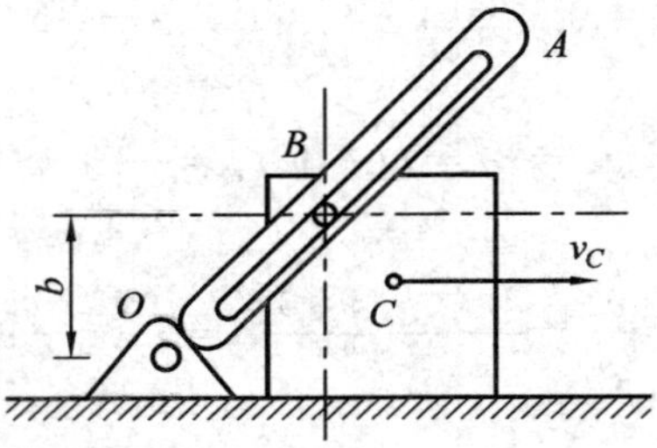

图 5.6

三、自测题

(一) 判断题

1. 刚体作平行移动时，其上各点的轨迹可以是直线、平面曲线、空间曲线。 ( )

2. 刚体作定轴转动时，垂直于转动轴的同一直线上的各点，不但速度的方向相同而且其加速度的方向也相同。 ( )

3. 两个作定轴转动的刚体，若其角加速度始终相等，则其转动方程相同。 ( )

4. 刚体平动时，若刚体上任一点的运动已知，则其他各点的运动随之确定。 ( )

5. 刚体作定轴转动时角加速度为正，表示加速转动，为负表示减速转动。 ( )

参考答案：1. √；2. ×；3. ×；4.√；5. ×。

(二) 选择题

1. 满足下述哪个条件的刚体运动一定是平行移动？( )。

(A) 刚体运动时，其上某直线始终与其初始位置保持平行

(B) 刚体运动时，其上某两条直线始终与各自初始位置保持平行

(C) 刚体运动时，其上所有点到某固定平面的距离始终保持不变

(D) 均不满足

2. 刚体绕定轴转动时，下列说法正确的是( )。

(A) 当转角 $\varphi>0$ 时，角速度 ω 为正　(B) 当角速度 $\omega>0$ 时，角加速度为正

(C) 当 $\varphi>0$，$\omega>0$ 时，必有 $\alpha>0$　(D) 当 $\alpha>0$ 时为加速转动，$\alpha<0$ 时为减速转动

(E) 当 α 与 ω 同号时为加速转动，当 α 与 ω 异号时为减速转动

3. 时钟上秒针转动的角速度是( )。

(A) 1/60 rad/s　(B) π/30 rad/s　(C) 2π rad/s

4. 复摆由长为 L 的细杆 OA 和半径为 r 的圆盘固连而成，动点 M 沿盘的边缘以匀速率 u 相对于盘作匀速圆周运动。在图 5.7 位置，摆的角速度为 ω，则该瞬时动点 M 的绝对速度的大小等于(　　)。

(A) $L\omega=u$　　(B) $(L+r)\omega+u$

(C) $(L+2r)\omega+u$　　(D) $(L+2r)\omega-u$

5. 已知正方形板 $ABCD$ 作定轴转动，转轴垂直于板面，A 点的速度 $v_A=10$ cm/s，加速度 $a_A=10\sqrt{2}$ cm/s^2，方向如图 5.8 所示。则正方形板转动的角速度的大小为(　　)。

(A) 1 rad/s　　(B) $\sqrt{2}$ rad/s　　(C) 无法确定

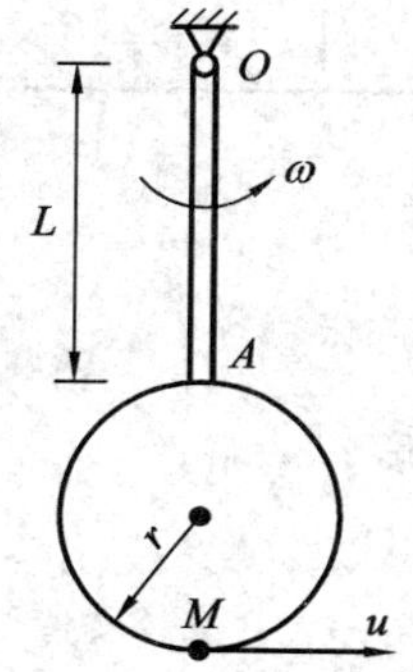

图 5.7

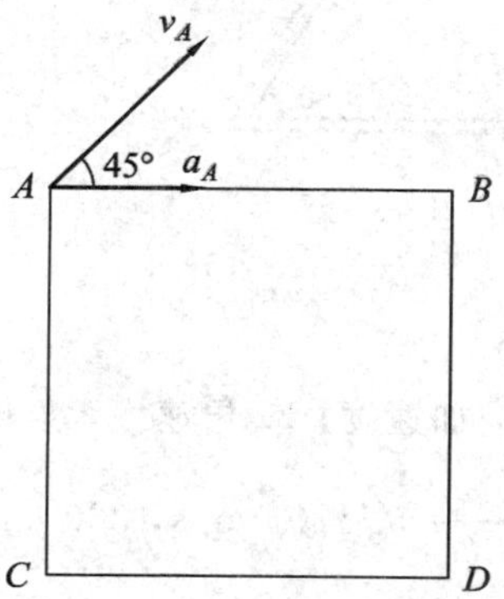

图 5.8

参考答案：1. (D)；　2. (E)；　3. (B)；　4. (C)；　5. (A)。

(三) 填空题

1. 无论刚体作直线平动还是曲线平动，其上各点都具有相同的__________，在同一瞬时都有相同的__________和相同的__________。

2. 刚体作定轴转动时，各点加速度与半径间的夹角只与该瞬时刚体的____________和__________有关，而与__________无关。

3. 试分别写出图 5.9 所示各平面机构中 A 点与 B 点的速度和加速度的大小，并在图上画出其方向。

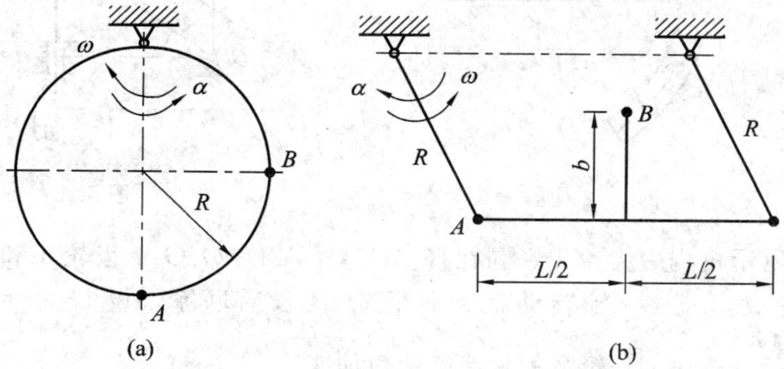

图 5.9

4. 图 5.10 所示折杆 OAB 在铅垂面内绕轴 O 作定轴转动，其 OA 段和 AB 段的长度均为 L。已知某瞬时折杆上 B 点的加速度大小为 $a_B=a$，方向沿 BA 边，则该瞬时折杆的角速度大小为__________，角加速度大小为__________。

5. 在图 5.11 所示机构中，杆 $O_1A \mathrel{\underline{\parallel}} O_2B$，杆 $O_2C \mathrel{\underline{\parallel}} O_3D$，且 $O_1A=20$ cm，$O_2C=40$ cm，$CM=MD=30$ cm，若杆 AO_1 以角速度 $\omega=3$ rad/s 匀速转动，则 D 点的速度的大小为__________，M 点的加速度的大小为__________。

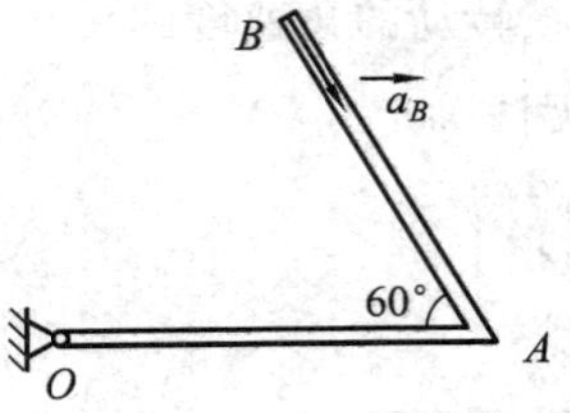

图 5.10

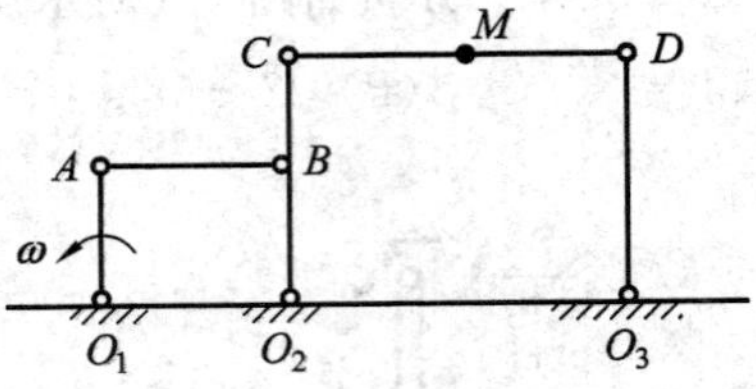

图 5.11

参考答案：

1. 轨迹，速度，加速度；2. 角速度，角加速度，速度；3. 略；

4. $\frac{\sqrt{2}}{2}\sqrt{\frac{a}{l}}$，$\frac{\sqrt{3}}{2}\frac{a}{l}$；5. 120 cm/s，360 cm/s^2。

（四）计算题

1. 如图 5.12 所示曲柄滑杆机构中，滑杆上有一圆弧形滑道，其半径 $R=100$ mm，圆心 O_1 在导杆 BC 上。曲柄长 $OA=100$ mm，以等角速度 $\omega=4$ rad/s 绕 O 轴转动。求导杆 BC 的运动规律以及当曲柄与水平线间的交角 φ 为 30°时，导杆 BC 的速度和加速度。

2. 机构如图 5.13 所示，假定杆 AB 在某段时间内以匀速 v 运动，开始时 $\varphi=0$。试求当 $\varphi=\pi/4$ 时，摇杆 OC 的角速度和角加速度。

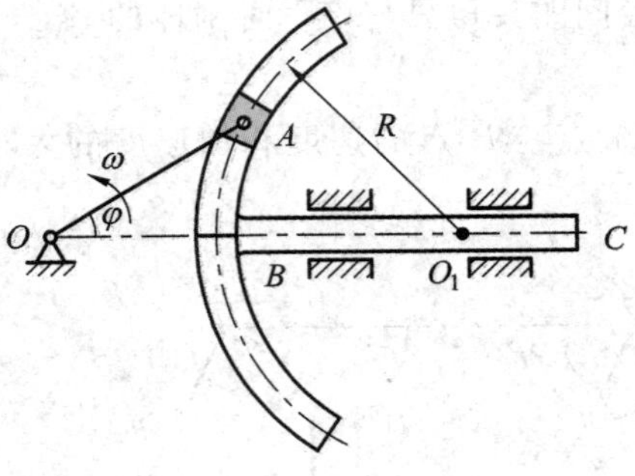

图 5.12

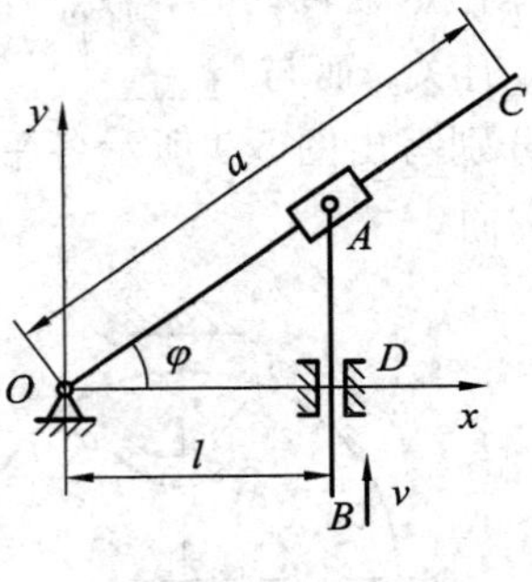

图 5.13

3. 图 5.14 所示机构中齿轮 1 紧固在杆 AC 上，$AB=O_1O_2$，齿轮 1 和半径为 r_2 的齿轮 2 啮合，齿轮 2 可绕 O_2 轴转动且和曲柄 O_2B 没有联系。设 $O_1A=O_2B=l$，$\varphi=b\sin\omega t$，试确定 $t=\frac{\pi}{2\omega}$ s 时，轮 2 的角速度和角加速度。

4. 在图 5.15 所示机构中，已知 $O_1A=O_2B=AM=r=0.2$ m，$O_1O_2=AB$。若轮 O_1

按 $\varphi=15\pi t$ 的规律转动。求当 $t=0.5$ s 时，AB 杆上 M 点的速度和加速度。

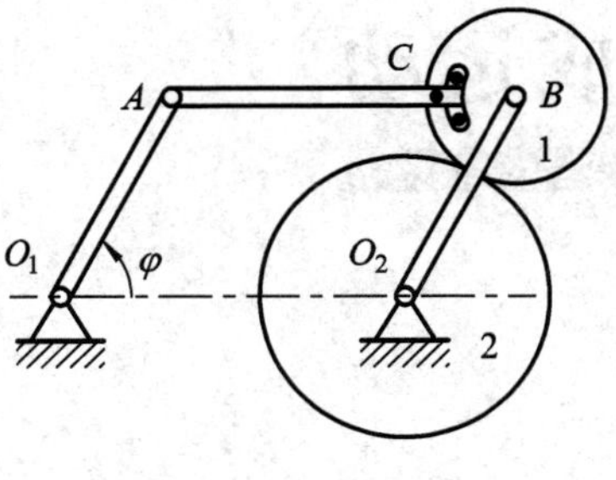

图 5.14

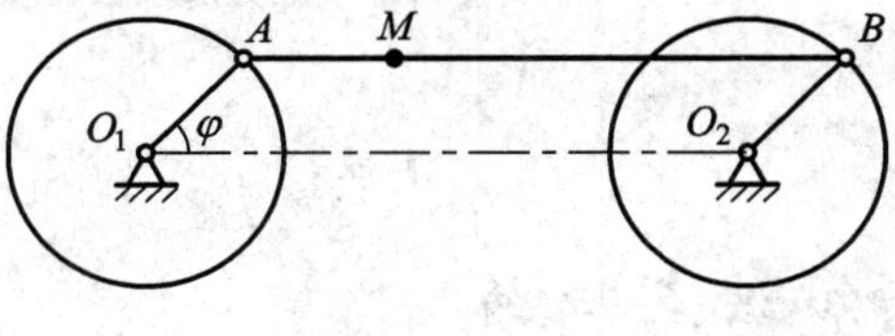

图 5.15

5. 如图 5.16 所示的滚子传送带，已知滚子的直径 $d=0.2$ m，转速为 $n=50$ r/min。求钢板在滚子上无滑动运动的速度和加速度，并求在滚子上与钢板接触点的加速度。

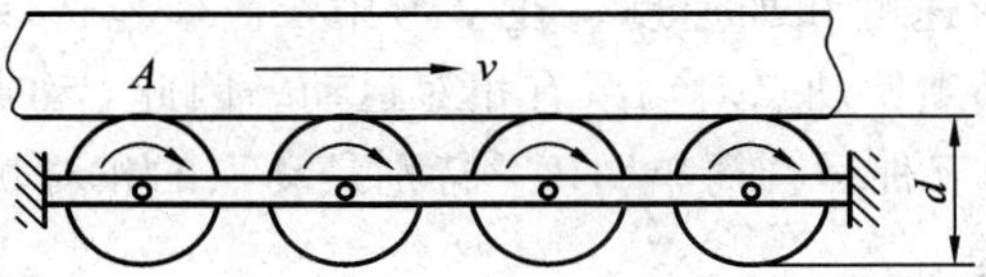

图 5.16

参考答案：

1. $v_{BC}=0.40$ m/s，$a_{BC}=2.77$ m/s^2；

2. $\omega=\dfrac{v}{2l}$（逆时针），$\varepsilon=\dfrac{v^2}{2l^2}$（顺时针）；

3. $\omega_2=0$，$\varepsilon_2=\dfrac{lb\omega^2}{r^2}$；

4. $v_M=9.425$ m/s，$a_M=444.13$ m/s^2；

5. $v=0.524$ m/s，$a=0$，$a=2.74$ m/s^2。

第6章 点的合成运动

一、知识点归纳

本章的学习要点在于选取一个动点、建立两个参考坐标系(静系、动系)、分析三种运动(绝对运动、相对运动、牵连运动),将复杂的运动转化为简单的运动,利用合成定理,从而求解瞬时特定条件下的速度和加速度。在学习中,合理地选取动点和动系是解题的关键。动点和动系的选择必须使动点对动系有相对运动。因此,动点与动系不能选在同一个刚体上;应尽量使动点的三种运动简单明确,特别是动点的相对轨迹要能够直观判断。

1. 点的速度合成定理

动点在某瞬时的绝对速度等于它在该瞬时的牵连速度与相对速度的矢量和,如图6.1,即

$$\boldsymbol{v}_a = \boldsymbol{v}_e + \boldsymbol{v}_r \tag{6-1}$$

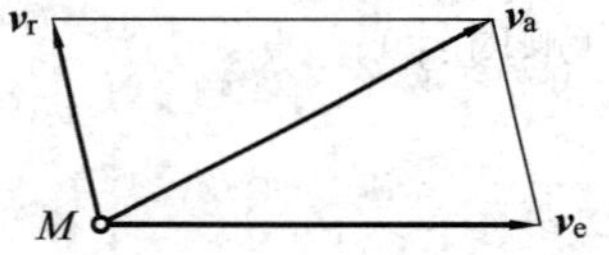

图 6.1

动点、动系和静系的选择原则有以下两点:

(1) 动点、动系和静系必须分别属于三个不同的物体,否则绝对、相对和牵连运动中就缺少一种运动,不能成为合成运动。

(2) 动点相对动系的相对运动轨迹易于直观判断(已知绝对运动和牵连运动求解相对运动的问题除外)。

2. 牵连运动为平动时点的加速度合成定理

$$\boldsymbol{a}_a = \boldsymbol{a}_e + \boldsymbol{a}_r \tag{6-2}$$

即当牵连运动为平动时,动点的绝对加速度等于牵连加速度与相对加速度的矢量和。

因为

$$\boldsymbol{a} = \boldsymbol{a}^t + \boldsymbol{a}^n \tag{6-3}$$

一般可以写成

$$\boldsymbol{a}_a^t + \boldsymbol{a}_a^n = \boldsymbol{a}_e^t + \boldsymbol{a}_e^n + \boldsymbol{a}_r^t + \boldsymbol{a}_r^n \tag{6-4}$$

3. 牵连运动为转动时点的加速度合成定理

当牵连运动为转动时,动点的绝对加速度等于它的牵连加速度、相对加速度和科氏加

速度三者的矢量和，即

$$\boldsymbol{a}_a=\boldsymbol{a}_r+\boldsymbol{a}_e+\boldsymbol{a}_C \tag{6-5}$$

科氏加速度 $\boldsymbol{a}_C=2\boldsymbol{\omega}\times\boldsymbol{v}_r$，方向如图 6.2 所示。

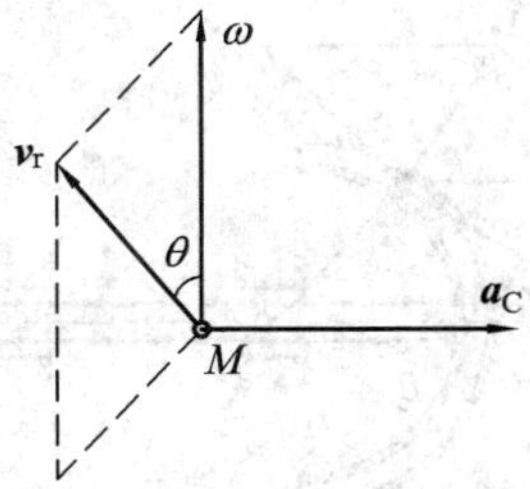

图 6.2

一般可以写成

$$\boldsymbol{a}_a^t+\boldsymbol{a}_a^n=\boldsymbol{a}_e^n+\boldsymbol{a}_e^t+\boldsymbol{a}_r^n+\boldsymbol{a}_r^t+\boldsymbol{a}_C \tag{6-6}$$

若这些矢量处于同一平面内，可求解大小或方向共两个未知量。一般使用投影法进行计算，但必须按“合矢量在轴上的投影＝各分矢量在同一轴上投影的代数和”的法则。投影轴之间是可以非正交的，关键是应使投影轴方程中不出现不用求的未知量，以避免解联立方程。如果某矢量的大小与方向是未知的，可在求得该矢量的投影值后再合成获得。

二、典型例题解析

例 6.1 曲柄 OA 在图 6.3 所示瞬时以 ω_0 绕轴 O 转动，并带动直角曲杆 O_1BC 在图示平面内运动。若 $\theta=45°$为已知，试求曲杆 O_1BC 的角速度。

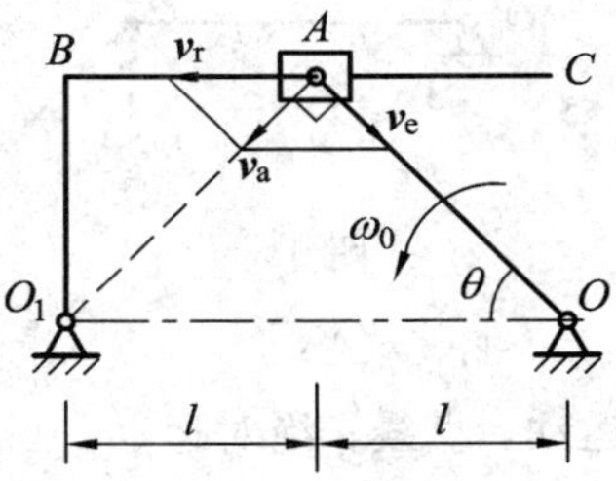

图 6.3

解 （1）运动分析：动点，A；动系，曲杆 O_1BC；

牵连运动，定轴转动；相对运动，直线；绝对运动，圆周运动。

（2）速度分析：

$$\boldsymbol{v}_a=\boldsymbol{v}_e+\boldsymbol{v}_r$$

$$v_a=\sqrt{2}\,l\omega_0，\ v_a=v_e=\sqrt{2}\,l\omega_0$$

$$\omega_{O_1BC}=\frac{\boldsymbol{v}_e}{O_1A}=\omega_0 \quad （顺时针）$$

例 6.2 图 6.4 所示曲柄滑杆机构中、滑杆上有圆弧滑道，其半径 $R=10$ cm，圆心 O_1 在导杆 BC 上。曲柄长 $OA=10$ cm，以匀角速 $\omega=4\pi$ rad/s 绕 O 轴转动。当机构在图示位置时，曲柄与水平线交角 $\varphi=30°$。求此时滑杆 CB 的速度。

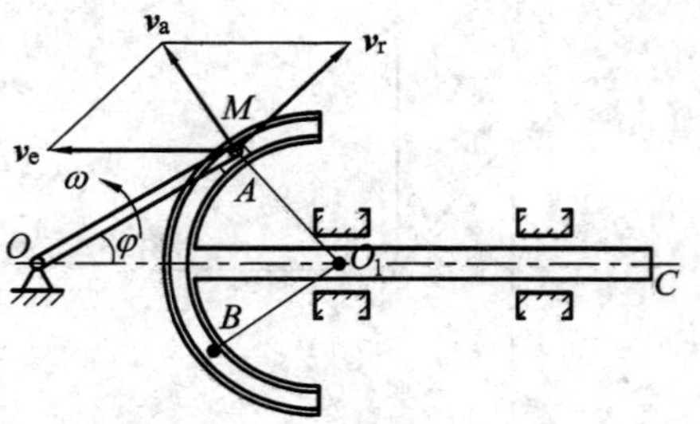

图 6.4

解 (1) 运动分析：动点，A；动系，BC；牵连运动，平移；相对运动，圆周运动；绝对运动，圆周运动。

(2) 速度分析：

$$\boldsymbol{v}_a=\boldsymbol{v}_e+\boldsymbol{v}_r$$

$$v_a=O_1A\cdot\omega=40\pi\ \text{cm/s},\ v_{BC}=v_e=v_a=40\pi=126\ \text{cm/s}$$

例 6.3 曲柄摇杆机构如图 6.5 所示。已知：曲柄 O_1A 以匀角速度 ω_1 绕轴 O_1 转动，$O_1A=R$，$O_1O_2=b$，$O_2O=L$。试求当 O_1A 水平位置时，杆 BC 的速度。

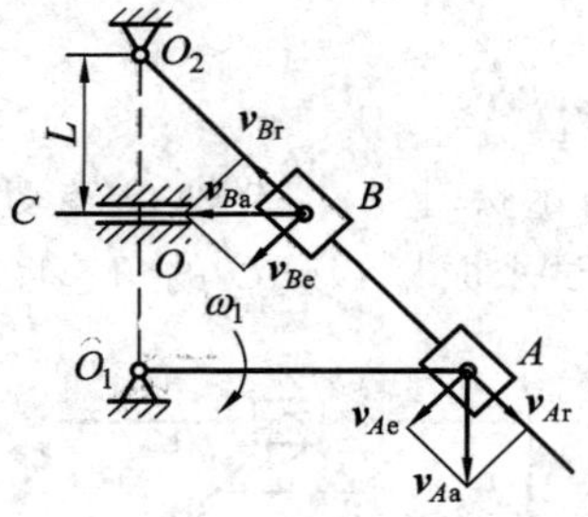

图 6.5

解 (1) A 点：动点，A；动系，杆 O_2A；

牵连运动，定轴转动；相对运动，直线；绝对运动，圆周运动。

$$v_{Aa}=R\omega_1,\ v_{Ae}=v_{Aa}\frac{R}{\sqrt{b^2+R^2}}=\frac{R^2\omega_1}{\sqrt{b^2+R^2}}$$

(2) B 点：动点，B；动系，杆 O_2A；

牵连运动，定轴转动；相对运动，直线；绝对运动，直线。

$$v_{Be}=v_{Ae}\frac{O_2B}{O_2A}=\frac{LR^2\omega_1}{b\sqrt{b^2+R^2}}$$

$$v_{BC}=v_{Ba}=v_{Be}\frac{\sqrt{b^2+R^2}}{b}=\frac{LR^2\omega_1}{b^2}$$

例 6.4 如图 6.6 所示，小环 M 套在两个半径为 r 的圆环上，令圆环 O'固定，圆环 O

绕其圆周上一点 A 以匀角速度 ω 转动，求当 A、O、O' 位于同一直线时小环 M 的速度。

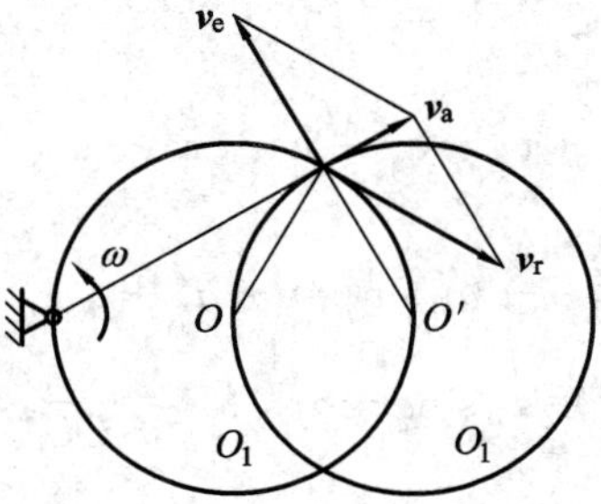

图 6.6

解　(1) 运动分析：动点；M；动系，圆环 O；牵连运动，定轴转动；相对运动，圆周运动；绝对运动，圆周运动。

(2) 速度分析：

$$\boldsymbol{v}_a = \boldsymbol{v}_e + \boldsymbol{v}_r,\ v_e = \sqrt{3}\,r\omega,\ v_M = v_a = v_e \tan 30^\circ = r\omega$$

例 6.5　图 6.7(a)、(b)所示两种情形下，物块 B 均以速度 v_B、加速度 a_B 沿水平直线向左作平移，从而推动杆 OA 绕点 O 作定轴转动，$OA = r$，$\varphi = 40^\circ$。试问若应用点的复合运动方法求解杆 OA 的角速度与角加速度，其计算方案与步骤应当怎样？将两种情况下的速度与加速度分量标注在图上，并写出计算表达式。

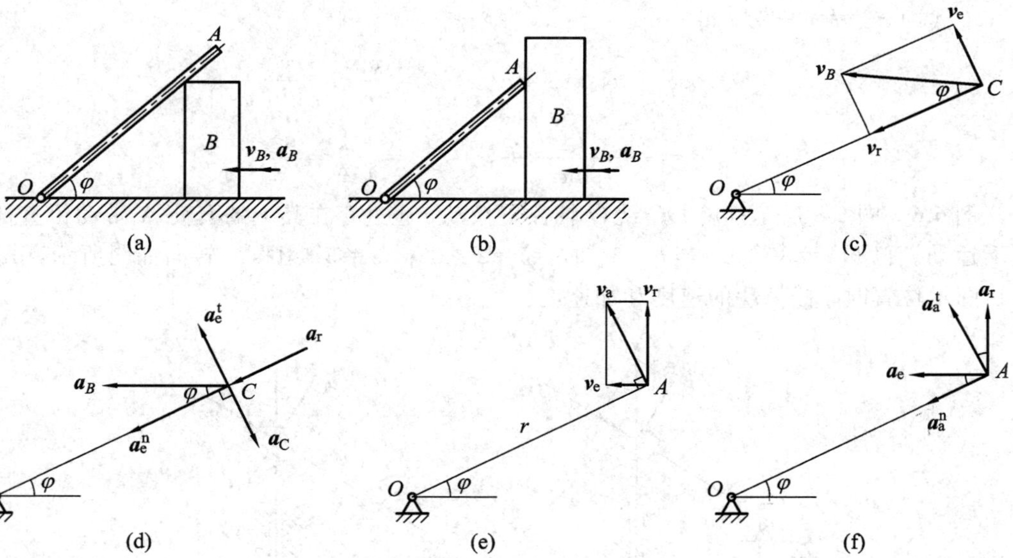

图 6.7

解　(1) 图 6.7 所示情形下。

① 运动分析：动点，C(B 上)；动系，OA；绝对运动，直线；相对运动，直线；牵连运动，定轴转动。

② 速度分析(图 6.7(c))：

$$\boldsymbol{v}_B = \boldsymbol{v}_e + \boldsymbol{v}_r$$

$$v_e = v_B \sin\varphi,\ \omega_{OA} = \frac{v_e}{OC} = \frac{v_B \sin\varphi}{OC},\ v_r = v_B \cos\varphi$$

③ 加速度分析(图 6.7(d))：

$$\boldsymbol{a}_B = \boldsymbol{a}_e^n + \boldsymbol{a}_e^t + \boldsymbol{a}_r + \boldsymbol{a}_C$$

向 $\boldsymbol{a}_C$ 向投影，得

$$-a_B \sin\varphi = -a_e^t + a_C$$

其中 $a_C = 2\omega_{OA} v_r = \dfrac{v_B^2 \sin 2\varphi}{OC}$，$a_e^t = a_B \sin\varphi + a_C$，$\alpha_{OA} = \dfrac{a_e^t}{OC}$。

(2) 图 6.7 所示情形下。

① 运动分析：动点，A(OA 上)；动系，B；绝对运动，圆周运动；相对运动，直线；牵连运动，平移。

② 速度分析(图 6.7(e))：

$$\boldsymbol{v}_a = \boldsymbol{v}_e + \boldsymbol{v}_r$$

$$v_a = \frac{v_B}{\sin\varphi}$$

$$\omega_{OA} = \frac{v_a}{OA} = \frac{v_B}{r \sin\varphi}$$

③ 加速度分析(图 6.7(f))：

$$\boldsymbol{a}_a^n + \boldsymbol{a}_a^t = \boldsymbol{a}_e + \boldsymbol{a}_r$$

上式向 $\boldsymbol{a}_e$ 方向投影，得

$$a_a^n \cos\varphi + a_a^t \sin\varphi = a_e,\quad a_a^n = \frac{v_a^2}{r} = \frac{v_B^2}{r \sin^2\varphi}$$

$$a_a^t = \frac{a_B - a_a^n \cos\varphi}{\sin\varphi},\quad \alpha_{OA} = \frac{a_a^t}{OA} = \frac{a_a^t}{r}$$

例 6.6 图 6.8 所示摇杆 OC 绕 O 轴往复摆动，通过套在其上的套筒 A 带动铅直杆 AB 上下运动。已知 $l = 30$ cm，当 $\theta = 30°$ 时，$\omega = 2$ rad/s，$\alpha = 3$ rad/s²，转向如图所示，试求机构在图示位置时，杆 AB 的速度和加速度。

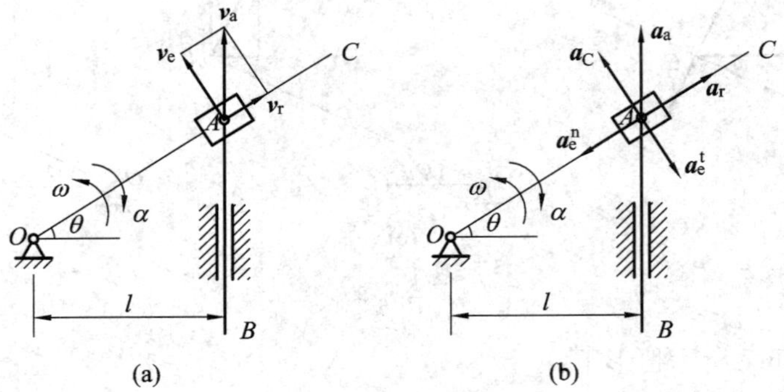

图 6.8

解 (1) 运动分析：动点，A；动系，杆 OC；绝对运动，直线；相对运动，直线；牵连运动，定轴转动。

(2) 速度分析(图(a))：

$$\boldsymbol{v}_a = \boldsymbol{v}_e + \boldsymbol{v}_r$$

$$v_e = \omega \cdot \frac{l}{\cos\theta} = \frac{120}{\sqrt{3}}\ \text{cm/s},\ v_{AB} = v_a = \frac{v_e}{\cos\theta} = 80\ \text{cm/s},\ v_r = v_e \tan 30^\circ = 40\ \text{cm/s}$$

(3) 加速度分析(图(b))：

$$\boldsymbol{a}_a = \boldsymbol{a}_r + \boldsymbol{a}_e^n + \boldsymbol{a}_e^t + \boldsymbol{a}_C$$

沿 $\boldsymbol{a}_C$ 方向投影：

$$a_a \cos 30^\circ = a_C - a_e^t$$

$$a_{AB} = a_a = \frac{2}{\sqrt{3}}\left(2\omega v_r - \alpha \frac{l}{\cos 30^\circ}\right) = 64.76\ \text{cm/s}^2$$

例 6.7　在图 6.9 所示机构中，已知 $O_1A = OB = r = 250$ mm，且 $AB = O_1O$；连杆 O_1A 以匀角速度 $\omega = 2$ rad/s 绕轴 O_1 转动，当 $\varphi = 60^\circ$ 时，摆杆 CE 处于铅垂位置，且 $CD = 500$ mm。求此时摆杆 CE 的角速度和角加速度。

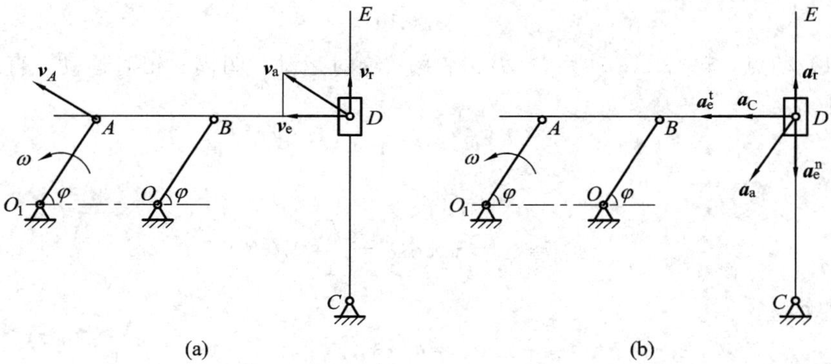

图 6.9

解　(1) 运动分析：动点，D；动系，杆 CE；绝对运动，圆周运动；相对运动，直线；牵连运动，定轴转动。

(2) 速度分析(图(a))：

$$\boldsymbol{v}_a = \boldsymbol{v}_e + \boldsymbol{v}_r$$

$$v_a = v_A = \omega \cdot O_1A = 50\ \text{cm/s}$$

$$v_e = v_a \sin\varphi = 25\sqrt{3}\ \text{cm/s}$$

$$\omega_{CE} = \frac{v_e}{CD} = \frac{\sqrt{3}}{2} = 0.866\ \text{rad/s}$$

$$v_r = v_a \cos\varphi = 25\ \text{cm/s}$$

(3) 加速度分析(图(b))：

$$\boldsymbol{a}_a = \boldsymbol{a}_r + \boldsymbol{a}_e^n + \boldsymbol{a}_e^t + \boldsymbol{a}_C$$

沿 $\boldsymbol{a}_C$ 方向投影：

$$a_a \cos\varphi = a_C + a_e^t$$

$$a_e^t = a_a \cos 60^\circ - a_C = \frac{\omega^2 r}{2} - 2\omega_{CE} v_r = 50 - 25\sqrt{3} = 6.7\ \text{cm/s}^2$$

$$a_{CE}=\frac{a_e^t}{CD}=\frac{6.7}{50}=0.134\ \text{rad/s}^2$$

例 6.8 图 6.10(a)为偏心凸轮一顶板机构。凸轮以等角速度 ω 绕点 O 转动，其半径为 R，偏心距 $OC=e$，图示瞬时 $\varphi=30°$。试求顶板的速度和加速度。

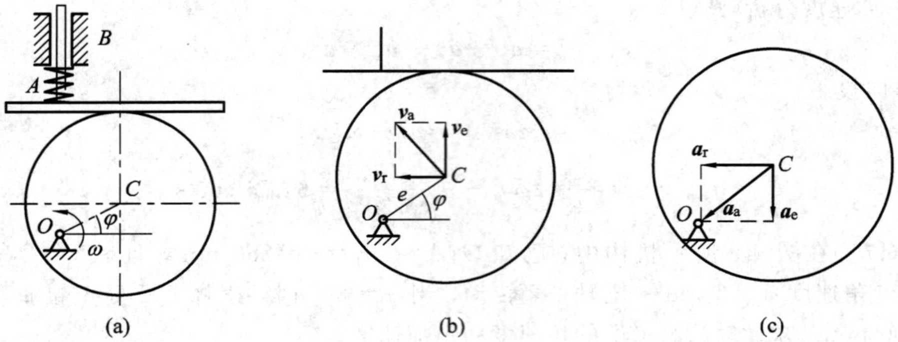

图 6.10

解 (1) 动点，轮心 C；动系，AB、平移；绝对运动，图周；相对运动，直线。

(2) 图(b)：

$$\boldsymbol{v}_a=\boldsymbol{v}_e+\boldsymbol{v}_r$$

$$v_e=e\omega$$

$$v_{AB}=v_e=v_a\cos\varphi=\frac{\sqrt{3}}{2}e\omega(\uparrow)$$

(3) 图(c)：

$$\boldsymbol{a}_a=\boldsymbol{a}_e+\boldsymbol{a}_r$$

$$a_{AB}=a_e=a_a\sin\varphi=e\omega^2\sin30°=\frac{1}{2}e\omega^2(\downarrow)$$

例 6.9 图 6.11 所示直角曲杆 OBC 绕 O 点顺时针转动的角速度 $\omega=3$ rad/s，使套在其上的小环 M 沿固定直杆 OA 滑动，已知 $OB=10$ cm，求当$\angle BOA=60°$时，小环 M 的速度与加速度。

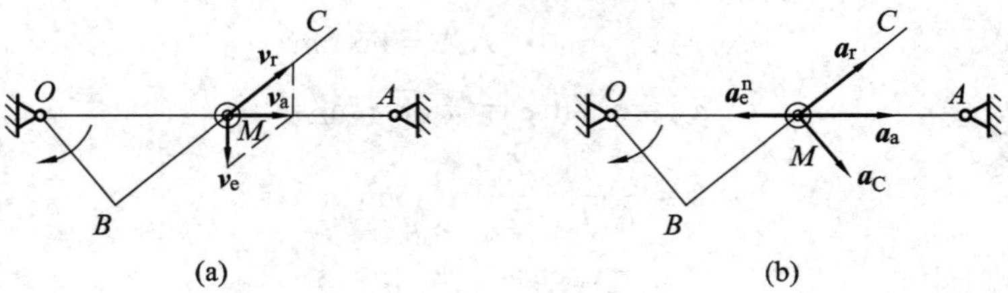

图 6.11

解 动点取小环 M，动系固连直角曲杆 OBC 上，定系固连机架。

由速度合成定理 $\boldsymbol{v}_a=\boldsymbol{v}_e+\boldsymbol{v}_r$ 作速度平行四边形，有

$$v_e=\overline{OM}\omega=\frac{\overline{OB}}{\cos60°}\omega=\frac{0.1}{\cos60°}\times3=0.6\ \text{m/s}$$

$$v_a = v_e \tan 60° = 0.6 \times \tan 60° = 0.6\sqrt{3}\ \text{m/s}$$

$$v_r = \frac{v_e}{\cos 60°} = 1.2\sqrt{3}\ \text{cm/s}$$

由加速度合成定理 $\boldsymbol{a}_a = \boldsymbol{a}_e^n + \boldsymbol{a}_r + \boldsymbol{a}_C$ 作加速度图。向 $\boldsymbol{a}_C$ 方向投影上式，得

$$a_a \cos 60° = -a_e^n \cos 60° + a_C$$

$$a_e^n = \overline{OM}\omega^2 = \frac{0.1}{\cos 60°} \times 3^2 = 1.8\ \text{m/s}^2$$

$$a_C = 2\omega v_r = 2 \times 3 \times 1.2\sqrt{3} = 7.2\sqrt{3}\ \text{m/s}^2$$

$$\therefore \quad a_a = \frac{7.2\sqrt{3}}{\cos 60°} - 1.8 = 23.14\ \text{m/s}^2$$

例 6.10　图 6.12 所示小车沿水平方向向右作加速运动，加速度为 49.2 cm/s^2，在小车上有一轮绕 O 轴转动，轮的半径为 20 cm，规律 $\varphi = t^2$（t 以 s 计，φ 以 rad 计），当 $t=1$ s 时，轮缘上点 A 的位置如图所示，求此时点 A 的绝对加速度。

解　动点取轮 O 上 A 点，动系固连小车上，定系固连地面。

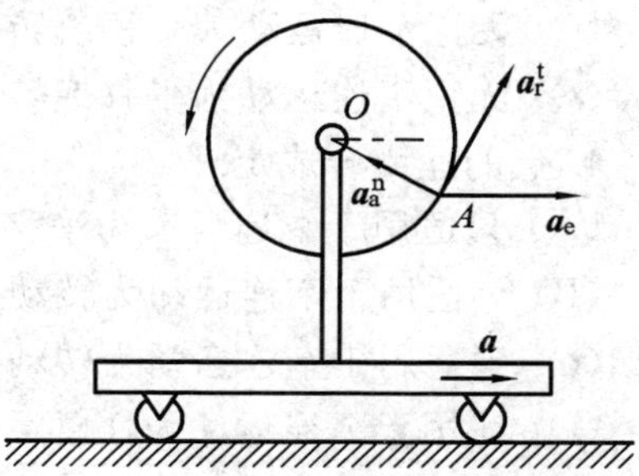

图 6.12

由加速度合成定理 $\boldsymbol{a}_a = \boldsymbol{a}_r^t + \boldsymbol{a}_r^n + \boldsymbol{a}_e$ 作加速度图，有

当 $t=1$ s 时，

$$\omega = \frac{d\varphi}{dt}\Big|_{t=1} = 2\ \text{rad/s}$$

$$\alpha = \frac{d^2\varphi}{dt^2}\Big|_{t=1} = 2\ \text{rad/s}^2$$

$$v_r = r\omega = 40\ \text{cm/s}$$

$$a_r^n = r\omega^2 = 80\ \text{cm/s}^2$$

$$a_r^t = r\alpha = 40\ \text{cm/s}^2$$

取 $\boldsymbol{a}_r^n$ 方向投影，得：

$$a_a^n = a_r^n - a_e \cos 30° = 80 - 49.2\cos 30° = 37.39\ \text{cm/s}^2$$

取 $\boldsymbol{a}_r^t$ 方向投影，得：

$$a_a^t = a_r^t + a_e \sin 30° = 40 + 49.2\sin 30° = 64.6\ \text{cm/s}^2$$

A 点加速度：

$$a_a = \sqrt{(a_a^n)^2 + (a_a^t)^2} = 74.39\ \text{cm/s}^2，\angle(\boldsymbol{a}_a, \boldsymbol{n}) = \arctan\frac{a_a^t}{a_a^n} = 59.94°$$

三、自测题

（一）选择题

1. A、B 两点相对于地球作任意曲线运动，若要研究 A 点相对于 B 点的运动，则：(　　)。

(A) 可以选固结在 B 点上的作平移运动的坐标系为动系

(B) 只能选固结在 B 点上的作转动的坐标系为动系

(C) 必须选固结在 A 点上的作平移运动的坐标系为动系

(D) 可以选固结在 A 点上的作转动的坐标系为动系

2. 点的合成运动中:(　　)。

(A) 牵连运动是指动点相对动参考系的运动

(B) 相对运动是指动参考系相对于定参考系的运动

(C) 牵连速度和牵连加速度是指动参考系对定参考系的速度和加速度

(D) 牵连速度和牵连加速度是该瞬时动系上与动点重合的点的速度和加速度

3. $\boldsymbol{a}_{\mathrm{e}}=\dfrac{\mathrm{d}\boldsymbol{v}_{\mathrm{e}}}{\mathrm{d}t}$ 和 $\boldsymbol{a}_{\mathrm{r}}=\dfrac{\mathrm{d}\boldsymbol{v}_{\mathrm{r}}}{\mathrm{d}t}$ 两式:(　　)。

(A) 只有当牵连运动为平移时成立

(B) 只有当牵连运动为转动时成立

(C) 无论牵连运动为平移或转动时都成立

(D) 无论牵连运动为平移或转动时都不成立

4. 点的速度合成定理:(　　)。

(A) 只适用于牵连运动为平移的情况

(B) 只适用于牵连运动为转动的情况

(C) 不适用于牵连运动为转动的情况

(D) 适用于牵连运动为任意运动的情况

5. 点的合成运动中速度合成定理的速度四边形中:(　　)。

(A) 绝对速度为牵连速度和相对速度所组成的平行四边形的对角线

(B) 牵连速度为绝对速度和相对速度所组成的平行四边形的对角线

(C) 相对速度为牵连速度和绝对速度所组成的平行四边形的对角线

(D) 相对速度、牵连速度和绝对速度在任意轴上投影的代数和等于零

6. 图 6.13 所示机构中，直角形杆 OAB 在图示位置的角速度为 ω，其转向为顺时针向。取小环 M 为动点，动系与直角形杆 OAB 固连，以下四图中的动点速度平行四边形，正确的是:(　　)。

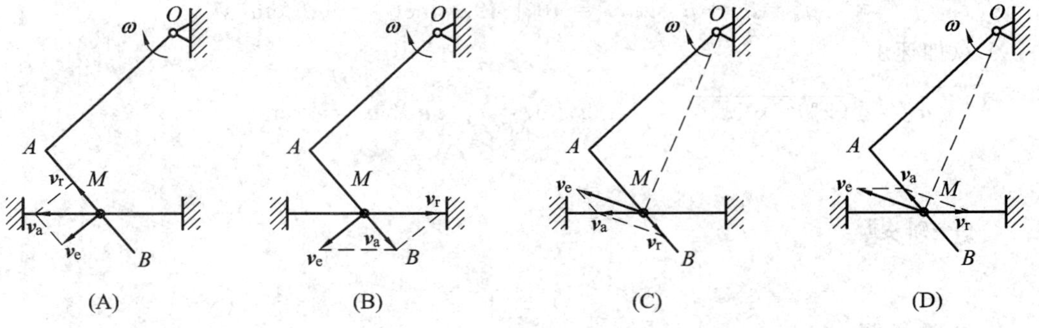

图 6.13

7. 图 6.14 所示机构中，OA 杆在图示位置的角速度为 ω，其转向为逆时针向。取 BCD

构件上的 B 点为动点，动系选为与 OA 杆固连，以下四图中的动点速度平行四边形，正确的是（　　）。

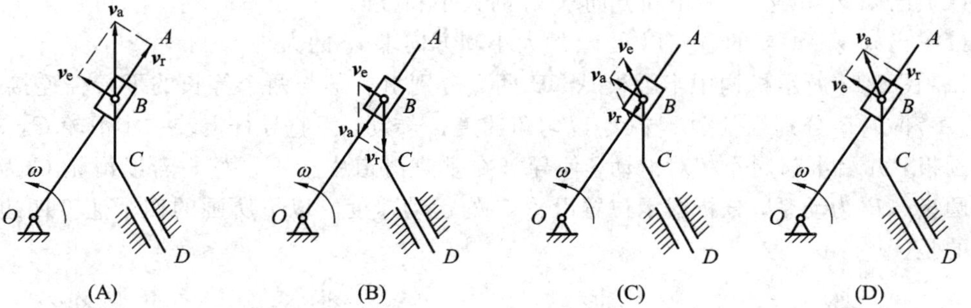

图 6.14

8. 图 6.15 所示机构中，圆盘以匀角速度 ω 绕轴 O 朝逆时针向转动。取 AB 杆上的 A 点为动点，动系选为与圆盘固连，以下四图中的动点速度平行四边形，正确的是（　　）。

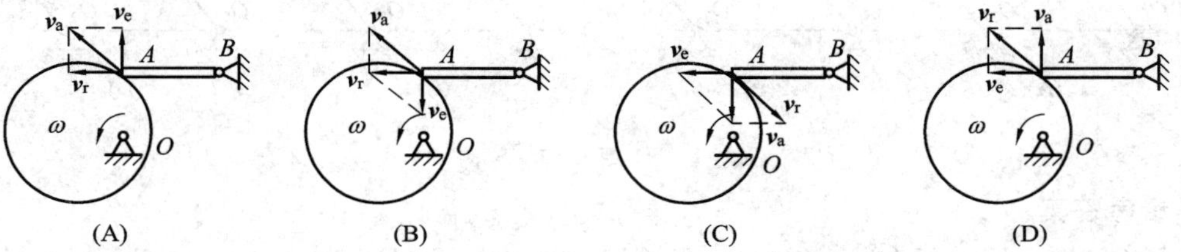

图 6.15

9. 图 6.16 所示曲柄滑道机构中 T 形构件 $BCDE$ 的 BC 段水平，DE 段铅直。已知曲柄 OA 长 r，它在图示位置时的角速度为 ω，角加速度为 α，其转向均为顺时针向。取曲柄 OA 上的 A 点为动点，动系选为与 T 形构件固连。现欲求动点 A 的相对加速度和 T 形构件的加速度，标出 A 点的各项加速度如图，并取图示的坐标系，则根据加速度合成定理，以下所示的四个表达式中，正确的是（　　）。

(A) x：$a_a^t\sin\varphi + a_a^n\cos\varphi = -a_e$

(B) y：$a_a^t\cos\varphi - a_a^n\sin\varphi - a_r = 0$

(C) ξ：$a_a^n - a_e\cos\varphi + a_r\sin\varphi = 0$

(D) η：$a_a^t - a_e\sin\varphi - a_r\cos\varphi = 0$

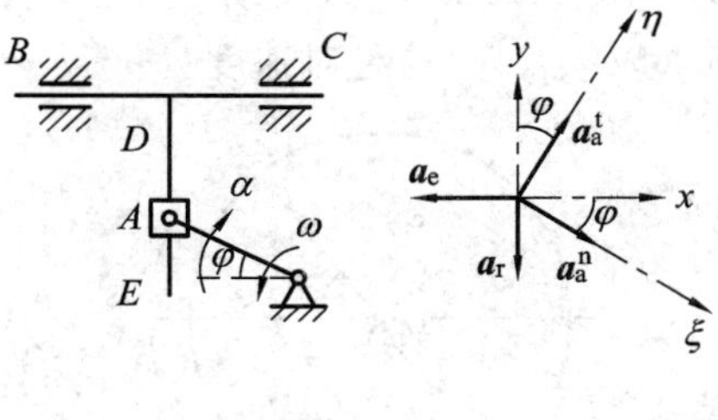

图 6.16

10. 利用点的速度合成定理 $\boldsymbol{v}_a = \boldsymbol{v}_e + \boldsymbol{v}_r$ 求解点的运动时，以下四组已知条件下的问题，可求出确定解的是（　　）。

(A) 已知 $\boldsymbol{v}_e$ 的大小、方向和 $\boldsymbol{v}_r$ 的方向求 $\boldsymbol{v}_a$ 的大小

(B) 已知 $\boldsymbol{v}_e$ 的方向和 $\boldsymbol{v}_r$ 的大小求 $\boldsymbol{v}_a$ 的大小

(C) 已知 $\boldsymbol{v}_a$ 和 $\boldsymbol{v}_e$ 的大小和方向求 $\boldsymbol{v}_r$ 的大小和方向

(D) 已知 $\boldsymbol{v}_r$ 和 $\boldsymbol{v}_e$ 的方向以及 $\boldsymbol{v}_a$ 的大小和方向求 $\boldsymbol{v}_e$ 的大小

11. 图 6.17 所示机构中半圆板 A、B 两点分别由铰链与两个等长的平行杆连接，平行杆 O_1A 和 O_2B 分别绕轴 O_1 与 O_2 以匀角速度 ω 转动，垂直导杆上装一小滑轮 C，滑轮紧靠半圆板，并沿半圆周作相对滑动，使导杆在垂直滑道中上下平移。若以滑轮 C 为动点，以半圆板 AB 为动系，分析图示位置滑轮 C 的运动速度。以下所画的四个速度四边形中，正确的是(　　)。

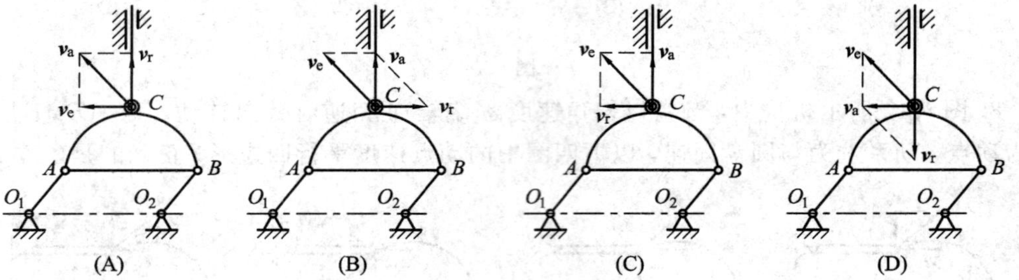

图 6.17

参考答案：

1. (A)；2(D)；3. (A)；4. (D)；5. (A)；6. (C)；7.(D)；
8.(C)；9.(A)；10. (C、D)；11. (B)。

(二) 计算题

1. 根据图 6.18 各给定的条件作速度四边形。

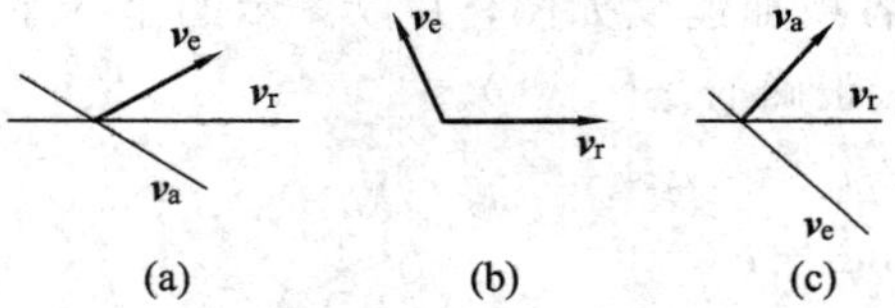

图 6.18

2. 图 6.19 所示圆盘按 $\varphi=1.5t^2$ rad 绕 O 点转动，其上一点 M 沿圆盘半径按 $S=OM=(1+t^2)$ cm 运动。求当 $t=1$ s 时，点 M 的绝对速度。

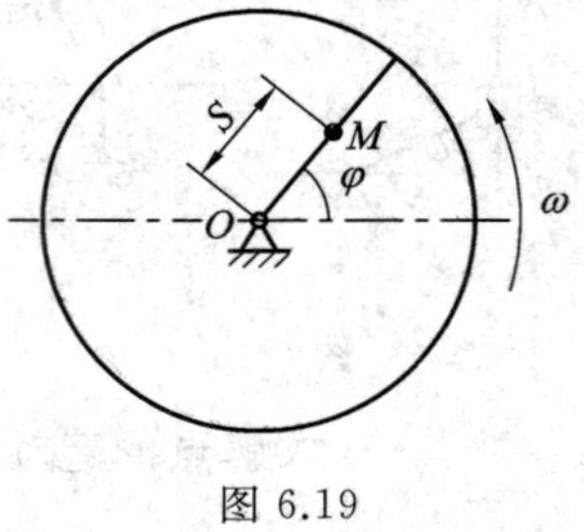

图 6.19

3. 汽车 A 和汽车 B 均视为动点，分别沿半径为 $R_A=900$ m、$R_B=1000$ m 的圆形轨道运动，其速度 $v_A=v_B=72$ km/h，如图 6.20 所示，求 $\theta=0°$和 $\theta=20°$时，汽车 B 相对于汽车 A 的速度。

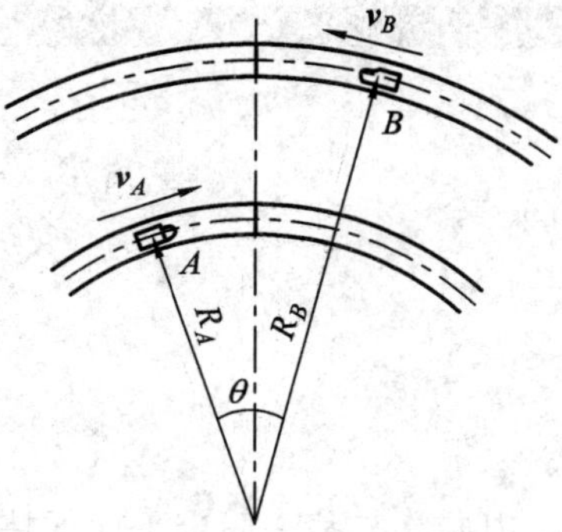

图 6.20

参考答案：

1. 略；2. $v_M=6.32$ cm/s；3. $v_r=40$ m/s，$v_r=39.39$ m/s

第 7 章　刚体的平面运动

一、知识点归纳

1. 刚体平面运动的概念

刚体内任意一点在运动过程中始终与某一固定平面保持不变的距离，这种运动称为刚体的平面运动。平行于固定平面所截的任意平面图形，都可代表此刚体的运动。刚体的平面运动可分解为随基点的平动和绕基点的转动，平动与基点的选择有关，转动则与基点的选择无关。

2. 平面图形上点的速度

1）基点法

平面图形上任意两点 A 和 B 的速度关系为

$$\boldsymbol{v}_B = \boldsymbol{v}_A + \boldsymbol{v}_{BA} \tag{7-1}$$

即，平面图形上任意一点 B 的速度等于基点 A 的速度和 B 点绕 A 转动速度的矢量和。

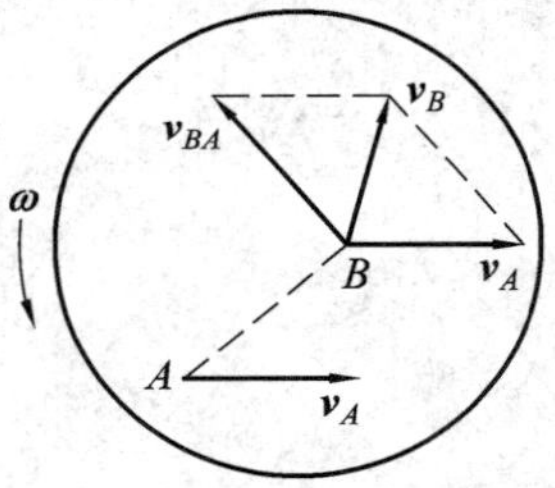

图 7.1

其中，$\boldsymbol{v}_A$ 是 A 点的绝对速度，$\boldsymbol{v}_B$ 是 B 点的绝对速度，$\boldsymbol{v}_{BA}$ 是 B 点相对于 A 点的速度，其值 $v_{BA} = v_r = \omega \cdot AB$，方向垂直于半径 AB，指向与 ω 的转向一致(见图 7.1)。

2）速度投影法

平面图形上任意两点的速度在这两点连线上的投影相等，称为速度投影定理，即

$$[\boldsymbol{v}_B]_{AB} = [\boldsymbol{v}_A]_{AB} \tag{7-2}$$

3）速度瞬心法

平面图形内某一瞬时绝对速度为零的点，称为该瞬时的瞬时速度中心，简称瞬心，见表 7.1。

$$\boldsymbol{v}_B = \boldsymbol{v}_{BP} = \omega R = \omega \cdot BP \tag{7-3}$$

表 7.1 中，P 点称为速度瞬时转动中心，$\boldsymbol{v}_B$ 的方向垂直于 BP 的连线，指向图形转动的方向。

应用速度瞬心法，关键是寻找速度瞬心的位置，且刚体的瞬心位置将随时间而改变。常见瞬心的确定方法列于表 7.1 中。

基点法是基本方法，可求出刚体转动时的角速度和任一点的速度，但有时运算较繁。速度投影定理在点的速度方向已知，而仅仅求速度大小时使用较为方便，但不能求得刚体

的角速度。速度瞬心法是较常用的方法，它可求出上述的各项结果，但必须确保瞬心位置与瞬心到所分析点的几何关系容易确定。

表　7.1

<table>
<tr>
<td>沿固定面纯滚动
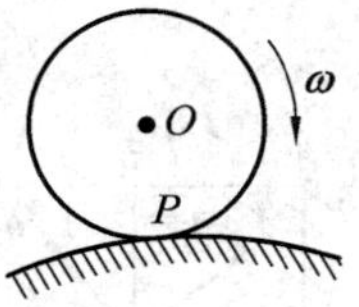

接触点为 P</td>
<td>已知 v_A 及 v_B 的方向
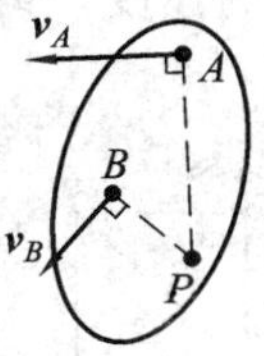
</td>
<td>已知 v_A、ω(二图均是顺时针转向)
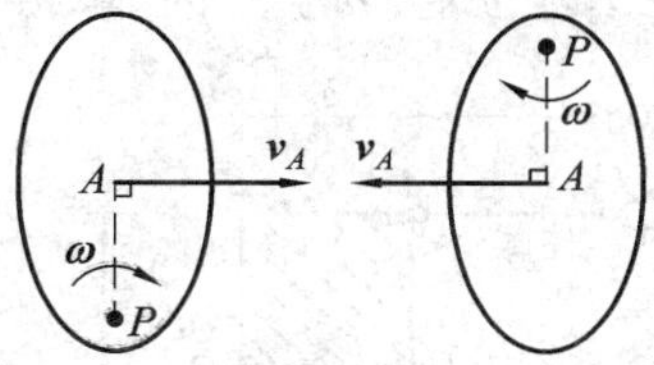

$AP=\frac{v_A}{\omega}$，但 P 点位置不同</td>
</tr>
<tr>
<td>已知 $\boldsymbol{v}_A // \boldsymbol{v}_B$ 反向，且$\perp AB$
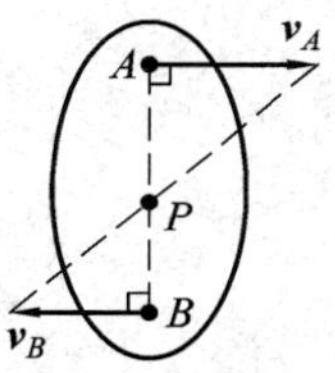
</td>
<td>已知 $\boldsymbol{v}_A // \boldsymbol{v}_B$，$\perp AB$，但 $\boldsymbol{v}_A \neq \boldsymbol{v}_B$
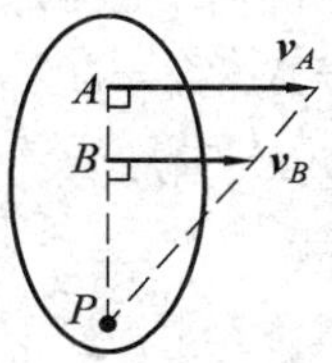
</td>
<td>特殊情况：$\boldsymbol{v}_A // \boldsymbol{v}_B$，且同向，瞬心在无穷远处，图形作瞬时平动
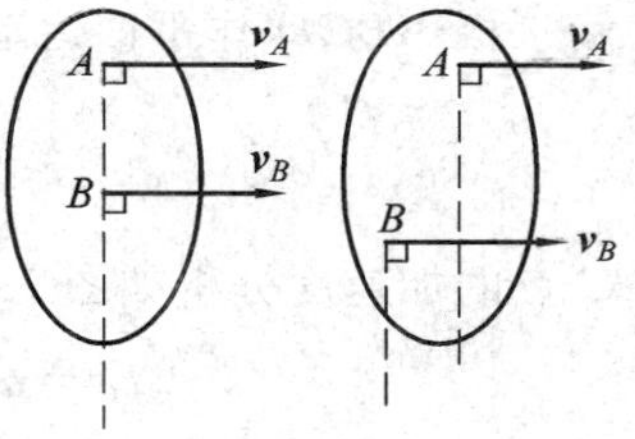
</td>
</tr>
</table>

3. 平面图形上点的加速度

平面图形内任一点的加速度等于基点的加速度与该点随图形绕基点转动的切向加速度和法向加速度的矢量和，即

$$\boldsymbol{a}_B=\boldsymbol{a}_A+\boldsymbol{a}_{BA}^{t}+\boldsymbol{a}_{BA}^{n} \tag{7-4}$$

$\boldsymbol{a}_A$ 是 A 点的绝对加速度，$\boldsymbol{a}_B$ 是 B 点的绝对加速度，$a_{BA}^{n}=\omega^2\cdot AB$，方向沿 AB，指向 A 点；$a_{BA}^{t}=\alpha\cdot AB$，方向垂直于 AB，指向与角加速度 α 一致(见图 7.2)。

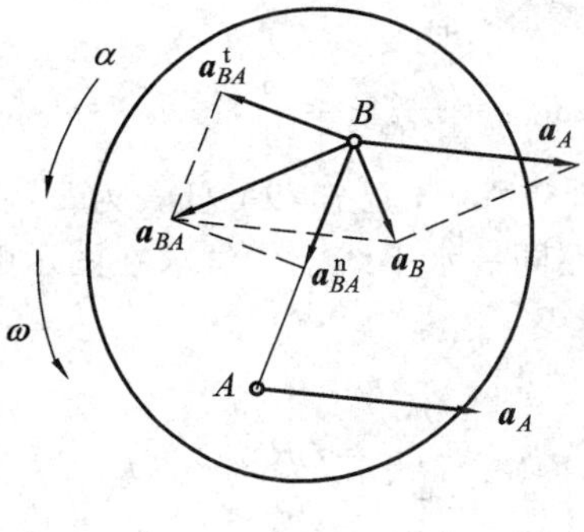

图 7.2

二、典型例题解析

例 7.1 正方形板 $ABCD$ 与杆 OA、O_1C 铰接如图 7.3(a)所示。OA 以匀角速度转动，设在图示位置，$\omega_{OA}=\omega$。求此时板上点 D 的速度，O_1C 杆的角速度与角加速度。

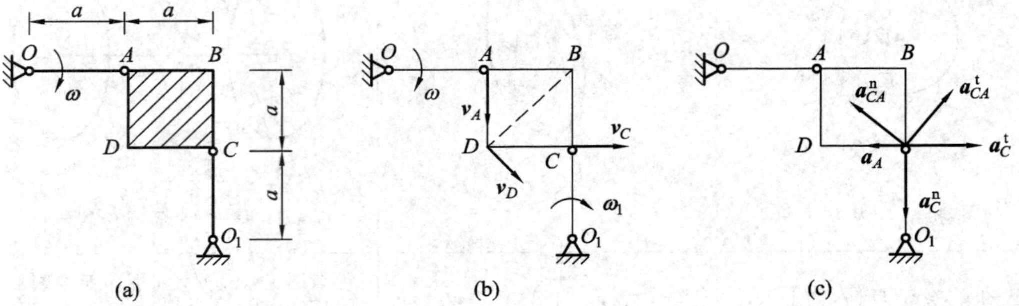

图 7.3

解 板 $ABCD$ 作平面运动，由速度分析图 7.3(b)知：

$$\omega_1=\omega_{ABCD}=\omega$$

$$v_D=\sqrt{2}a\omega$$

C 点的加速度分析如图 7.3(c)所示，故

$$a_C^{n}=a_A=a\omega^2,\quad a_C^{t}=\alpha_1 a,\quad a_{CA}^{n}=\sqrt{2}a\omega^2$$

$$a_C^{t}\sin45^\circ+a_C^{n}\cos45^\circ=-a_{CA}^{n}-a_A\cos45^\circ$$

$$a_C^{t}=-4a\omega^2,\quad \alpha_1=-4\omega^2\quad \text{（实际为逆时针转）}$$

例 7.2 图 7.4 所示机构中，OA 杆的角速度为 ω，$AB=2r$，$OA=r$。求在图示瞬时，AB 杆中点 C 的速度大小及杆 AB 的角速度。

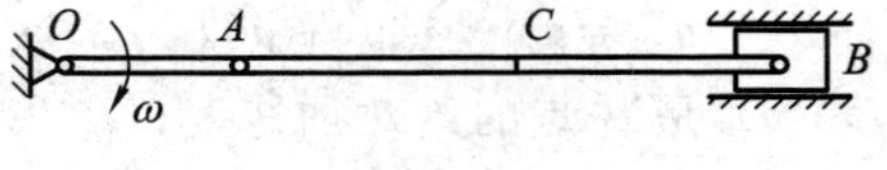

图 7.4

解 B 点为 AB 杆的速度瞬心，有

$$v_B=0,\quad \omega_{AB}=\frac{\omega\cdot r}{2r}=\frac{\omega}{2},\quad v_C=\omega_{AB}\cdot r=\frac{r}{2}\omega$$

例 7.3 平面机构如图 7.5(a)所示，已知 OA 杆长为 R，并以匀角速度 ω 转动。轮作纯滚动，$AB=2R$，轮心与 O 点在同一水平线上。试求在图示瞬时：

(1) B 点的速度与加速度；

(2) 轮的角速度与角加速度。

解

$$v_B=v_A=\omega R$$

AB 瞬时平动的角速度 $\omega_{AB}=0$，而

$$\omega_B=\frac{v_B}{R}=\omega$$

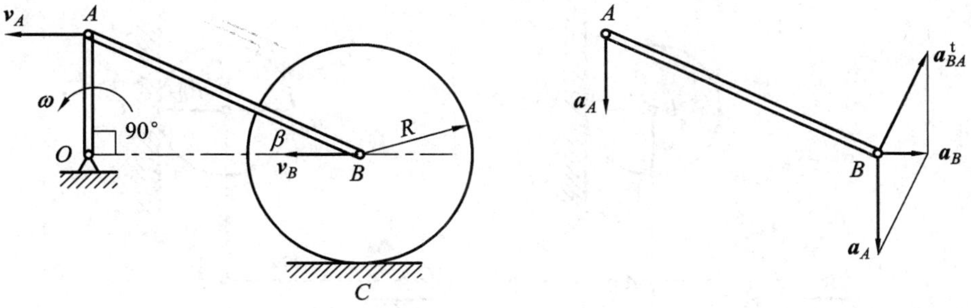

图 7.5

加速度分析：β 为加速度 $\boldsymbol{a}_B$ 与 AB 方向的夹角，加速度分析如图 7.5(b)所示，此时加速度合成定理为

$$\boldsymbol{a}_B = \boldsymbol{a}_A + \boldsymbol{a}_{BA}^{t}$$

将此式向 AB 方向投影有

$$a_B\cos\beta = a_A\sin\beta$$

$$a_B = a_A\tan\beta = \frac{\sqrt{3}}{3}\omega^2 R，\alpha_B = \frac{\sqrt{3}}{3}\omega^2 \quad （逆时针）$$

注意此题 a_B 方向以及 α_B 正负容易搞错。

例 7.4　如图 7.6(a)所示，直径为 $60\sqrt{3}$ mm 的滚子在水平面上作纯滚动，杆 BC 一端与滚子铰接，另一端与滑块 C 铰接。设杆 BC 在水平位置时，滚子的角速度 $\omega=12$ rad/s，$\theta=30°$，$\varphi=60°$，$BC=270$ mm。试求该瞬时杆 BC 的角速度和点 C 的速度。

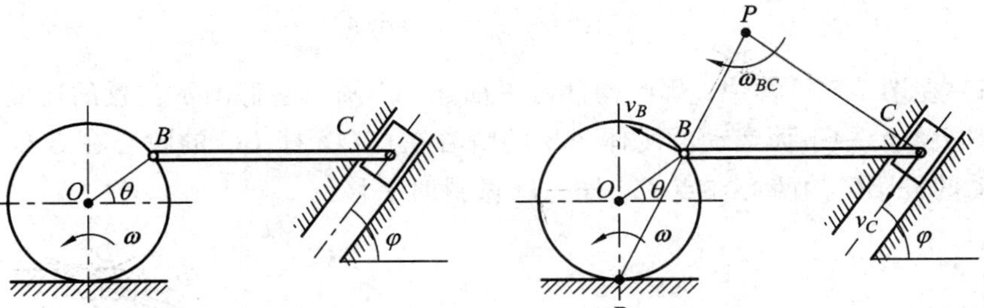

图 7.6

解　杆 BC 的瞬心在点 P，滚子 O 的瞬心在点 D，见图 7.6(b)。

$$v_B = \omega_{BC} \cdot BD$$

$$\omega_{BC} = \frac{v_B}{BP} = \frac{\omega \cdot BD}{BP} = \frac{12\times 60\sqrt{3}\cos30°}{270\sin30°} = 8\ \text{rad/s}$$

$$v_C = \omega_{BC} \cdot PC = 8\times 0.27\cos30° = 1.87\ \text{m/s}$$

例 7.5　平面机构如图 7.7(a)所示。已知 $OA=AB=20$ cm，半径 $r=5$ cm 的圆轮可沿铅垂面作纯滚动。在图示位置时，OA 水平，角速度 $\omega=2$ rad/s、角加速度为零，杆 AB 处于铅垂。试求该瞬时：(1) 圆轮的角速度和角加速度；(2) 杆 AB 的角加速度。

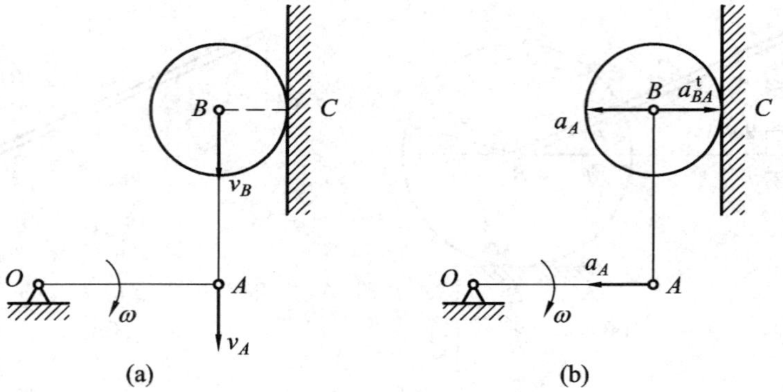

图 7.7

解 (1) 圆轮的角速度和角加速度：

$$v_A = OA \cdot \omega = 40\ \text{cm/s}$$

杆 AB 瞬时平移，$\omega_{AB}=0$。

$$v_B = v_A = 40\ \text{cm/s}$$

$$\omega_B = \frac{v_B}{r} = 8\ \text{rad/s}$$

$$a_B = a_{BA}^{n} = 0, \quad \alpha_B = \frac{a_B}{r} = 0$$

(2) 杆 AB 的角加速度：

$$a_A - a_{BA}^{t} = 0,\ a_{BA}^{t} = a_A = OA \cdot \omega^2 = 80\ \text{cm/s}^2$$

$$\alpha_{AB} = \frac{a_{BA}^{t}}{AB} = 4\ \text{rad/s}^2$$

例 7.6 在图 7.8 机构中，哪些构件做平面运动，画出它们图示位置的速度瞬心。

解 图 7.8(a)中平面运动的刚体 AB 的瞬心在点 O，杆 BC 的瞬心在点 C。图 7.8(b)中平面运动的杆 BC 的瞬心在点 P，杆 AD 做瞬时平移。

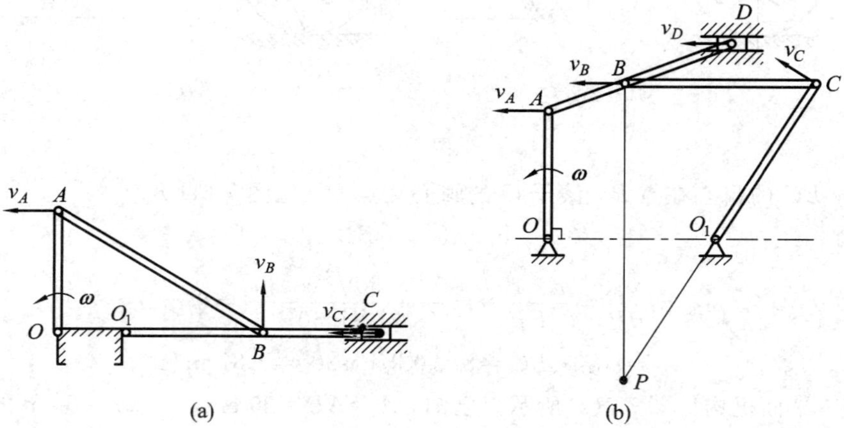

图 7.8

例 7.7　图 7.9(a)所示的四连杆机械 $OABO_1$ 中，$OA=O_1B=\frac{1}{2}AB$，曲柄 OA 的角速度 $\omega=3$ rad/s。试求当 $\varphi=90°$ 而曲柄 O_1B 重合于 OO_1 的延长线上时，杆 AB 和曲柄 O_1B 的角速度。

解　杆 AB 的瞬心在 O，有

$$\omega_{AB}=\frac{v_A}{OA}=\omega=3\ \text{rad/s}$$

$$v_B=\sqrt{3}\,l\omega$$

$$\omega_{O_1B}=\frac{v_B}{l}=\sqrt{3}\,\omega=5.2\ \text{rad/s}$$

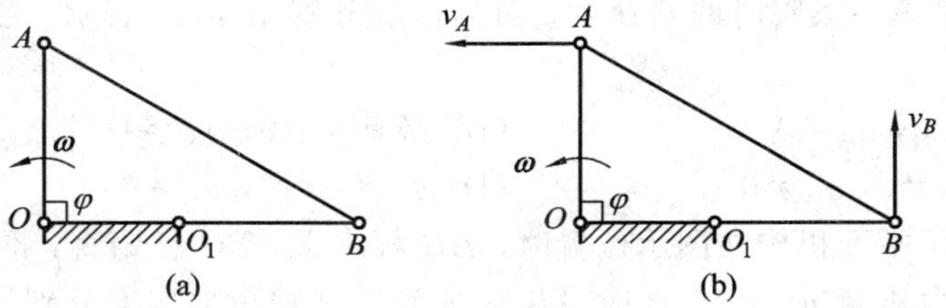

图 7.9

三、自测题

(一) 选择题

1. 刚体作平面运动时，(　　)。

(A) 其上任一截面都在其自身平面内运动

(B) 其上任一直线的运动均为平移运动

(C) 其中任一点的轨迹均为平面曲线

(D) 其上点的轨迹也可能为空间曲线

2. 刚体的平面运动可看成是平移和定轴转动组合而成。平移和定轴转动这两种刚体的基本运动，(　　)。

(A) 都是刚体平面运动的特例

(B) 都不是刚体平面运动的特例

(C) 刚体平移必为刚体平面运动的特例，但刚体定轴转动不一定是刚体平面运动的特例

(D) 刚体平移不一定是刚体平面运动的特例，但刚体定轴转动必为刚体平面运动的特例

3. 将刚体平面运动分解为平移和转动，它相对于基点 A 的角速度和角加速度分别用 ω_A 和 α_A 表示，而相对于基点 B 的角速度和角加速度分别用 ω_B 和 α_B 表示，则(　　)。

(A) $\omega_A=\omega_B$，$\alpha_A=\alpha_B$　　(B) $\omega_A=\omega_B$，$\alpha_A\neq\alpha_B$

(C) $\omega_A\neq\omega_B$，$\alpha_A=\alpha_B$　　(D) $\omega_A\neq\omega_B$，$\alpha_A\neq\alpha_B$

4. 平面图形上任意两点 A、B 的速度在其连线上的投影分别用 $[\boldsymbol{v}_A]_{AB}$ 和 $[\boldsymbol{v}_B]_{AB}$ 表示，

两点的加速度在其连线上的投影分别用$[\boldsymbol{a}_A]_{AB}$和$[\boldsymbol{a}_B]_{AB}$表示，则(　　)。

(A) 可能有$[\boldsymbol{v}_A]_{AB}=[\boldsymbol{v}_B]_{AB}$，$[\boldsymbol{a}_A]_{AB}=[\boldsymbol{a}_B]_{AB}$

(B) 不可能有$[\boldsymbol{v}_A]_{AB}=[\boldsymbol{v}_B]_{AB}$，$[\boldsymbol{a}_A]_{AB}\neq[\boldsymbol{a}_B]_{AB}$

(C) 必有$[\boldsymbol{v}_A]_{AB}=[\boldsymbol{v}_B]_{AB}$，$[\boldsymbol{a}_A]_{AB}=[\boldsymbol{a}_B]_{AB}$

(D) 可能有$[\boldsymbol{v}_A]_{AB}=[\boldsymbol{v}_B]_{AB}$，$[\boldsymbol{a}_A]_{AB}\neq[\boldsymbol{a}_B]_{AB}$

5. 设平面图形在某瞬时的角速度为$\boldsymbol{\omega}$，此时其上任两点A、B的速度大小分别用$\boldsymbol{v}_A$、$\boldsymbol{v}_B$表示，该两点的速度在其连线上的投影分别用$[\boldsymbol{v}_A]_{AB}$和$[\boldsymbol{v}_B]_{AB}$表示，两点的加速度在其连线上的投影分别用$[\boldsymbol{a}_A]_{AB}$和$[\boldsymbol{a}_B]_{AB}$表示，则当$\boldsymbol{v}_A=\boldsymbol{v}_B$时，(　　)。

(A) 必有$\omega=0$　　(B) 必有$\omega\neq0$

(C) 必有$[\boldsymbol{a}_A]_{AB}=[\boldsymbol{a}_B]_{AB}$　　(D) 必有$[\boldsymbol{v}_A]_A=[\boldsymbol{v}_B]_{AB}$

6. 平面运动刚体在某瞬时的角速度、角加速度分别用ω、α表示，若该瞬时它作瞬时平移，则此时(　　)。

(A) 必有$\omega=0$，$\alpha_A\neq0$　　(B) 必有$\omega\neq0$，$\alpha_A\neq0$

(C) 可能有$\omega\neq0$，$\alpha_A\neq0$　　(D) 必有$\omega=0$，$\alpha_A=0$

7. 图 7.10 所示平面机构在图示位置时，AB杆水平，BC杆铅直，滑块A沿水平面滑动的速度$\boldsymbol{v}_A\neq0$、加速度$\boldsymbol{a}_A=0$。此时AB杆的角速度和角加速度分别用ω_{AB}和α_{AB}表示，BC杆的角速度和角加速度分别用ω_{BC}和α_{BC}表示，则(　　)。

(A) $\omega_{AB}\neq0$，$\alpha_{AB}=0$　　(B) $\omega_{AB}=0$，$\alpha_{AB}\neq0$

(C) $\omega_{BC}=0$，$\alpha_{BC}\neq0$　　(D) $\omega_{AB}=0$，$\alpha_{AB}=0$

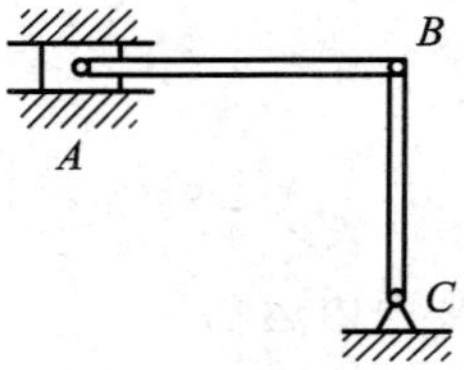

图 7.10

8. 某瞬时平面图形内任意两点A、B的速度分别为$\boldsymbol{v}_A$与$\boldsymbol{v}_B$，它们的加速度分别为$\boldsymbol{a}_A$和$\boldsymbol{a}_B$。以下等式正确的是(　　)。

(A) $[\boldsymbol{v}_A]_{AB}=[\boldsymbol{v}_B]_{AB}$　　(B) $[\boldsymbol{v}_A]_x=[\boldsymbol{v}_B]_x$

(C) $[\boldsymbol{a}_A]_{AB}=[\boldsymbol{a}_B]_{AB}$　　(D) $[\boldsymbol{a}_A]_{AB}=[\boldsymbol{a}_B]_{AB}+[\boldsymbol{a}_{AB}]_{AB}$

9. 图 7.11 所示平面图形，其上两点A、B的速度方向如图，其大小$v_A=v_B$，以下四种情况正确的是(　　)

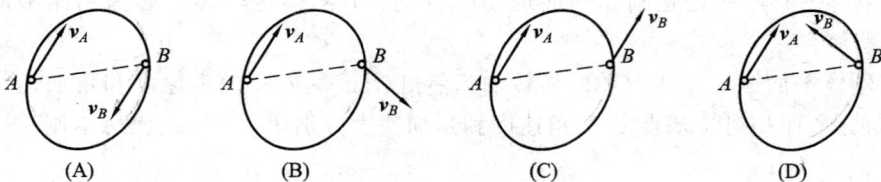

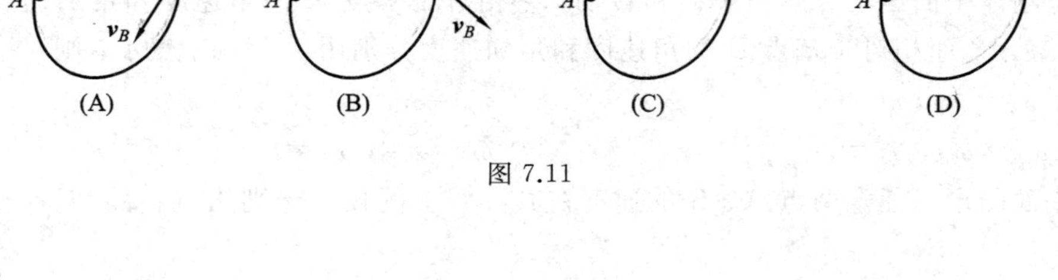

图 7.11

10. 如图 7.12 所示，椭圆规尺的两点在某瞬时的速度如图，以下四图所画的速度平行四边形中，正确的是(　　)。

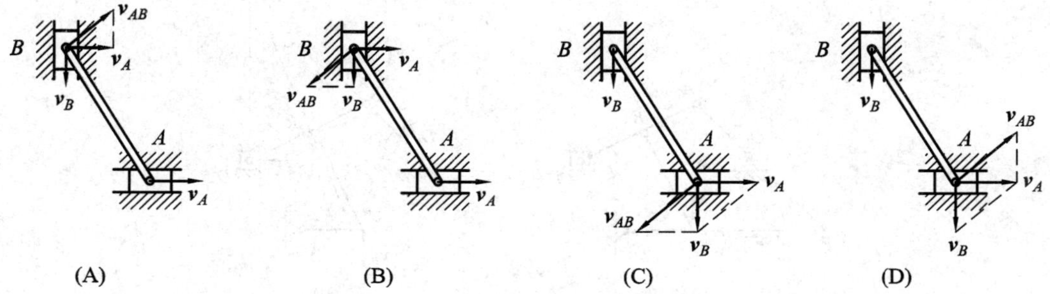

图 7.12

11. 图 7.13 所示曲柄连杆机构，在某瞬时 A、B 两点的速度的关系如下，正确的是(　　)。

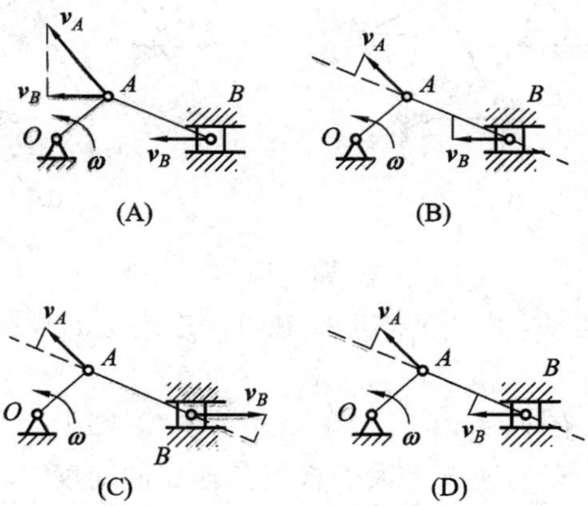

图 7.13

12. 图 7.14 所示四连杆机构，在某瞬时求连杆 AB 的角速度 ω_{AB}，用以下四种方法求得的结果，正确的是(　　)。

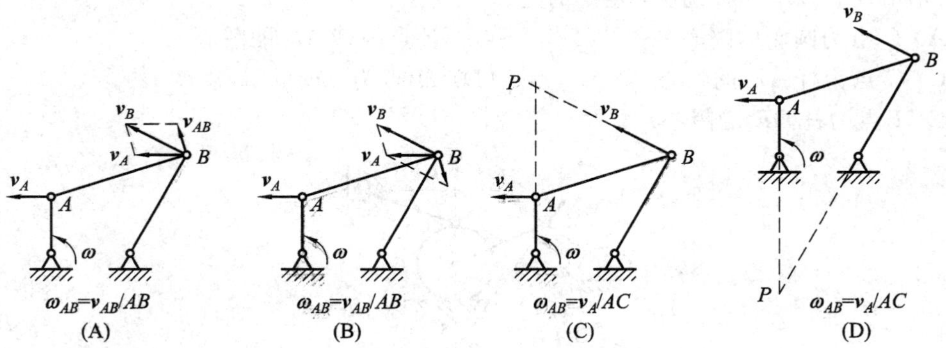

图 7.14

13. 图 7.15 所示平面连杆机构，在图示位置已知曲柄 O_1A 的角速度为 ω，以下四种求 B 点速度的方法中，正确的是(　　)。

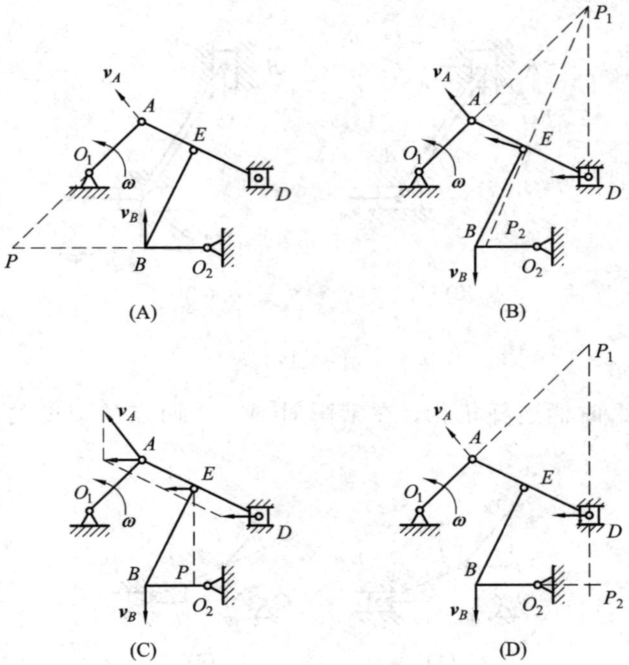

图 7.15

14. 直杆 AB 作平面运动，由于 $\boldsymbol{v}_A$ 与 $\boldsymbol{v}_B$ 在 AB 连线上的投影必相等，以下四种情况正确的是(　　)。

(A) 若 $\boldsymbol{v}_A // \boldsymbol{v}_B$，则必有 $\boldsymbol{v}_A = \boldsymbol{v}_B$

(B) 若 $\boldsymbol{v}_A > \boldsymbol{v}_B$，则 A 点的速度必大于杆上其他点的速度

(C) 若 $\boldsymbol{v}_A < \boldsymbol{v}_B$，则 A 点的速度必小于杆上其他点的速度

(D) 若 $\boldsymbol{v}_A > \boldsymbol{v}_B$，则直杆的角速度一定不等于零

15. 图 7.16 所示平面机构，曲柄 OA 绕轴 O 作定轴转动，连杆 AB 的 B 点由铰链与圆轮中心相连，圆轮沿水平地面作纯滚动，轮缘上的点 D 与连杆 DE 相连，E 点的滑块可沿垂直滑槽滑动。以下几种说法，正确的是(　　)。

(A) C 点为圆轮的瞬心　　(B) F 点为杆 AB 的瞬心

(C) G 点为杆 AB 的瞬心　　(D) H 点为 AE 的瞬心

(E) I 点为杆 DE 的瞬心

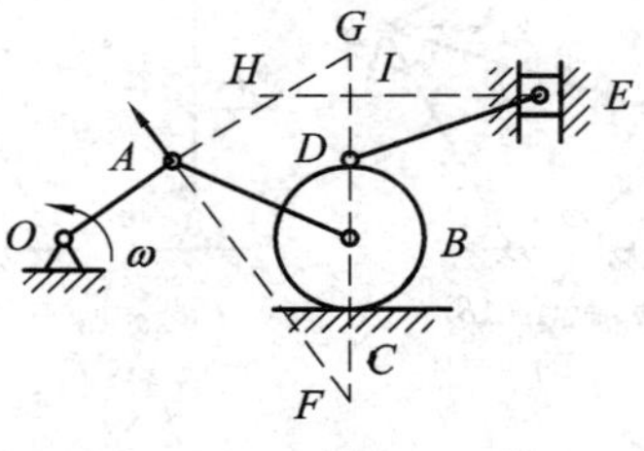

图 7.16

16. 图 7.17 所示平面机构在图示位置 O_1A 的角速度为 ω，若要求滑块 D 的速度，需确定各构件的瞬心位置，以下所确定的瞬心，正确的是(　　)。

(A) E 点为三角板 ABC 的瞬心　　(B) F 点为三角板 ABC 的瞬心

(C) H 点为连杆 CD 的瞬心　　(D) G 点为连杆 CD 的瞬心

(E) H 点为 $ABCD$ 的瞬心

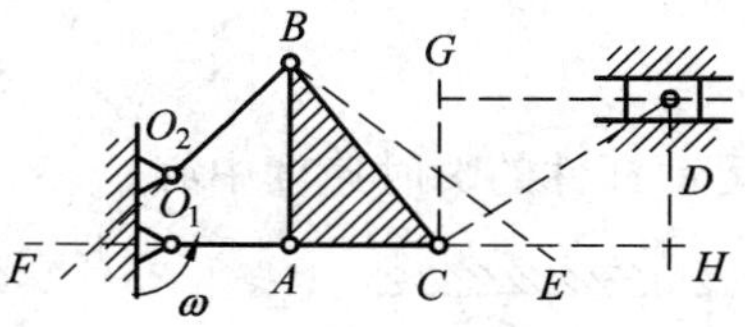

图 7.17

17. 图 7.18 所示平面机构，在图示位置曲柄 O_1A 以角速度 ω 绕 O_1 作定轴转动，小齿轮沿固定的大齿轮作纯滚动，小齿轮的轮缘 B 处与杆 BC 铰接，C 处铰接杆 O_2C，杆 O_2C 可绕 O_2 轴摆动。为求杆 O_2C 的转动角速度，需确定各构件的瞬心位置，以下所确定的瞬心，正确的是(　　)。

(A) 小齿轮与大齿轮的接触点 D 为小齿轮的瞬心

(B) O_1 点为小齿轮的瞬心

(C) G 点为 ABC 的瞬心

(D) F 点为杆 BC 的瞬心

(E) E 点为杆 BC 的瞬心

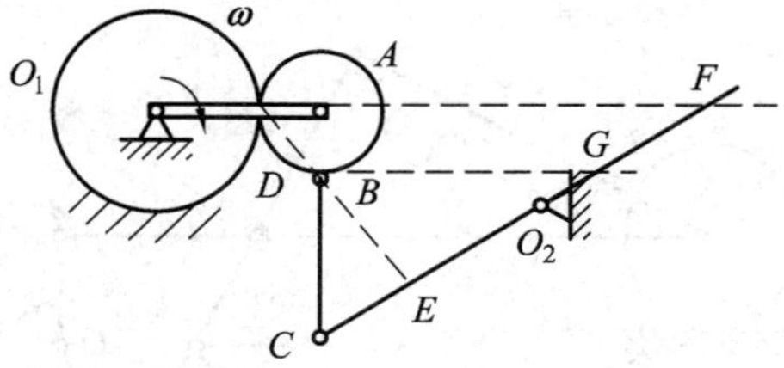

图 7.18

18. 平面图形在其自身平面内运动，以下四种说法中，正确的是(　　)。

(A) 若其上有两点的速度为零，则此瞬时其上所有各点的速度一定都为零

(B) 若其上有两点的速度在这两点连线的垂线(垂线也在此平面内)上的投影的大小相等，则此瞬时其上所有各点的速度的大小和方向都相等

(C) 若其上有两点的速度矢量之差为零，则此瞬时该平面图形一定是作瞬时平移或平移运动

(D) 其上任意两点的加速度在这两点的连线上的投影一定相等

19. 平面图形在其自身平面内运动，其上有两点速度矢在某瞬时相同，以下四种说法，正确的是(　　)。

(A) 在该瞬时，其上各点的速度都相等

(B) 在该瞬时，其上各点的加速度都相等

(C) 在该瞬时，图形的角加速度一定为零，但角速度不一定为零

(D) 在该瞬时，图形的角速度一定为零，但角加速度不一定为零

参考答案：

1. (C)；2. (D)；3. (A)；4. (A)；5. (D)；6. (A)；7. (B)；8. (A、D)；9. (A、D)；10. (B、D)；11. (D)；12. (A、D)；13. (B)；14. (B、D)；15. (A、C、E)；16. (B、C)；17. (A、E)；18. (A、C)；19. (A、D)。

(二) 计算题

1. 画出图 7.19 中作平面运动杆件的瞬时速度中心。

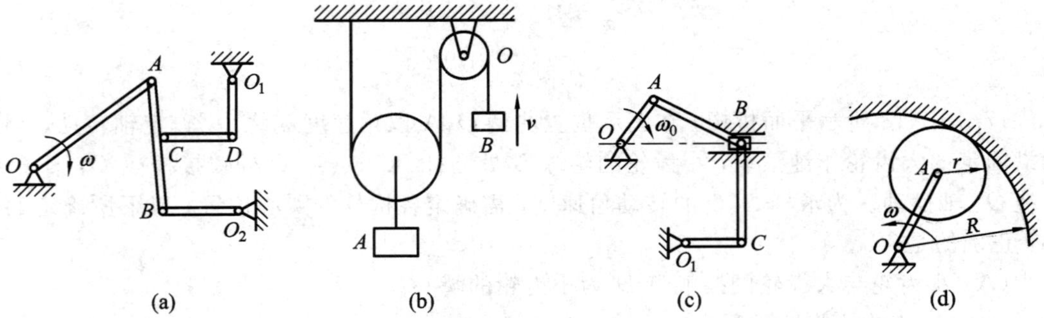

图 7.19

2. 如图 7.20 所示机构，曲柄 $OA=100$ mm，匀角速度 $\omega=2$ rad/s，已知 $CD=3CB$，求图示位置 A、B、E 三点恰在一条水平直线上且 $CD \perp ED$ 时，E 点的速度。

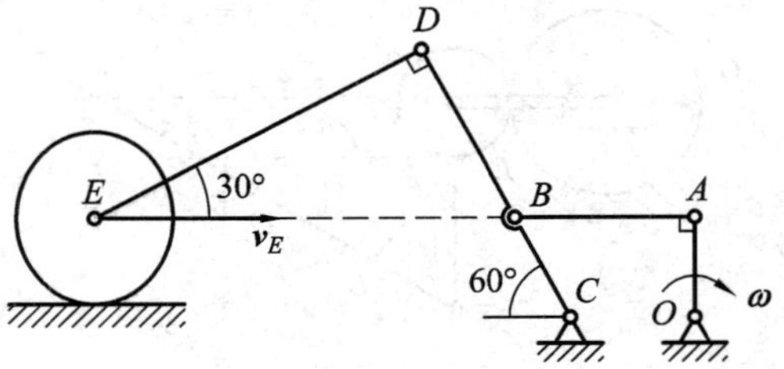

图 7.20

3. 图 7.21 所示结构中，曲柄 $OA=200$ mm，匀角速度 $\omega=2$ rad/s，已知 $AB=400$ mm，半径 $r=100$ mm，求图示位置 B 点的速度和加速度。

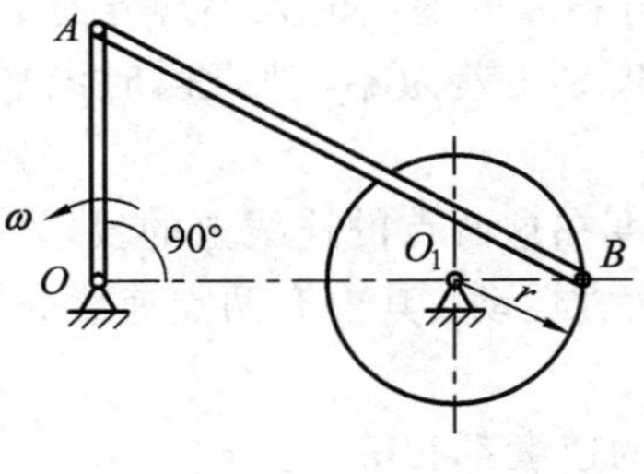

图 7.21

4. 如图 7.22 所示平面机构，直角三角形板与杆 OA 和 BD 铰接，杆 OA 以匀角速度 $\omega=6$ rad/s绕轴 O 转动，带动板 ABC 和摇杆 BD 运动。已知 $OA=120$ cm，$AC=15$ cm，$BC=45$ cm，在图示瞬时，$OA\perp AC$，$CB\perp BD$。试求该瞬时，三角形板 ABC 的角速度和点 C 的速度。

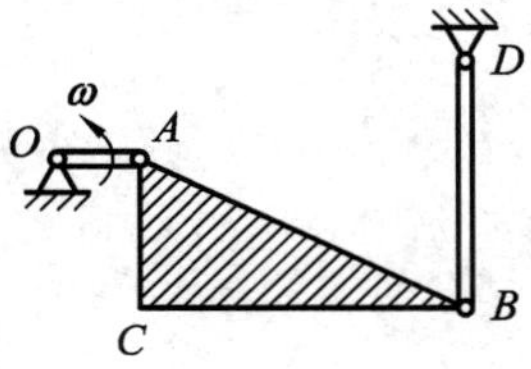

图 7.22

参考答案：

1. 略；2. $v_E=0.8$ m/s；3. $v_B=0.69$ m/s，$a_B=7.62$ m/s^2；

4. $\omega_{BC}=\omega\dfrac{OA}{AP}=1.33$ rad/s，$v_C=\omega_{BC}\cdot CP=6\cdot\sqrt{15^2+45^2}=38.87$ cm/s。

第8章　动力学基本定理

一、知识点归纳

1. 动力学的基本定律

第一定律(惯性定律)：任何质点如不受力作用，则将保持原来静止或匀速直线运动状态。

第二定律(力与加速度之间的关系定律)：在力的作用下物体所获得的加速度的大小与作用力的大小成正比，与物体的质量成反比，方向与力的方向相同。即

$$m\boldsymbol{a}=\boldsymbol{F} \tag{8-1}$$

第三定律(作用力与反作用力定律)：两物体之间的作用力和反作用力大小相等，方向相反，并沿同一条直线分别作用在两个物体上。

2. 质点的运动微分方程

直角坐标形式：

$$m\frac{\mathrm{d}^2x}{\mathrm{d}t^2}=\sum F_x,\ m\frac{\mathrm{d}^2y}{\mathrm{d}t^2}=\sum F_y,\ m\frac{\mathrm{d}^2z}{\mathrm{d}t^2}=\sum F_z \tag{8-2}$$

自然轴：

$$m\frac{\mathrm{d}v}{\mathrm{d}t}=\sum F_{ti},\ m\frac{v^2}{\rho}=\sum F_{ni},\ 0=\sum F_{bi} \tag{8-3}$$

3. 动量与冲量

质点的动量：

$$\boldsymbol{P}=\sum m\boldsymbol{v}_i \tag{8-4}$$

质点系的动量：

$$\boldsymbol{P}=\sum m\boldsymbol{v}_\mathrm{i}=\mathrm{m}\boldsymbol{v}_\mathrm{C} \tag{8-5}$$

$\boldsymbol{v}_\mathrm{C}$ 为质点系质心的速度。

冲量：

$$\boldsymbol{I}=\boldsymbol{F}\cdot t \tag{8-6}$$

当力在变化时，冲量：

$$\boldsymbol{I}=\int_0^t\boldsymbol{F}\cdot\mathrm{d}t \tag{8-7}$$

4. 动量定理

(1) 微分形式：

$$\frac{\mathrm{d}(m\boldsymbol{v})}{\mathrm{d}t}=\boldsymbol{F} \tag{8-8}$$

(2) 积分形式：

$$m\boldsymbol{v}_2-m\boldsymbol{v}_1=\int_{t1}^{t2}\boldsymbol{F}\cdot\mathrm{d}t=\boldsymbol{I} \tag{8-9}$$

(3) 质点系的微分形式的动量定理：

$\frac{\mathrm{d}}{\mathrm{d}t}\boldsymbol{p}=\sum\boldsymbol{F}_i^{(e)}$，投影形式为：

$$\frac{\mathrm{d}p_x}{\mathrm{d}t}=\sum F_{xi}^{(e)},\ \frac{\mathrm{d}p_y}{\mathrm{d}t}=\sum F_{yi}^{(e)} \tag{8-10}$$

5. 动量矩

(1) 质点对于点 O 的动量矩：

$$\boldsymbol{M}(m\boldsymbol{v})=\boldsymbol{r}\times m\boldsymbol{v} \tag{8-11}$$

质点对 z 轴的动量矩：

$$M_z(m\boldsymbol{v})=M_O[(m\boldsymbol{v})_{xy}]=\pm(m\boldsymbol{v})_{xy}\cdot h \tag{8-12}$$

(2) 质点系对 O 点的动量矩：

$$\boldsymbol{L}_O=\sum\boldsymbol{M}_O(m_i\boldsymbol{v}_i) \tag{8-13}$$

质点系对 z 轴的动量矩：

$$L_z=\sum M_z(m_i\boldsymbol{v}_i) \tag{8-14}$$

刚体对于 z 轴的动量矩：

$$L_z=J_z\boldsymbol{\omega} \tag{8-15}$$

J_z 为刚体对 z 轴的转动惯量。

(3) 对 z 轴的转动惯量：

$$J_z=\sum m_ir_i^2 \tag{8-16}$$

(4) 平行轴定理：

$$J_z=J_c+ma^2 \tag{8-17}$$

a 为轴 z 到质心轴 c 的垂直距离。

(5) 均质细长杆对质心轴的转动惯量：

$$J_c=\frac{ml^2}{12} \tag{8-18}$$

均质圆盘对质心轴的转动惯量：

$$J_c=\frac{mr^2}{2} \tag{8-19}$$

6. 动量矩定理

质点的动量矩定理：

$$\frac{\mathrm{d}}{\mathrm{d}t}\boldsymbol{M}_O(m\boldsymbol{v})=\boldsymbol{M}_O(\boldsymbol{F}) \tag{8-20}$$

质点系的动量矩定理：

$$\frac{d}{dt}\boldsymbol{L}_O=\sum\boldsymbol{M}_O(\boldsymbol{F}_i^{(e)}) \tag{8-21}$$

若外力系对 O 点的主矩为零，则质点系对 O 点的动量矩为一常矢量，即

$$\boldsymbol{M}_O^{(e)}=0, \boldsymbol{L}_O=\text{常矢量} \tag{8-22}$$

质点系动量矩守恒。

若外力系对某轴力矩的代数和为零，则质点系对该轴的动量矩为常数，例如

$$\sum M_x(\boldsymbol{F}^{(e)})=0, L_x=\text{常数} \tag{8-23}$$

质点系对 x 轴动量矩守恒。

7. 刚体绕定轴的转动微分方程

$$J_z\frac{d^2\varphi}{dt^2}=J\alpha=\sum M_z(\boldsymbol{F}_i^{(e)}) \tag{8-24}$$

8. 动能定理

(1) 常见力做功。

重力做功：

$$\boldsymbol{W}_{12}=\pm mgh_{12} \tag{8-25}$$

弹性力做功：

$$W_{12}=\frac{1}{2}k(\delta_1^2-\delta_2^2) \tag{8-26}$$

δ_1、δ_2 是弹簧初始、结束位置时弹簧的变形量。

力矩或力偶做功：

$$\boldsymbol{W}_{12}=\int_{\varphi 12}M_z d\varphi \tag{8-27}$$

如果力偶 M_z 是常数，则

$$W_{12}=M\varphi_{12} \tag{8-28}$$

理想约束力做功之和为零，即

$$\sum\boldsymbol{F}_i d\boldsymbol{r}_i=0 \tag{8-29}$$

(2) 刚体动能的计算。

平动刚体的动能：

$$T=\frac{1}{2}M\boldsymbol{v}_C^2 \tag{8-30}$$

$\boldsymbol{v}_C$ 为质心的速度，M 为刚体的总质量。

定轴转动刚体的动能：

$$T=\frac{1}{2}J_z\omega^2 \tag{8-31}$$

J_z 为对转轴 z 的转动惯量。

平面运动刚体的动能：

$$T=\frac{1}{2}M\boldsymbol{v}_C^2+\frac{1}{2}J_c\omega^2 \tag{8-32}$$

J_c 是刚体对质心轴 c 的转动惯量。

(3) 动能定理公式。

$$T_2 - T_1 = W_{12} \tag{8-33}$$

T_1 是初始动能、T_2 是结束位置瞬时的动能，功是运动的整个过程中各种力所做功的总和。先分析系统中各种力所做的功，然后再分析计算质点系的动能。

二、典型例题解析

例 8.1　如图 8.1 所示浮动起重机举起质量 $m_1 = 2000$ kg 的重物。设起重机质量 $m_2 = 20\,000$ kg，杆长 $OA = 8$ m；开始时杆与铅直位置成 60°角，水的阻力和杆重均略去不计。当起重杆 OA 转到与铅直位置成 30°角时，求起重机的位移。

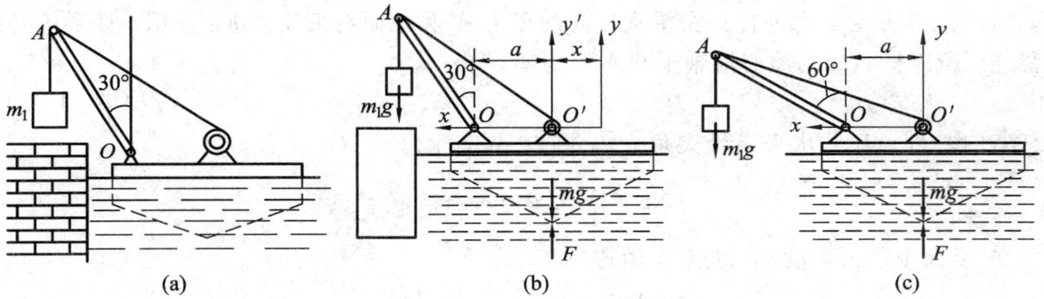

图 8.1

解　取浮动起重机与重物为研究对象，由于不受水平方向外力作用且系统原来静止，故其质心的水平坐标不变，取坐标系 $O'xy$，其中轴 $O'y$ 通过船体中心的初始位置，如图 8.1(c) 所示。设起重机位移为 x，船半宽为 a，由质心坐标公式得：

(1) 起重杆 OA 与铅直线成 60°角时(如图 8.1(c)所示)，质心坐标

$$x_{C1} = \frac{m_1(\overline{OA}\sin 60° + a)}{m_1 + m_2} = \frac{m_1}{m_1 + m_2}(a + 8\sin 60°)$$

(2) 起重杆 OA 与铅直线成 30°角时(如图 8.1(b)所示)，质心坐标

$$x_{C2} = \frac{m_1(x + a + \overline{OA}\sin 30°)m_2 x}{m_1 + m_2} = x + \frac{m_1}{m_1 + m_2}(a + 8\sin 30°)$$

因系统质心水平坐标守恒，故有

$$x_{C1} = x_{C2}$$

所以

$$x = \frac{8m_1}{m_1 + m_2}(\sin 60° - \sin 30°) = \left[\frac{8 \times 2\left(\frac{\sqrt{3}}{2} - \frac{1}{2}\right)}{2 + 20}\right]\ \text{m} = 0.266\ \text{m}$$

故起重机位置向左移动了 0.266 m。

例 8.2　如图 8.2 所示，均质杆 AB，长 l，直立在光滑的水平面上，求它从铅直位置无初速地倒下时，端点 A 相对图 8.2(b)所示坐标系的轨迹。

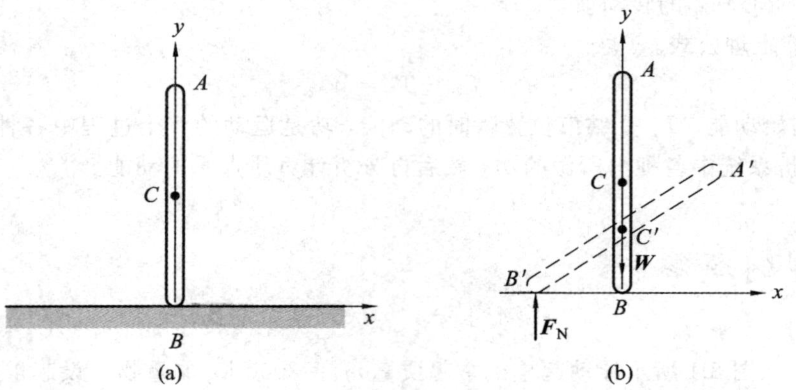

图 8.2

解 取均质杆 AB 为研究对象，建立图 8.2(b)所示坐标系 Oxy，原点 O 与杆 AB 运动初始时的点 B 重合，因为杆只受铅垂方向的重力 $\boldsymbol{W}$ 和地面约束反力 $\boldsymbol{F}_N$ 作用，且系统开始时静止，所以杆 AB 的质心沿轴 x 坐标恒为零，即

$$x_C=0$$

设任意时刻杆 AB 与水平 x 轴夹角为 θ，则点 A 坐标为

$$x=\frac{l}{2}\cos\theta,\ y=l\sin\theta$$

从点 A 坐标中消去角度 θ，得点 A 轨迹方程

$$4x^2+y^2=l^2\text{（椭圆）}$$

例 8.3 质量为 m_1 的平台 AB，放于水平面上，平台与水平面间的动滑动摩擦因数为 f。质量为 m_2 的小车 D，由绞车拖动，相对于平台的运动规律为 $s=\frac{1}{2}bt^2$，其中 b 为已知常数。不计绞车的质量，求平台的加速度。

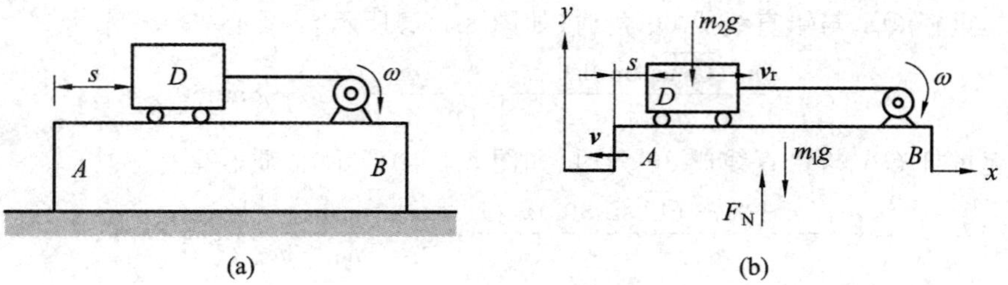

图 8.3

解 受力和运动分析如图 8.3(b)所示

$$v_r=\dot{s}=bt$$

$$a_r=\ddot{s}=b \tag{8-34}$$

$$\boldsymbol{a}_{Da}=\boldsymbol{a}_e+\boldsymbol{a}_r=\boldsymbol{a}_{AB}+\boldsymbol{a}_r$$

$$a_{Da}=a_r-a_{AB} \tag{8-35}$$

$$m_2(a_r-a_{AB})-m_1a_{AB}=F \tag{8-36}$$

$$F = f(m_1 + m_2)g \tag{8-37}$$

式(8-34)、式(8-37)代入式(8-36)，得

$$m_2(b - a_{AB}) - m_1 a_{AB} = f(m_1 + m_2)g$$

$$m_2 b - (m_1 + m_2)a_{AB} = fg(m_1 + m_2)$$

$$a_{AB} = \frac{-fg(m_1 + m_2) + m_2 b}{m_1 + m_2} = \frac{m_2}{m_1 + m_2}b - fg$$

例 8.4 半径为 R，质量为 m_1 的均质圆盘，可绕通过其中心 O 的铅垂轴无摩擦地旋转，如图 8.4(a)所示。质量为 m_2 的人在盘上由点 B 按规律 $s = \frac{1}{2}at^2$ 沿半径为 r 的圆周行走。开始时，圆盘和人静止。求圆盘的角速度和角加速度 α。

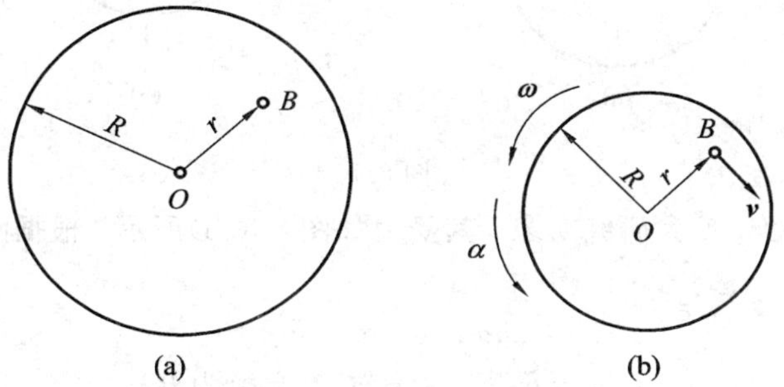

图 8.4

解 以人和圆盘为质点系，由于作用于系统的外力(重力和轴 O 的约束力)对轴 O 的矩均为零，所以人和圆盘组成的系统对轴 O 的动量矩守恒。设人在盘上绕轴 O 顺时针走圆周，则盘必逆时针转，圆盘对轴 O 的动量矩为

$$L_1 = J \cdot \omega = \frac{m_1 R^2}{2} \cdot \omega$$

人随圆盘转的牵连速度和人对圆盘的相对速度都沿圆周切向。以反时针转为正向，牵连速度的投影为 $r\omega$，相对速度的投影为

$$-\dot{s} = -at$$

人对地面的绝对速度的投影为

$$v_0 = r\omega - \dot{s} = r\omega - at$$

其方向与 r 垂直，所以人对轴 O 的动量矩为

$$L_2 = m_2(r\omega - at) \cdot r$$

由质点系动量矩守恒定律有

$$0 = \frac{m_1 R^2}{2}\omega + m_2(r\omega - at) \cdot r$$

$$\omega = \frac{2m_2 art}{R^2 m_1 + 2m_2 r^2}$$

$$\alpha = \dot{\omega} = \frac{2m_2 ar}{R^2 m_1 + 2m_2 r^2}$$

例 8.5 均质圆柱体 A 的质量为 m，在外圆上绕以细绳，绳的一端 B 固定不动，如图

8.5(a)所示。圆柱体因解开绳子而下降，其初速为零。求当圆柱体的轴心降落了高度 h 时轴心的速度和绳子的张力。

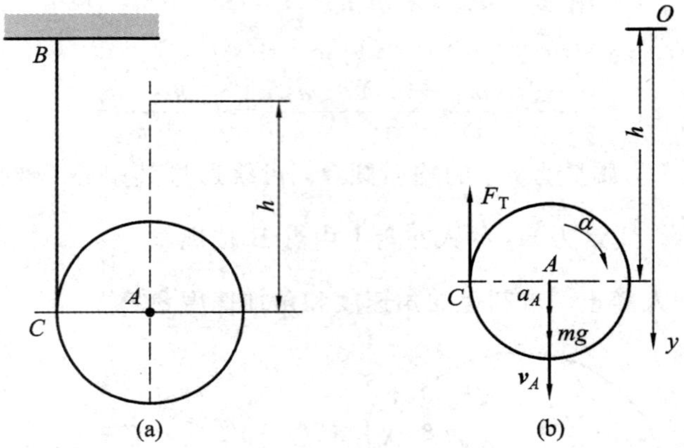

图 8.5

解 取均质圆柱体 A 为研究对象，其受力如图 8.5(b)所示，根据刚体平面运动微分方程有

$$ma_A = mg - F_T \tag{8-38}$$

$$J_A\alpha = F_T R \quad (\text{设轮} A \text{半径为} R) \tag{8-39}$$

由题意知

$$a_A = R\alpha$$

代入式(8－38)、式(8－39)解得

$$F_T = \frac{1}{3}mg\ (\text{拉})$$

$$\alpha = \frac{2g}{3R}\ (\text{顺})$$

$$a_A = \alpha R = \frac{2}{3}g\ (\downarrow)$$

由于加速度 a_A 为常量，由运动学公式知

$$v_A = \sqrt{2a_A h} = \frac{2}{3}\sqrt{3gh}\ (\downarrow)$$

例 8.6 自动弹射器如图 8.6(a)放置，弹簧在未受力时的长度为 200 mm，恰好等于筒长。欲使弹簧改变 10 mm，需力 2 N。如弹簧被压缩到 100 mm，然后让质量为 30 g 的小球自弹射器中射出，求小球离开弹射器筒口时的速度。

解 由题意得弹簧的刚度系数为

$$k = \frac{F}{\Delta l} = \frac{2}{0.01} = 200\ \text{N/m}$$

弹射过程中，弹性力功为

$$W_1 = \frac{1}{2}k(\delta_1^2 - \delta_2^2) = \left[\frac{1}{2}\times 200(0.1^2 - 0)\right]\ \text{J} = 1\ \text{J}$$

重力功为

$$W_2=-mg\sin 30°[0.2-0.1]=-0.0147\ \text{J}$$

动能为

$$T_1=0$$

$$T_2=\frac{1}{2}mv^2=\frac{1}{2}\times 0.03v^2$$

由动能定理知

$$W_1+W_2=T_2-T_1$$

将有关量代入，得

$$1-0.0147=\frac{1}{2}\times 0.03v^2-0$$

$$v=8.1\ \text{m/s}$$

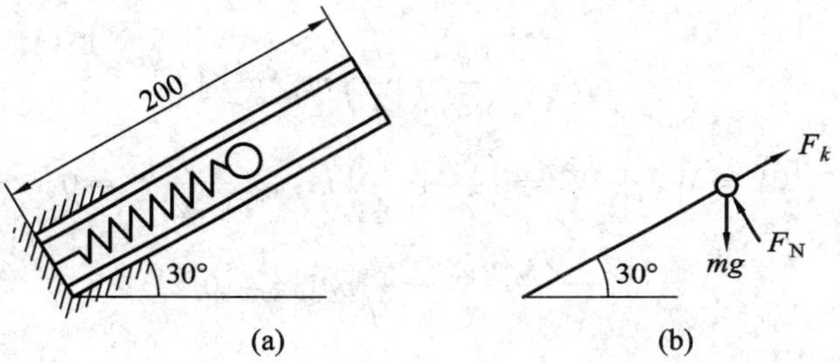

图 8.6

例 8.7　均质连杆 AB 质量为 4 kg，长 $l=600$ mm。均质圆盘质量为 6 kg，半径 $r=100$ mm。弹簧刚度系数为 $k=2$ N/mm，不计套筒 A 及弹簧的质量。如连杆在图 8.7(a)所示位置被无初速释放后，A 端沿光滑杆滑下，圆盘做纯滚动。求：(1) 当 AB 达水平位置而接触弹簧时，圆盘与连杆的角速度；(2) 弹簧的最大压缩量 δ。

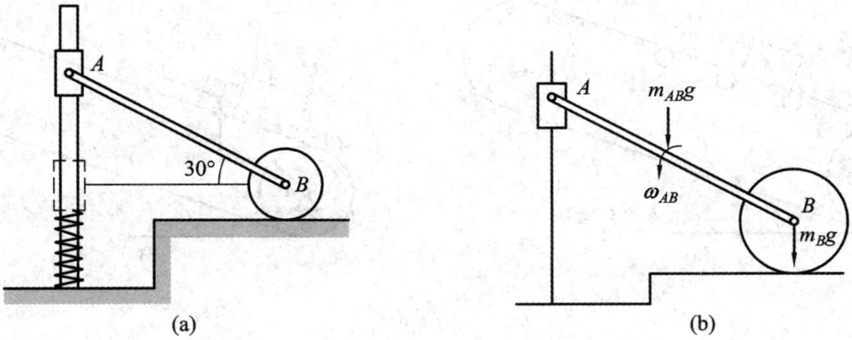

图 8.7

解　(1) 杆 AB 处于水平位置时 $v_B=0$，$\omega_B=0$，B 为杆 AB 的瞬心。

$$W_{12}=m_{AB}\cdot g\cdot\frac{l}{2}\sin 30°$$

$$T_2=\frac{1}{2}\cdot\frac{1}{3}m_{AB}l^2\cdot\omega_{AB}^2$$

$$T_1=0$$

$$T_2-T_1=W_{12}$$

$$\frac{1}{2}\frac{m_{AB}}{3}l^2\omega_{AB}^2=m_{AB}g\cdot\frac{l}{2}\sin30°$$

$$\omega_{AB}=\sqrt{\frac{3g}{2l}}=4.95\ \text{rad/s}$$

（2）弹簧压缩最大时为 δ，此时

$$\omega_B=0,\ \omega_{AB}=0$$

弹性力做功

$$W_1=-\frac{k}{2}\delta^2$$

重力做功

$$W_2=\left(\frac{\delta}{2}+\frac{l}{4}\right)m_{AB}g$$

$$W=W_1+W_2=\left(\frac{\delta}{2}+\frac{l}{4}\right)m_{AB}g-\frac{k}{2}\delta^2=0$$

$$\delta^2-\frac{m_{AB}g}{k}\delta-\frac{l}{2k}m_{AB}g=0$$

舍去负根，得

$$\delta=0.087\ \text{m}=87\ \text{mm}$$

例 8.8 如图 8.8(a)所示带式运输机的轮 B 受恒力偶 M 的作用，使胶带运输机由静止开始运动。被提升物体 A 的质量为 m_1，轮 B 和轮 C 的半径均为 r，质量均为 m_2，并视为均质圆柱。运输机胶带与水平线成交角 θ，它的质量忽略不计，胶带与轮之间没有相对滑动。求物体 A 移动距离 s 时的速度和加速度。

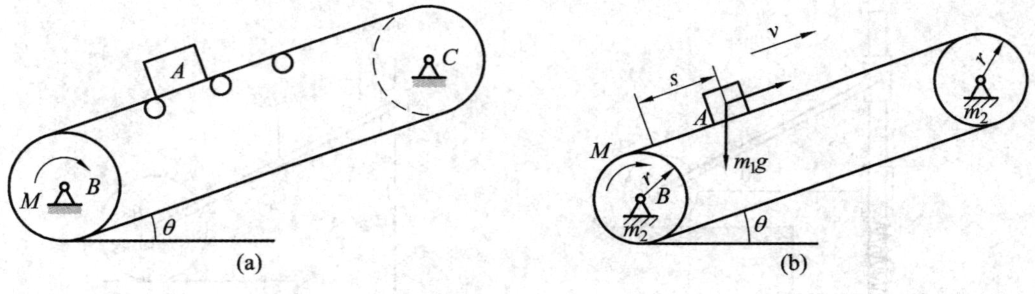

图 8.8

解 设物体 A 由静止移动 s 距离时速度为 v，由动能定理有

$$W_{12}=M\cdot\frac{s}{r}-m_1g\sin\theta\cdot s$$

$$T_1=0,\ T_2=\frac{1}{2}m_1v^2+2\cdot\frac{1}{2}\left(\frac{1}{2}m_2\cdot r^2\right)\cdot\left(\frac{v}{r}\right)^2=\frac{1}{2}(m_1+m_2)v^2$$

即

$$\frac{1}{2}(m_1+m_2)v^2=\left(\frac{M}{r}-m_1 g\sin\theta\right)s$$

$$v^2=\frac{2\left(\frac{M}{r}-m_1 g\sin\theta\right)s}{m_1+m_2} \tag{8.40}$$

$$v=\sqrt{\frac{2(M-m_1 gr\sin\theta)s}{r(m_1+m_2)}}$$

式(8－40)对时间 t 求导，得

$$\frac{1}{2}(m_1+m_2)2v\cdot a=\left(\frac{M}{r}-m_1 g\sin\theta\right)v$$

$$a=\frac{\frac{M}{r}-m_1 g\sin\theta}{m_1+m_2}=\frac{M-m_1 gr\sin\theta}{r(m_1+m_2)}$$

例 8.9　水平均质细杆质量为 m，长为 l，C 为杆的质心。杆 A 处为光滑铰支座，B 端为挂钩，如图 8.9(a)所示。如 B 端突然脱落，杆转到铅垂位置时，问 b 值多大能使杆有最大角速度？

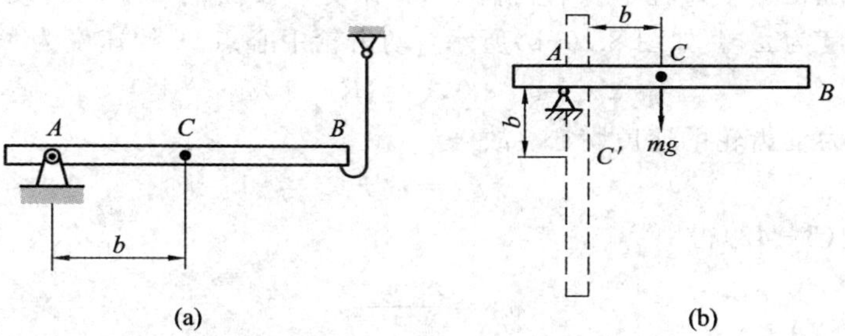

图 8.9

解　如图 8.9(b)所示可得

$$mgb=\frac{1}{2}J_A\omega^2$$

$$mgb=\frac{1}{2}\left(\frac{1}{12}ml^2+mb^2\right)\omega^2 \tag{8-41}$$

$$2gb=\left(\frac{l^2}{12}+b^2\right)\omega^2$$

上式两边对 b 求导，得

$$2g=2\omega^2 b$$

$$\omega^2=\frac{g}{b}$$

代入式(8－41)，得

$$mgb=\frac{1}{2}\left(\frac{1}{12}ml^2+mb^2\right)\frac{g}{b}$$

$$b^2=\frac{l^2}{12}$$

$$b=\frac{\sqrt{3}}{6}l$$

例 8.10 周转齿轮传动机构放在水平面内，如图 8.10(a)所示。已知动齿轮半径为 r，质量为 m_1，可看成为均质圆盘；曲柄 OA，质量为 m_2，可看成为均质杆；定齿轮半径为 R。在曲柄上作用一常力偶矩 M，使此机构由静止开始运动。求曲柄转过 φ 角后的角速度和角加速度。

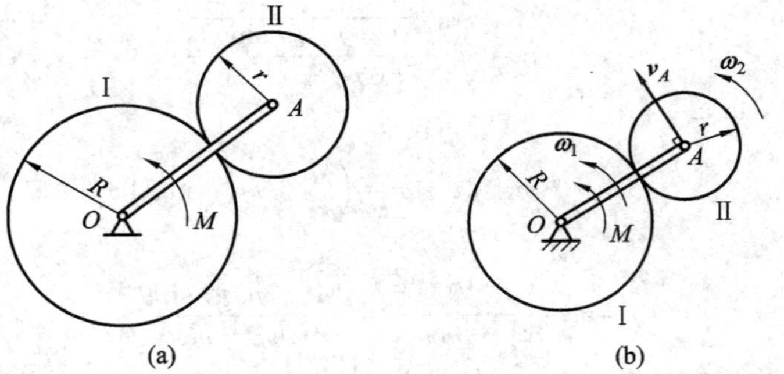

图 8.10

解 整个系统在运动过程中只有力偶矩 M 作功。设曲柄 OA 的转动角速度为 ω_1，动齿轮的转动角速度为 ω_2。如图 8.10(b)所示，动齿轮中心点 A 的速度为

$$v_A = \omega_1 \cdot OA = (R + r)\omega_1 \tag{8-42}$$

因两齿轮啮合点为动齿轮的速度瞬心，故

$$v_A = \omega_2 r \tag{8-43}$$

由式(8-42)、式(8-43)得

$$\omega_2 = \frac{R+r}{r}\omega_1$$

曲柄 OA 的质心 C 点的速度为

$$v_C = \omega_1 \cdot \frac{OA}{2} = \frac{1}{2}(R+r)\omega_1$$

由动能定理得

$$M\varphi = \frac{m_1}{2}(R+r)^2\omega_1^2 + \frac{1}{2}\cdot\frac{m_1}{2}r^2\left(\frac{R+r}{r}\omega_1\right)^2 + \frac{1}{2}\left(\frac{1}{3}m_2(R+r)^2\right)\omega_1^2$$

$$\omega_1 = \frac{2}{R+r}\sqrt{\frac{3M}{9m_1+2m_2}\varphi} \quad (\text{与 } M \text{ 同向})$$

两边对时间 t 求导，消去 $\dot{\varphi} = \omega_1$，得

$$\alpha_1 = \dot{\omega}_1 = \frac{6M}{(R+r)^2(9m_1+2m_2)} \quad (\text{与 } \omega_1 \text{ 同向})$$

例 8.11 均质细杆长 l，质量为 m_1，上端 B 靠在光滑的墙上，下端 A 以铰链与均质圆柱的中心相连。圆柱质量为 m_2，半径为 R，放在粗糙的地面上，自图 8.11(a)所示位置由静止开始滚动而不滑动，初始杆与水平线的交角 $\theta = 45°$。求点 A 在初瞬时的加速度。

解 系统由静止开始运动至图 8.11(b)所示位置时，杆 AB 的速度瞬心为点 O，其角速度 ω_{AB} 顺时针转向。圆柱的速度瞬心为点 D，其角速度 ω_D 逆时针转向。

$$v_A = l\omega_{AB}\sin\theta = R\omega_D$$

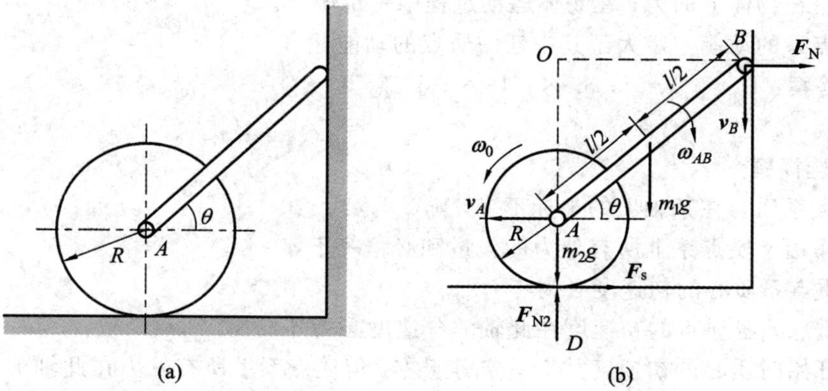

图 8.11

根据动能定理得

$$m_1 g\,\frac{l}{2}(\sin45^\circ-\sin\theta)=\frac{1}{2}J_O\omega_{AB}^2+\frac{1}{2}J_D\omega_D^2$$

即

$$m_1 g\,\frac{l}{2}(\sin45^\circ-\sin\theta)=\frac{1}{2}\left[\frac{1}{12}m_1 l^2+m_1\left(\frac{l}{2}\right)^2\right]\left(\frac{v_A}{l\sin\theta}\right)^2+\frac{1}{2}\left(\frac{3}{2}m_2R^2\right)\left(\frac{v_A}{R}\right)^2$$

整理得

$$v_A^2=\frac{6m_1 lg(\sin45^\circ-\sin\theta)\sin^2\theta}{2m_1+9m_2\sin^2\theta}$$

两边对时间 t 求导，注意到

$$\dot{\theta}=-\omega_{AB}=-\frac{v_A}{l\sin\theta}$$

$$2v_Aa_A=\frac{6m_1 l\sin\theta\cos\theta\left(-\dfrac{v_A}{l\sin\theta}\right)}{(2m_1+9m_2\sin^2\theta)^2}\cdot\{2m_1g\cdot(2\sin45^\circ-3\sin\theta)-9m_2g\sin^3\theta\}$$

$$a_A=-\frac{3m_1g\cos\theta}{(2m_1+9m_2\sin^2\theta)^2}\cdot\{2m_1\cdot(2\sin45^\circ-3\sin\theta)-9m_2\sin^3\theta\}$$

以 $\theta=45^\circ$代入，解得

$$a_A=\frac{3m_1g}{4m_1+9m_2}(\leftarrow)$$

三、自测题

(一) 判断题

1. 质点系的内力不能改变质点系的动量。　　(　　)
2. 质点系的动量为零，质点系中各质点的动量必为零。　　(　　)
3. 系统的动量守恒则动量矩也守恒。　　(　　)

4. 作用在物体上的力，在物体运动过程中一定做功。（　　）

5. 质点系的动能一定大于其中任一质点的动能。（　　）

参考答案：1. √；2. ×；3. ×；4. ×；5. × 。

（二）选择题

1. 质点系质心在某轴上的坐标不变，则（　　）。

(A) 作用于质点系上所有外力的矢量和必恒等于零

(B) 质点系质心的初速度必为零

(C) 质点系各质点的初速度在此轴的分速度必为零

(D) 开始时质心的初速度并不一定等于零，但质点系上所有外力在此轴上投影的代数和必恒等于零

2. 质点系动量矩定理的数学表达式为$\frac{\mathrm{d}\boldsymbol{L}_O}{\mathrm{d}t}=\sum \boldsymbol{M}_O(\boldsymbol{F}_{\mathrm{a}}^{(e)})$，则（　　）。

(A) O 点必须是固定点

(B) O 点可以是任意点

(C) O 点可以是固定点，也可以是任意点

(D) O 点可以是固定点，也可以是质心

3. 在图 8.12 所示圆锥摆中，小球 M 在水平面内作圆周运动，已知小球的质量为 m，OM 绳长为 L，若 α 角保持不变，则小球的法向加速度的大小为（　　）。

(A) $g\sin\alpha$　　(B) $g\cos\alpha$　　(C) $g\tan\alpha$　　(D) $g\cot\alpha$

4. 如图 8.13 所示，匀质细杆长度为 $2L$，质量为 m，以角速度 ω 绕通过 O 点且垂直于图面的轴作定轴转动，其动能为（　　）。

(A) $\frac{1}{6}mL^2\omega^2$　　(B) $\frac{1}{3}mL^2\omega^2$　　(C) $\frac{2}{3}mL^2\omega^2$　　(D) $\frac{4}{3}mL^2\omega^2$

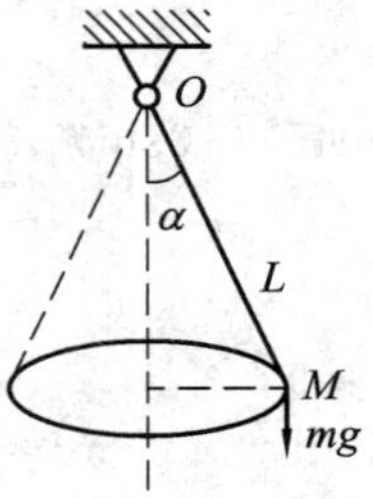

图 8.12

图 8.13

5. 如图 8.14 所示均质杆 OA 质量为 m、长度为 l，则该杆对 O 轴转动惯量为（　　）。

(A) $\frac{ml}{12}$　　(B) $\frac{ml^2}{12}$　　(C) $\frac{ml^2}{3}$

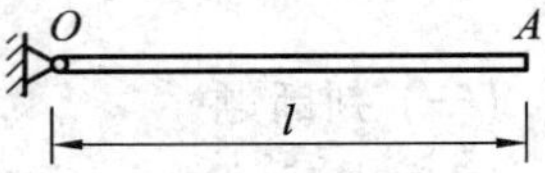

图 8.14

6. 如图 8.15 所示，质量为 m、长度为 L 的均质细直杆 OA，一端与地面光滑铰接，另一端用绳 AB 维持在水平平衡位置。若将绳 AB 突然剪断，则该瞬时，杆 OA 的角速度 ω 和角加速度 α 分别为（　　）。

(A) $\omega=0$，$\alpha=0$ (B) $\omega=0$，$\alpha\neq0$

(C) $\omega\neq0$，$\alpha=0$ (D) $\omega\neq0$，$\alpha\neq0$

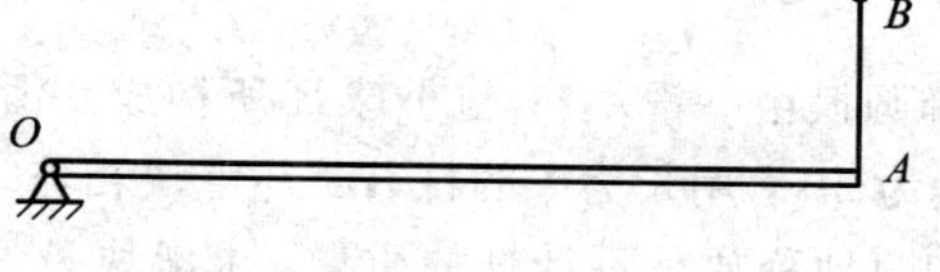

图 8.15

7. 物块 A 的质量为 m，由图 8.16 所示的高为 h 的平、凹、凸三种不同形状的光滑面的顶点由静止下滑，图示三种情况下，物块 A 滑到底部时的速度(　　)。

(A) (a)图最快 (B) (b)图最快 (C) (c)图最快 (D) 速度相同

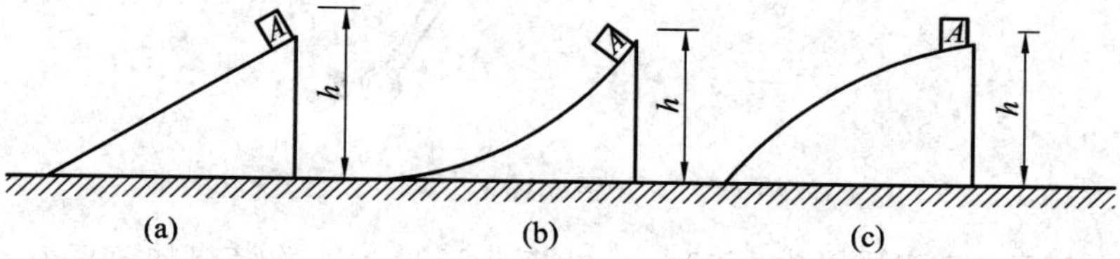

图 8.16

8. 若质点的动能保持不变，则(　　)。

(A) 该质点的动量必守恒

(B) 该质点必作直线运动

(C) 该质点必作变速运动

(D) 该质点必作匀速运动

参考答案：1. (D)；2. (D)；3. (C)；4. (B)；5. (C)；6. (B)；7. (D)；8. (D)。

(三) 填空题

1. 如图 8.17 所示，均质圆盘半径为 r，质量为 m，当圆盘绕其边缘上的 O 点在水平面内以角速度 ω 作定轴转动时，其动能为__________。

2. 均质矩形薄板质量为 m，尺寸如图 8.18 所示，质心为 C，薄板对三根相互平行的轴 Z_1、Z_2、Z_3 的转动惯量分别为 J_{Z1}、J_{Z2}、J_{Z3}。已知 $J_{Z1}=ma^2/3$，则 $J_{Z2}=$__________，$J_{Z3}=$__________。

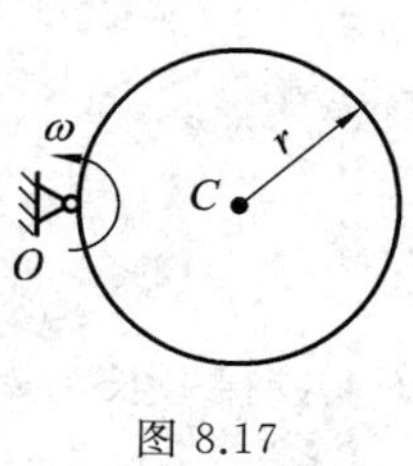

图 8.17

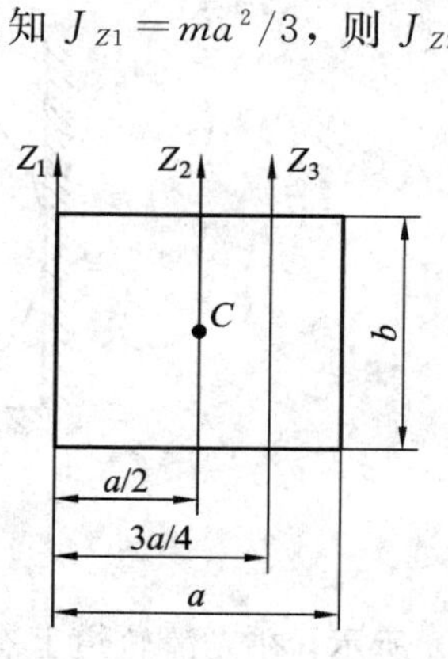

图 8.18

参考答案：1. $\frac{3mr^2}{2}$；2. $J_{Z2}=\frac{ma^2}{12}$，$J_{Z3}=\frac{7ma^2}{48}$。

（四）计算题

1. 如图 8.19 所示，椭圆摆由一滑块 A 与小球 B 所构成。滑块的质量为 m_1，可沿光滑水平面滑动。小球的质量为 m_2，用长为 l 的杆 AB 与滑块相连。在运动的初瞬时，杆与铅垂线的偏角为 φ_0，且无初速地释放。不计杆的质量，求滑块 A 的位移，用偏角 φ 表示。

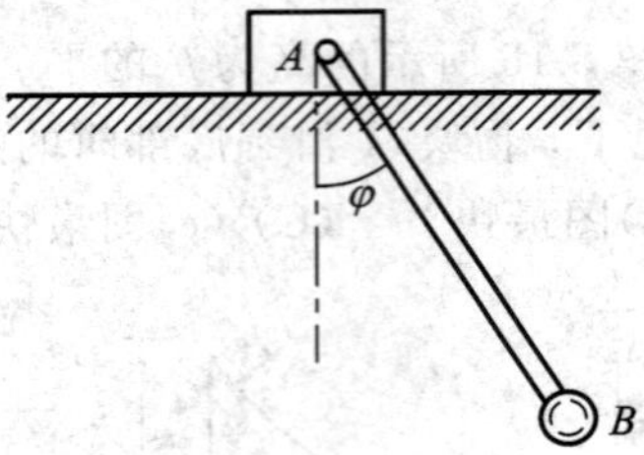

图 8.19

2. 有一运煤车，空车质量为 1500 kg，可装煤 3000 kg。设装煤的速率为 300 kg/s。煤进入车厢的速度为 5 m/s，与水平呈 θ 角，$\tan\theta=4/3$，如图 8.20 所示。开始，车身处于静止。求装满时车的速度以及移过的距离。假定轨道的阻力不计。

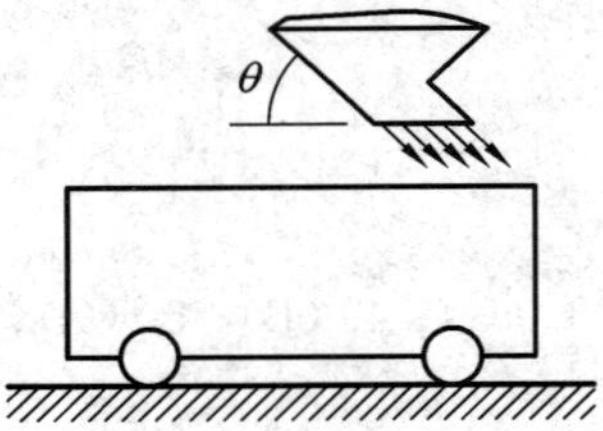

图 8.20

3. 均质圆柱重为 G，半径为 r，旋转如图 8.21 所示，并给以初角速度 ω_0。设在 A 和 B 处的摩擦因数皆为 f，问经过多少时间，圆柱才静止？

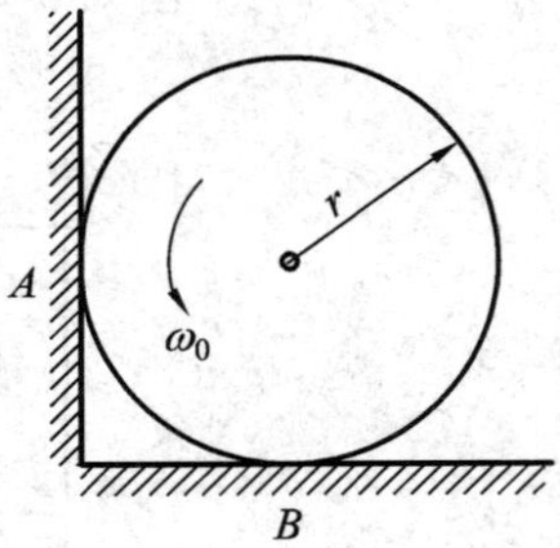

图 8.21

4. 如图 8.22 所示，在光滑轨道上有一小车 C，在小车上铰接一长为 l 的匀质直杆 AB。

设小车与直杆的质量之比为 n。求当 AB 杆从铅垂位置无初速地倒到水平位置时小车移过的距离。

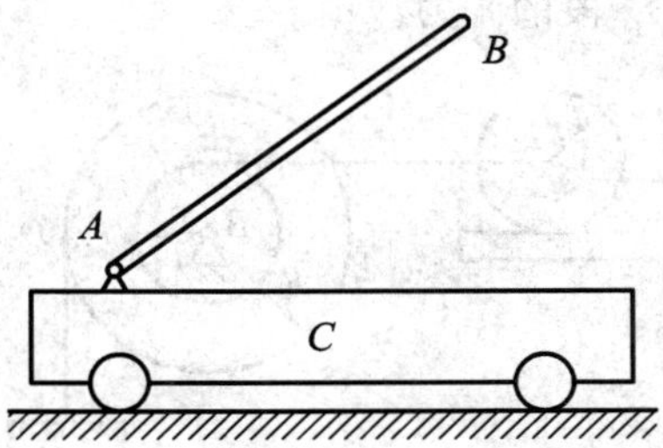

图 8.22

5. 如图 8.23 所示，为了测定一半径为 0.5 m 的飞轮的转动惯量，在飞轮上绕以软绳，挂一质量为 10 kg 的重物。测得重物从静止下落 2 m 的时间为 16 s。如果轴承中的摩擦力可以略去不计，则飞轮的转动惯量为多大？

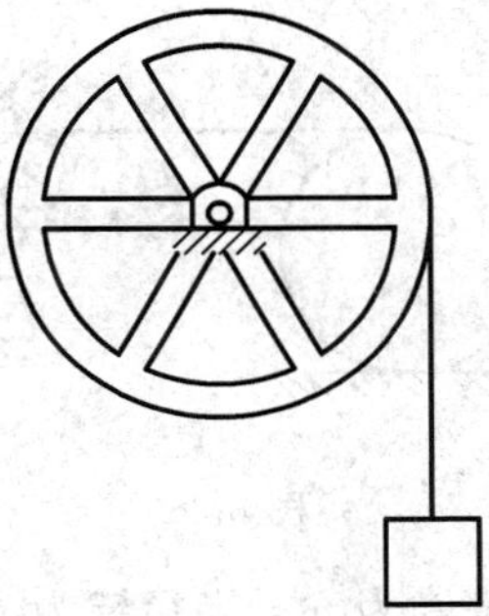

图 8.23

6. 匀质杆 AC、BC 各重为 G，长为 l，由理想铰链 C 连接，置于光滑水平面上，在铅垂平面内运动，如图 8.24 所示。设开始时，$\theta=60°$，速度为零。

(1) 求当 $\theta=30°$时，C 点的速度和加速度。

(2) 设 AC 杆的一端 A 用理想铰链固定于水平面上，起始条件相同，求 $\theta=30°$时两杆的角速度与角加速度。

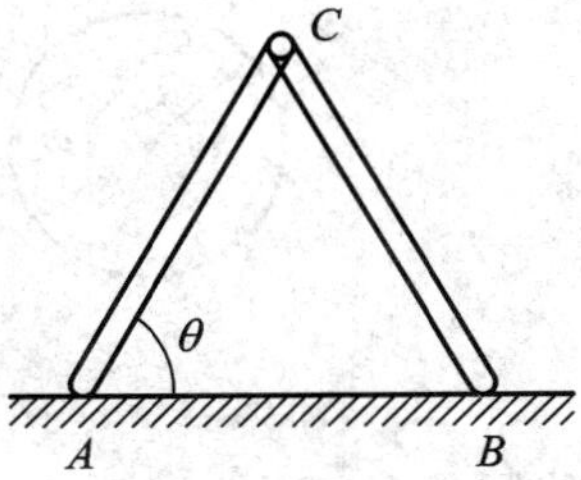

图 8.24

7. 图 8.25 所示机构中，已知：匀质轮 C 作纯滚动，半径为 r，质量为 m_3，鼓轮 B 的内径为r，外径为R，对其中心轴的回转半径为ρ，质量为m_2，物A的质量为m_1。绳的CE段与水平面平行，系统从静止开始运动。试求：(1) 物块A下落距离s时，轮C中心的速度与加速度；(2) 绳子AD段的张力。

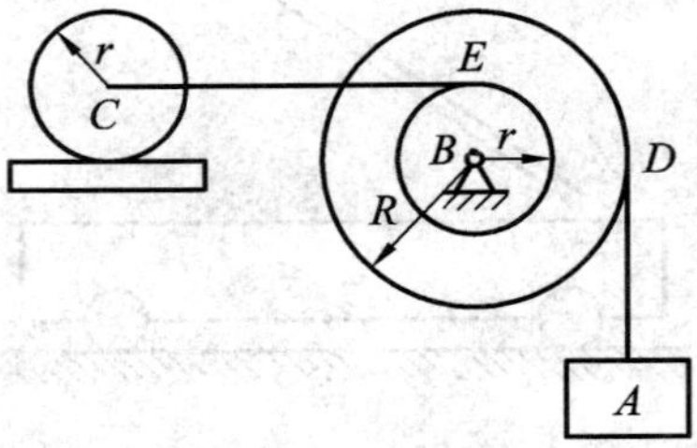

图 8.25

8. 圆柱形滚子质量为 20 kg，其上绕有细绳，绳沿水平方向拉出，跨过无重滑轮B系有质量为 10 kg 的重物A，如图 8.26 所示。如滚子沿水平面只滚不滑，求滚子中心C的加速度。

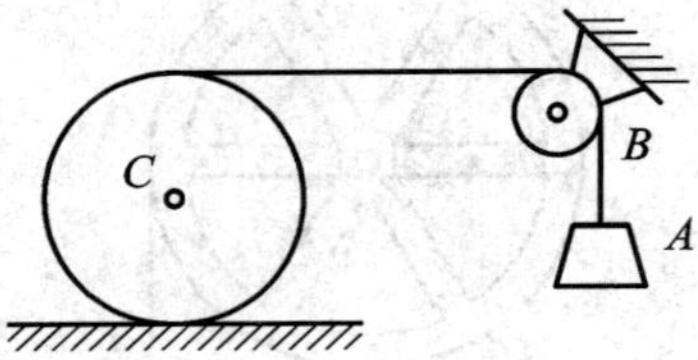

图 8.26

9. 图 8.27 所示两均质轮的质量皆为m，半径皆为R，用不计质量的绳绕在一起，两轮角速度分别为ω_1和ω_2，则系统的动能为多少？

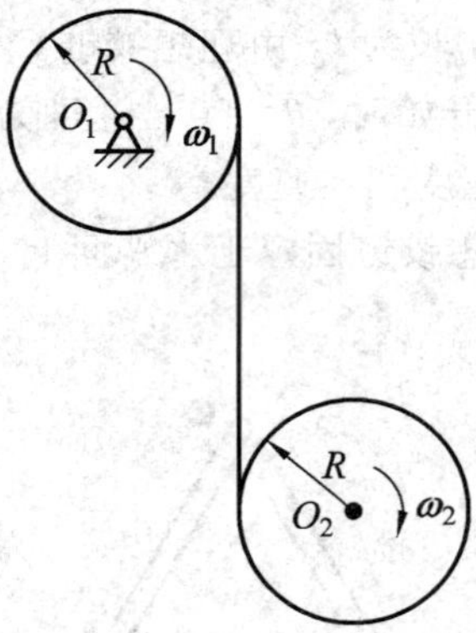

图 8.27

10. 如图 8.28 所示，重为P的圆柱形滚子，由静止沿与水平成倾角θ的斜面作纯滚动，重为Q的手柄OA作平行移动，忽略手柄A端与斜面间的摩擦。用动能定理，求当滚子沿斜面经过路程S时，质心O的速度和加速度？

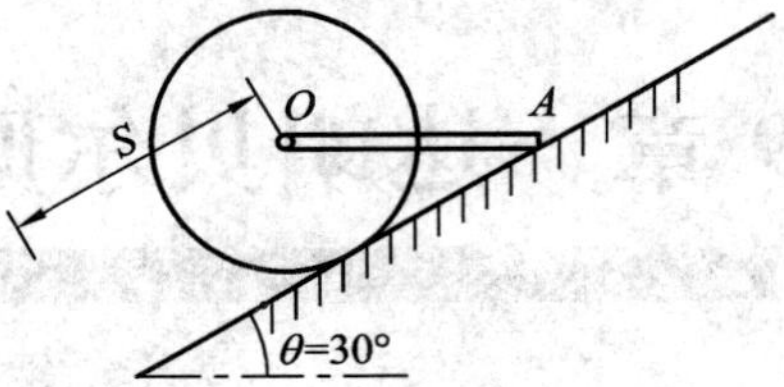

图 8.28

参考答案：

1. $\Delta_x=\dfrac{m_2 l(\sin\varphi_0-\sin\varphi)}{m_1+m_2}$；

2. $v=2$ m/s，$s=13.5$ m；

3. $t=\dfrac{(1+f^2)r\omega_0}{(1+f)2gf}$；

4. $s=\dfrac{l}{2(n+1)}$　左移；

5. $J=1566\ \mathrm{kg\cdot m^2}$；

6. $v_C=0.91\sqrt{gl}$，$a_C=1.67g$，$\omega_{AC}=-\omega_{BC}=0.89\sqrt{\dfrac{g}{l}}$，$\alpha_{AC}=-\alpha_{BC}=1.32\dfrac{g}{l}$；

7. $v_C=2r\sqrt{\dfrac{m_1 gs}{2m_1R^2+2m_2\rho^2+3m_3r^2}}$，$a_C=\dfrac{2m_1grR}{2m_1R^2+2m_2\rho^2+3m_3r^2}$，

$F_{AD}=m_1g-\dfrac{m_1R\cdot a_C}{r}$；

8. $a_C=2.8\ \mathrm{m/s^2}$；

9. $T=\dfrac{1}{2}\left(\dfrac{1}{2}mR^2\right)\omega_1^2+\dfrac{1}{2}m(R\omega_1+R\omega_2)^2+\dfrac{1}{2}\left(\dfrac{1}{2}mR^2\right)\omega_2^2$；

10. $a_O=\dfrac{2g(P+Q)\sin\theta}{3P+2Q}$。

第9章　达朗贝尔原理

一、知识点归纳

1. 质点的惯性力

(1) 质点的运动状态发生改变(包括速度大小和速度方向的改变，即有加速度)，就一定存在惯性力。

(2) 惯性力为 $\boldsymbol{F}_{\mathrm{I}}=-m\boldsymbol{a}$，方向与加速度方向相反。

(3) 惯性力不是真实作用在质点上的力，当质点与周围物体相联系时，它表现为质点对周围施力体的作用力的合力。

2. 质点的达朗贝尔原理

质点上作用的主动力、约束力和它的惯性力在形式上组成平衡力系，这就是质点的达朗贝尔原理。

3. 惯性力系的简化结果

(1) 刚体平动：向质心简化，惯性力 $F_{\mathrm{I}}=Ma_C$

方向与质心加速度相反。

(2) 定轴转动：向转轴简化，惯性力 $F_{\mathrm{I}}=Ma_C$，惯性力偶 $M_{\mathrm{I}z}=J_z\alpha$

惯性力方向与质心加速度相反，惯性力偶转向与 α 相反。

(3) 平面运动：向质心简化，惯性力 $F_{\mathrm{I}}=Ma_C$，惯性力偶 $M_{\mathrm{I}c}=J_C\alpha$。

惯性力方向与质心加速度相反，惯性力偶转向与 α 相反。惯性力与惯性力偶用带有虚线的箭头表示。

4. 质点系的达朗贝尔原理

质点系在外力和惯性力系作用下，达到平衡，满足平衡方程：

$$\sum \boldsymbol{F}_i^{(e)}+\sum \boldsymbol{F}_{\mathrm{L}i}=0,\quad \sum \boldsymbol{M}_O(\boldsymbol{F}_i^{(e)})+\sum \boldsymbol{M}_O(\boldsymbol{F}_{\mathrm{L}i})=0$$

解法步骤：

(1) 确定对象；

(2) 受力分析，画出主动力与约束力；

(3) 分析系统各刚体的运动，虚加惯性力，画在受力图上；

(4) 列方程；

(5) 解方程求出所需的未知数。

二、典型例题解析

例 9.1　如图 9.1 所示为由相互铰接的水平臂连成的传送带，将圆柱形零件从一高度传送到另一个高度。设零件与臂之间的摩擦因数 $f_s=0.2$。求：(1) 降落加速度 $\boldsymbol{a}$ 为多大时，零件不致在水平臂上滑动；(2) 比值 h/d 等于多少时，零件在滑动之前先倾倒。

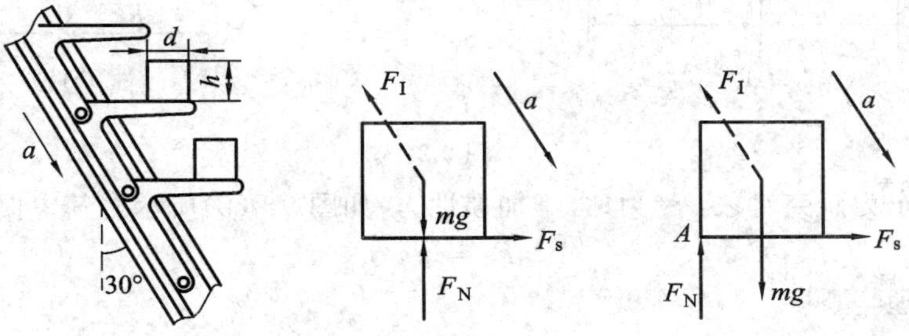

图 9.1

解　取圆柱形零件为研究对象，作受力分析，并虚加上零件的惯性力 $\boldsymbol{F}_I$。

(1) 零件不滑动时，受力如图 9.1(b)所示，它满足以下条件：

摩擦定律

$$F_s \leqslant f_s F_N \tag{9-1}$$

达朗贝尔原理

$$\sum F_x=0,\ F_s-F_I\sin 30°=0 \tag{9-2}$$

$$\sum F_y=0,\ F_N+F_I\cos 30°-mg=0 \tag{9-3}$$

$$F_I=ma \tag{9-4}$$

式(9-1)、式(9-2)、式(9-3)、式(9-4)联立，解得

$$a\leqslant 2.92\ \text{m/s}^2 \tag{9-5}$$

(2) 零件不滑动而倾倒时，约束力 F_N 已集中到左侧点 A，如图 9.1(c)所示，零件在惯性力作用下将向左倾倒。倾倒条件是

$$\sum M_A\geqslant 0,\ \frac{d}{2}(-mg+F_I\cos 30°)+F_I\sin 30°\ \frac{h}{2}\geqslant 0 \tag{9-6}$$

式(9-4)、式(9-6)联立，解得

$$\frac{h}{d}\geqslant\frac{2g-\sqrt{3}a}{a}$$

此时式(9-1)、式(9-2)、式(9-3)仍满足，将式(9-5)代入上式得

$$\frac{h}{d}\geqslant 5$$

例 9.2　如图 9.2(a)所示汽车总质量为 m，以加速度 a 作水平直线运动。汽车质心 G 离地面的高度为 h，汽车的前后轴到通过质心垂线的距离分别等于 c 和 b。求其前后轮的

正压力，又，汽车应如何行驶方能使前后轮的压力相等。

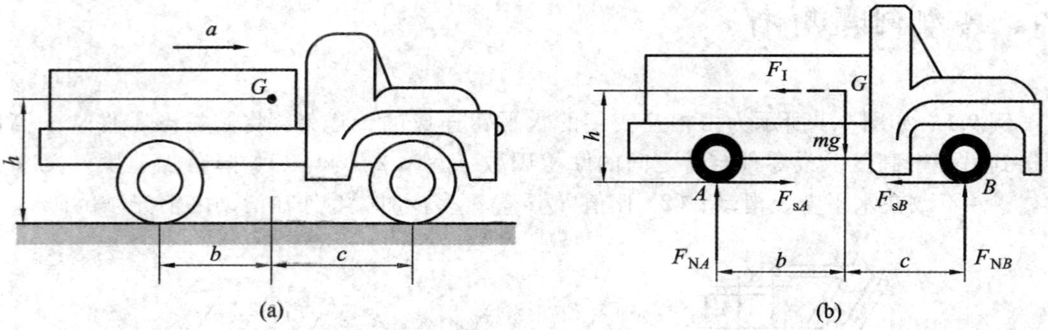

图 9.2

解 取汽车为研究对象，受力(含虚加惯性力)如图 9.2(b)所示。其中惯性力为

$$F_I = ma$$

由达朗贝尔原理，得

$$\sum M_A = 0,\ F_{NB}(b+c) - mgb + F_I h = 0$$

$$\sum M_B = 0,\ -F_{NA}(b+c) + mgc + F_I h = 0$$

解得

$$F_{NA} = m\frac{bg - ha}{(c+b)},\ F_{NB} = m\frac{cg + ha}{(b+c)}$$

欲使 $F_{NA} = F_{NB}$，则汽车的加速度可由

$$m\frac{bg - ha}{(c+b)} = m\frac{cg + ha}{(b+c)}$$

解得

$$a = \frac{(b-c)g}{2h}$$

例 9.3 如图 9.3(a)所示矩形块质量 $m_1 = 100$ kg，置于平台车上。车质量为 $m_2 = 50$ kg，此车沿光滑的水平面运动。车和矩形块在一起由质量为 m_3 的物体牵引，使之作加速运动。设物块与车之间的摩擦力足够阻止相互滑动，求能够使车加速运动而 m_1 块不倒的质量为 m_3 的最大值，以及此时车的加速度大小。

解 取车与矩形块为研究对象如图 9.3(b)所示。惯性力为

$$F_I = (m_1 + m_2)a = 150a$$

由达朗贝尔原理知

$$\sum F_x = 0,\ F_T - F_I = 0,\ F_T = 150a$$

取矩形块为研究对象，欲求使车与矩形块一起加速运动而块 m_1 不倒的 m_3 最大值，应考虑在此时矩形块受车的约束力 F_N 已集中到左侧点 A，如图 9.3(c)所示，且矩形块惯性力为

$$F_{I1} = m_1 a$$

由达朗贝尔原理可得不翻倒的条件为

$$\sum M_A = 0,\ F_T \cdot 1 - \frac{0.5}{2} \cdot m_1 g - m_1 a \cdot \frac{1}{2} = 0$$

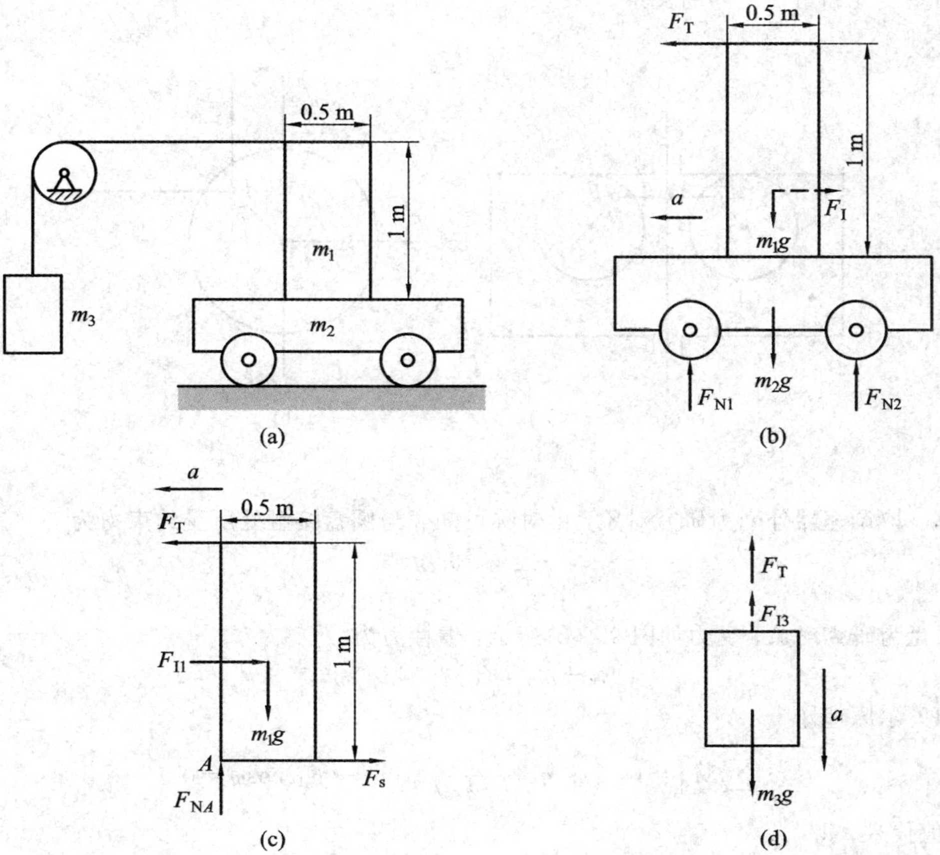

图 9.3

将

$$F_T = 150a$$

代入上式，解得

$$a = \frac{g}{4} = 2.45\ \mathrm{m/s^2}$$

如图 9.3(d)所示，取物块为研究对象，惯性力为

$$F_{I3} = m_3 a$$

由达朗贝尔原理

$$F_T + m_3 a - m_3 g = 0$$

$$m_3 = \frac{F_T}{g-a} = \frac{150 \cdot \frac{g}{4}}{g - \frac{g}{4}} = 50\ \mathrm{kg}$$

例 9.4 调速器由两个质量为 m_1 的均质圆盘所构成，圆盘偏心地铰接于距离转动轴为 a 的 A、B 两点。调速器以等角速度 ω 绕铅直轴转动，圆盘中心到悬挂点的距离为 l，如图 9.4(a)所示。调速器的外壳质量为 m_2，并放在两个圆盘上。如不计摩擦，求角速度 ω 与圆

盘离铅垂线的偏角 φ 之间的关系。

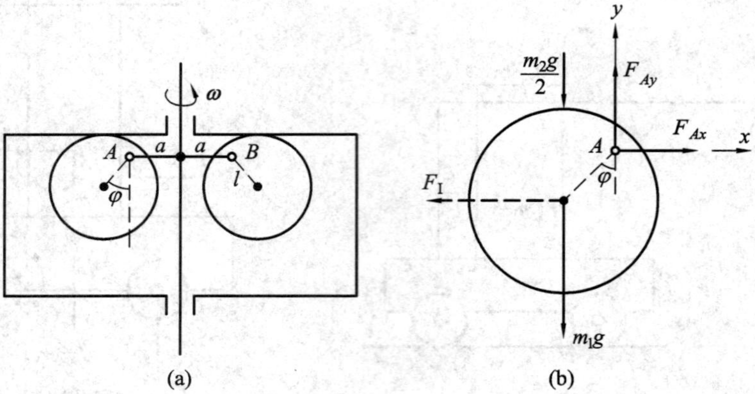

图 9.4

解 取调速器外壳为研究对象，由对称可知壳与圆盘接触处所受约束力为

$$F_N = \frac{m_2 g}{2}$$

取左圆盘为研究对象，受力如图 9.4(b)所示，惯性力为

$$F_I = m_1 \cdot (a + l\sin\varphi)\omega^2$$

由达朗贝尔原理知

$$\sum M_A = 0, \left(m_1 g + \frac{m_2 g}{2}\right) l\sin\varphi - F_I l\cos\varphi = 0$$

将 F_I 值代入，得

$$\omega^2 = \frac{2m_1 + m_2}{2m_1(a + l\sin\varphi)} g\tan\varphi$$

例 9.5 如图 9.5(a)所示，长方形匀质平板，质量为 27 kg，由两个销 A 和 B 悬挂。如果突然撤去销 B，求在撤去销 B 的瞬时平板的角加速度和销 A 的约束力。

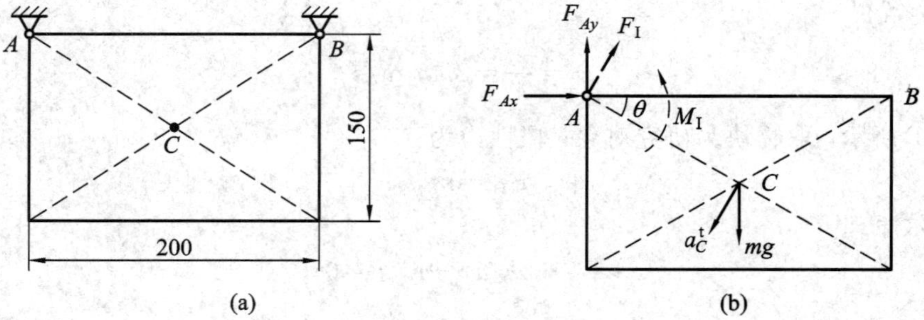

图 9.5

解 取平板为研究对象，突然撤去销 B 的瞬时平板的角速度 $\omega = 0$，角加速度 $\alpha \neq 0$，平板长 $a = 0.2$ m，平板宽 $b = 0.15$ m。平板对质心 C 的转动惯量为

$$J_C = \frac{m}{12}(a^2 + b^2)$$

平板对 A 的转动惯量为

$$J_A = J_C + m \cdot AC^2 = \frac{m}{3}(a^2 + b^2)$$

把惯性力系向销 A 简化(见图 9.4(b))得

$$F_I = ma_C^t = \frac{\sqrt{a^2 + b^2}}{2} m\alpha$$

$$M_I = J_A \alpha = \frac{m}{3}(a^2 + b^2)\alpha$$

由达朗贝尔原理得

$$\sum M_A = 0, \; M_I - mg \cdot \frac{a}{2} = 0 \tag{9-7}$$

$$\sum F_x = 0, \; F_{Ax} + F_I \cdot \frac{15}{25} = 0 \tag{9-8}$$

$$\sum F_y = 0, \; F_{Ay} + F_I \cdot \frac{20}{25} - mg = 0 \tag{9-9}$$

把有关量代入上述方程组，由式(9-7)得

$$\alpha = 47 \text{ rad/s}^2 \quad (\text{顺})$$

由式(9-8)得

$$F_{Ax} = -95 \text{ N} \quad (\text{与原设反向})$$

由式(9-9)得

$$F_{Ay} = 138 \text{ N}$$

例 9.6　转速表的简化模型如图 9.6(a)所示。杆 CD 的两端各有质量为 m 的球 C 和球 D，杆 CD 与转轴 AB 铰接，质量不计。当转轴 AB 转动时，杆 CD 的转角 φ 就发生变化。设 $\omega=0$ 时，$\varphi=\varphi_0$，且弹簧中无力。弹簧产生的力矩 M 与转角 φ 的关系为 $M=k(\varphi-\varphi_0)$，k 为弹簧刚度。求角速度 ω 与角 φ 之间的关系。

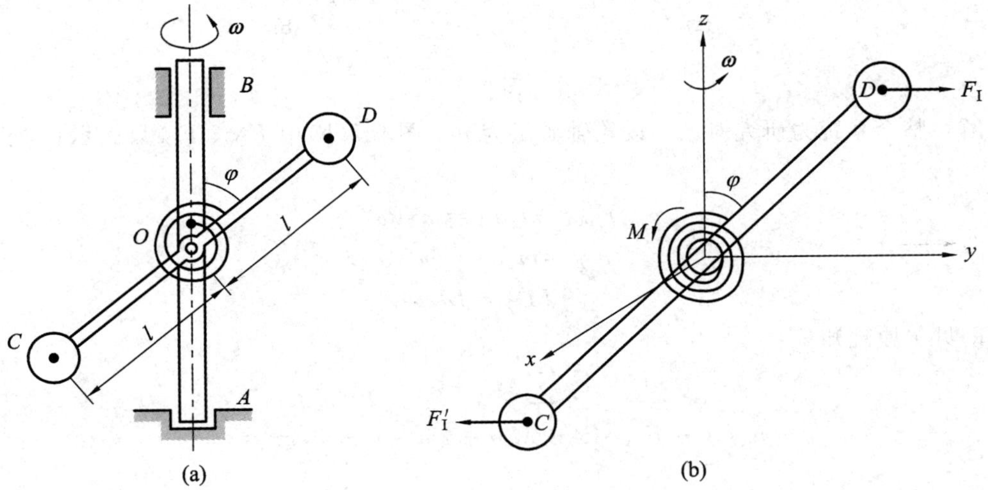

(a)　　　　(b)

图 9.6

解 取两球及杆 CD 为研究对象如图 9.6(b)所示，由达朗贝尔原理得

$$\sum M_x = 0,\ M - 2F_{\mathrm{I}} \cdot l\cos\varphi = 0$$

其中

$$F_{\mathrm{I}} = m \cdot l\sin\varphi \cdot \omega^2$$

代入前式得

$$k(\varphi - \varphi_0) - 2 \cdot m \cdot l\sin\varphi \cdot \omega^2 \cdot l\cos\varphi = 0$$

$$\omega = \sqrt{\frac{k(\varphi - \varphi_0)}{ml^2\sin 2\varphi}}$$

例 9.7 如图 9.7(a)所示，轮轴质心位于 O 处，对轴 O 的转动惯量为 J_O。在轮轴上系有两个物体，质量为 m_1 和 m_2。若此轮轴依顺时针转向转动，求轮轴的角加速度 α 和轴承 O 的动约束力。

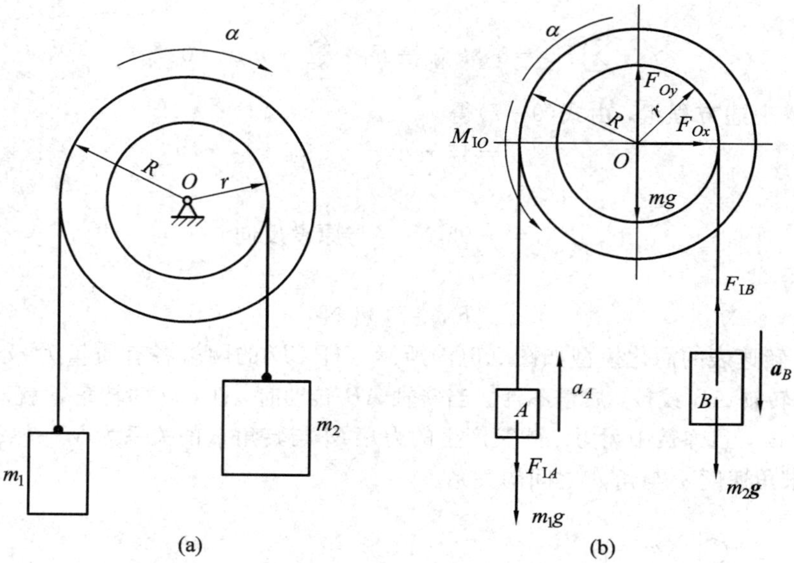

图 9.7

解 整个系统为研究对象。设轮轴质量为 m，图 9.7(b)中 F_{Ox}、F_{Oy} 只表示 O 处动约束力。

$$F_{\mathrm{I}A} = m_1 a_A = m_1 R\alpha$$

$$F_{\mathrm{I}B} = m_2 a_B = m_2 r\alpha$$

$$M_{\mathrm{I}O} = J\alpha$$

由达朗贝尔原理知

$$\sum M_O = 0$$

$$m_1 gR + F_{\mathrm{I}A} \cdot R + M_{\mathrm{I}O} + F_{\mathrm{I}B} \cdot r - m_2 gr = 0$$

则

$$m_1 gR + m_1 gR^2\alpha + J\alpha + m_2 r^2\alpha - m_2 gr = 0$$

$$(J + m_1 R^2 + m_2 r^2)\alpha = (m_2 r - m_1 R)g$$

$$\alpha=\frac{(m_2 r-m_1 R)}{(J+m_1 R^2+m_2 r^2)}g$$

轴 O 动约束力与惯性力相平衡，即

$$\sum F_x=0,\ F_{Ox}=0$$

$$\sum F_y=0,\ F_{Oy}+F_{\mathrm{I}B}-F_{\mathrm{I}A}=0$$

$$F_{Oy}=m_1 R\alpha-m_2 r\alpha=(m_1 R-m_2 r)\alpha=\frac{-(m_2 r-m_1 R)^2}{J+m_1 R^2+m_2 r^2}g$$

例 9.8　如图 9.8(a)所示，质量为 m_1 的物体 A 下降时，带动质量为 m_2 的均质圆盘 B 转动，不计支架和绳子的重量及轴上的摩擦，$BC=a$，盘 B 的半径为 R。求固定端 C 的约束力。

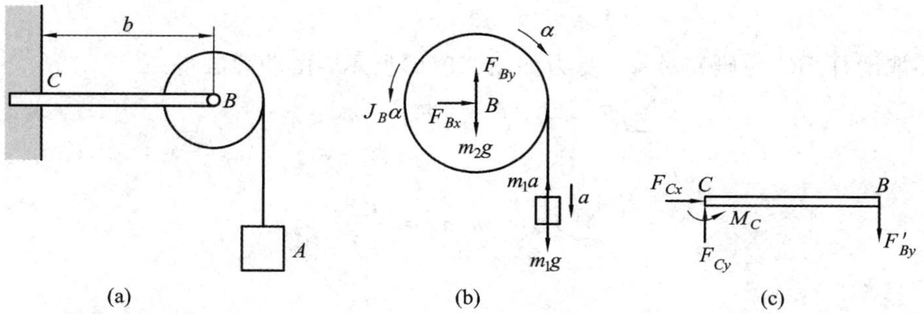

图 9.8

解　(1) 如图 9.8(b)所示：

$$\sum M_B=0,\ J_B\alpha+m_1 a\cdot R-m_1 gR=0,\ \frac{1}{2}m_2 R^2\cdot\frac{a}{R}+m_1 Ra-m_1 Rg=0$$

$$a=\frac{2m_1}{m_2+2m_1}g$$

$$\sum F_x=0,\ F_{Bx}=0$$

$$\sum F_y=0,\ F_{By}-m_2 g+m_1 a-m_1 g=0,\ F_{By}=\frac{3m_1 m_2+m_2^2}{2m_1+m_2}g$$

(2) 如图 9.8(c)所示：

$$\sum F_x=0,\ F_{Cx}=0$$

$$\sum F_y=0,\ F_{Cy}=\frac{3m_1 m_2+m_2^2}{2m_1+m_2}g$$

$$\sum M_C=0,\ M_C=\frac{(3m_1+m_2)m_2}{2m_1+m_2}bg$$

例题 9.9　如图 9.9(a)所示，曲柄 OA 质量为 m_1，长为 r，以等角速度 ω 绕水平的 O 轴逆时针方向转动。曲柄 OA 推动质量为 m_2 的滑杆 BC，使其沿铅垂方向运动。忽略摩擦，求当曲柄与水平方向夹角 30°时的力偶矩 M 及轴承 O 的约束力。

解　取曲柄 OA 上点 A 为动点，动系固结于滑杆 BC，则

$$a_{\mathrm{e}}=a_{\mathrm{a}}\sin 30^\circ=\frac{1}{2}r\omega^2$$

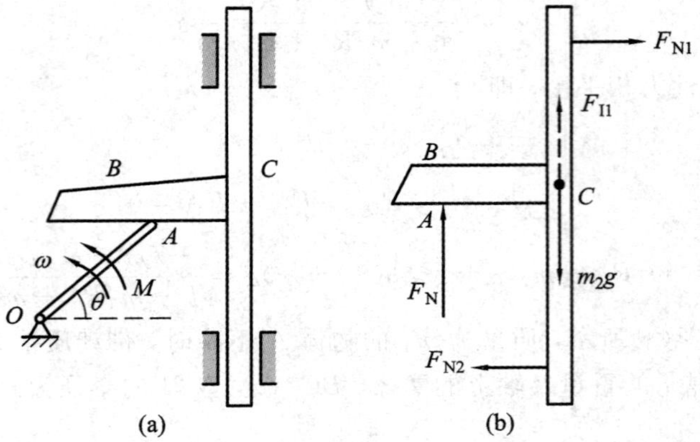

图 9.9

(1) 取滑杆 BC 为研究对象，受力如图 9.9(b)所示，由动静法得

$$\sum F_y=0,\ F_N+F_{I1}-m_2g=0$$

式中

$$\sum F_{I1}=m_2a_e=\frac{m_2r\omega^2}{2}$$

解得

$$F_N=m_2g-\frac{m_2}{2}r\omega^2$$

(2) 取曲柄 OA 为研究对象，由动静法得

$$\sum M_O=0,\ M-F_N\cdot r\frac{\sqrt{3}}{2}-m_1g\frac{r}{2}\cdot\frac{\sqrt{3}}{2}=0$$

$$M=\frac{\sqrt{3}}{4}[r(m_1g+2m_2g)-m_2r^2\omega^2]$$

$$\sum F_x=0,\ -F_{Ox}+F_I\frac{\sqrt{3}}{2}=0,\ F_I=m_1\cdot\frac{r\omega^2}{2}$$

$$F_{Ox}=\frac{\sqrt{3}}{4}m_1r\omega^2$$

$$\sum F_y=0,\ F_{Oy}-F_N+F_I\cdot\frac{1}{2}-m_1g=0$$

$$F_{Oy}=m_1g+m_2g-\frac{m_1+2m_2}{4}r\omega^2$$

三、自测题

(一) 判断题

1. 作瞬时平动的刚体，在该瞬时其惯性力系向质心简化的主矩必为零。 (　　)

2. 不论刚体作何运动，其惯性力系向质心简化的主矢，其大小都等于刚体质量与质心加速度的乘积。（　　）

3. 凡是运动的刚体都有惯性力。（　　）

4. 静平衡的刚体不一定动平衡。（　　）

5. 动平衡的刚体一定静平衡。（　　）

参考答案：1. ×；2. √；3. ×；4. √ ；5. √。

（二）填空题

1. 物重 P，用细绳 BA，CA 悬挂如图 9.10 所示，且角 $\alpha=60°$。若将 BA 绳突然剪断，则该瞬时 CA 绳的张力为（　　）。

(A) 0　　(B) $0.5P$　　(C) $1.5P$　　(D) $2P$

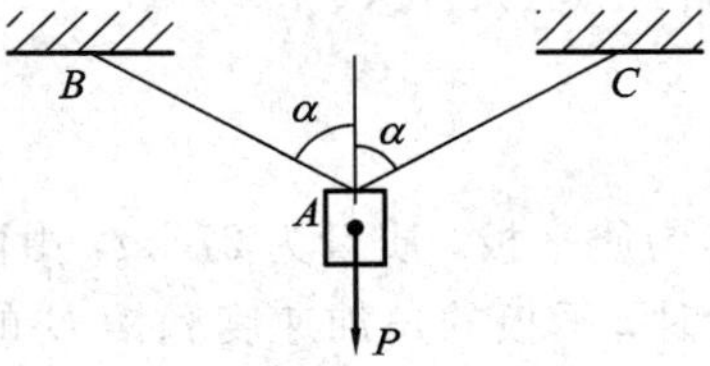

图 9.10

2. 长度为 l 的无重杆 OA 与质量为 m、长度为 $2l$ 的匀质杆 AB 在 A 端垂直固接，可绕轴 O 转动。假设在图 9.11 所示瞬时，角速度 $\omega=0$，角加速度为 α，则此瞬时 AB 杆惯性力系简化的主矢 F_{IR} 的大小和主矩 M_{IC} 的大小应分别为（　　）。

(A) $F_{IR}=m/a$（作用于 O 点），$M_{IC}=\dfrac{1}{3}ml^2a$

(B) $F_{IR}=\sqrt{2}\,mla$（作用于 A 点），$M_{IC}=\dfrac{4}{3}ml^2a$

(C) $F_{IR}=\sqrt{2}\,mla$（作用于 O 点），$M_{IC}=\dfrac{7}{3}ml^2a$

(D) $F_{IR}=\sqrt{3}\,mla$（作用于 C 点），$M_{IC}=\dfrac{7}{3}ml^2a$

3. 如图 9.12 所示，用小车运送货箱。已知货箱宽 $b=1$ m，高 $h=2$ m，可视为均质长方体。货箱与小车间的静摩擦因数 $f_s=0.35$，为了安全运送，则小车的最大加速度 a_{max} 应为（　　）。

(A) 0.35 g　　(B) 0.2 g　　(C) 0.5 g　　(D) 0.4 g

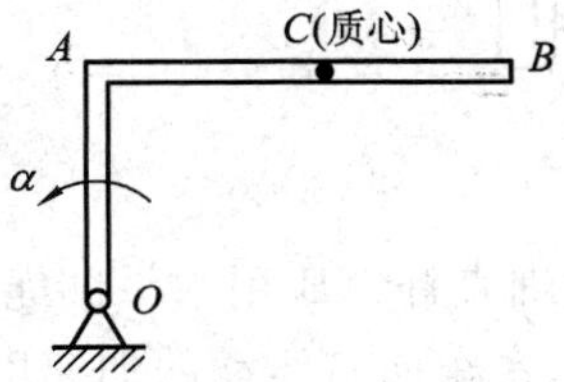

图 9.11

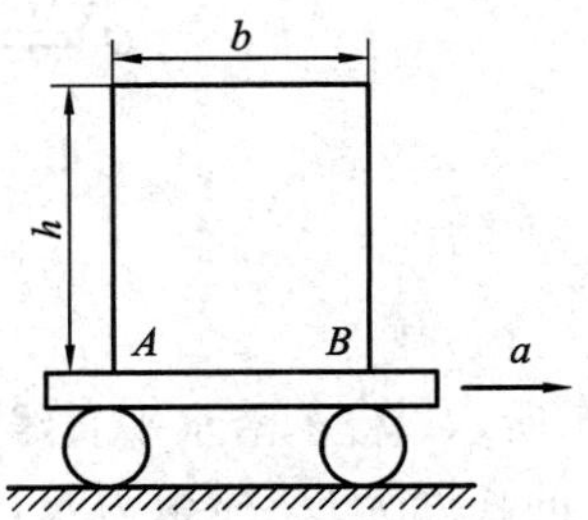

图 9.12

4. 如图 9.13 所示，均质圆盘作定轴转动，其中图 9.13(a)、(c)的转动角速度为常数($\omega=C$)，而图 9.13(b)、(d)的角速度不为常数($\omega\neq C$)。则(　　)的惯性力系简化的结果为平衡力系。

(A)图(a)　　(B) 图(b)　　(C) 图(c)　　(D)图(d)

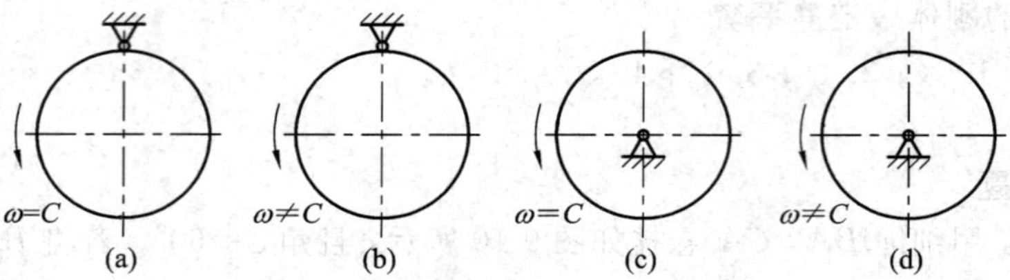

图 9.13

参考答案：1. (D)；2. (C)；3. (A)；4. (C)。

(三) 计算题

1. 如图 9.14 所示的长方形匀质平板，质量为 27 kg，由两个销 A 和 B 悬挂。如果突然撤去销 A，求在撤去销 A 的瞬时，平板的角加速度和销 B 的约束反力。

2. 如图 9.15 所示，沿水平直线轨道运动的小车受重力 P，其重心 C 和拉力 F_T 的距离为 e，和轨面的距离为 h，和两轮中心到过重心垂线的距离分别为 c 与 b，设车轮与轨道间的总摩擦力 $F_f=fP$。试用达朗贝尔原理，求两轮的约束反力及小车的加速度。

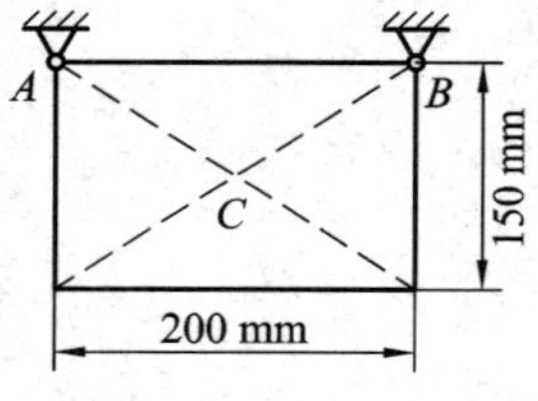

图 9.14

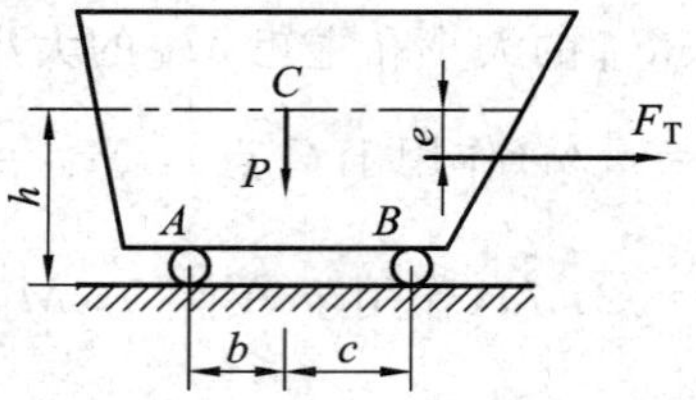

图 9.15

3. 两根长度均为 l、质量均为 m 的匀质细杆固接成如图 9.16 所示的 T 形杆，位于铅垂平面内，O 处为光滑固定铰链支座，杆 OA 由水平位置无初速释放。试求当杆 OA 运动至铅垂向下的位置时，支座 O 处的约束力及角加速度。

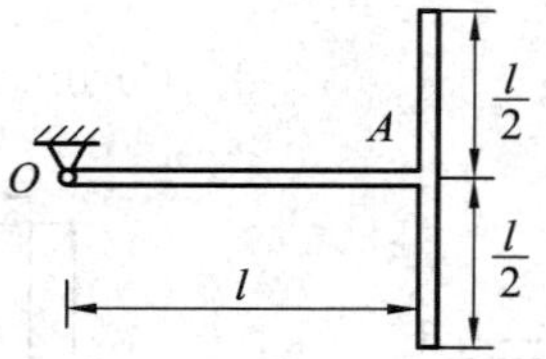

图 9.16

4. 如图 9.17 所示，台车沿水平直线行驶，均质细直杆 AB 用水平细绳 CD 维持在铅垂位置。已知 AB 的长度为 L，质量为 m，$BC=L/4$，台车向右运动的加速度为 a。若不计铰链 A 处摩擦，试用动静法求 A 处约束力和 CD 的拉力。

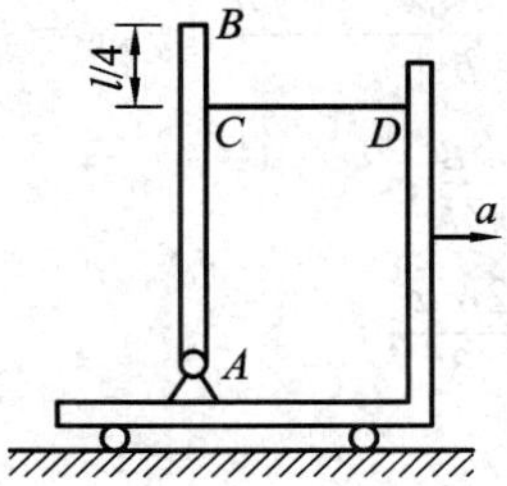

图 9.17

5. 均质杆 AB 长为 $2l$，重为 P，沿光滑的圆弧轨道从图 9.18 所示位置开始运动，求此时轨道对杆的约束反力。

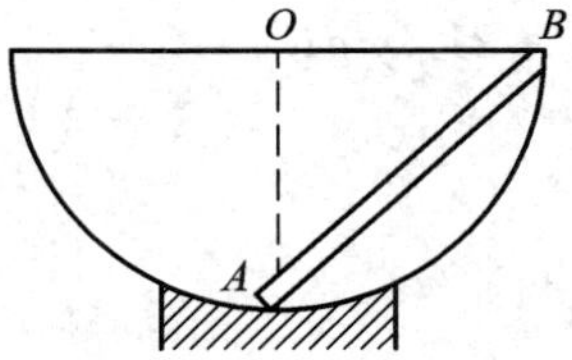

图 9.18

6. 如图 9.19 所示，两根相同的均质杆 OA 与 AB 以铰链 A 连接并以铰链 O 固定，杆长 l，求从水平位置开始运动时两杆的角加速度。

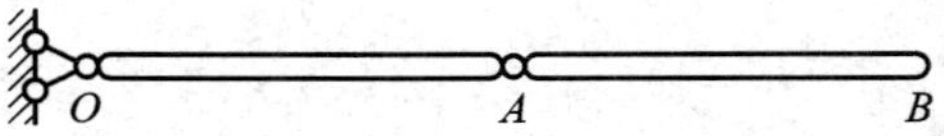

图 9.19

7. 如图 9.20 所示，一质量为 m 的单摆，其支点固定于一均质圆轮的中心 O，圆轮置于粗糙水平面上，其质量为 m_1。求在图示位置无初速地开始运动时轮心的加速度。

8. 如图 9.21 所示，均质梁 BC 质量为 4Bm、长 $4R$，均质圆盘质量为 $2m$、半径为 R，其上作用转矩 M，通过柔绳提升质量为 m 的重物 A。已知重物上升的加速度为 $a=0.4g$，求固定端 B 处约束反力。

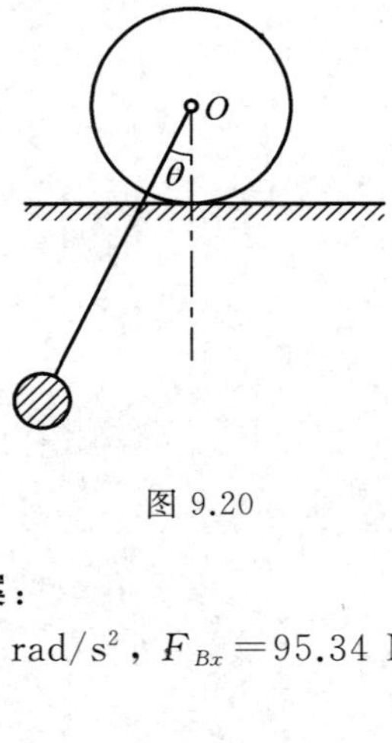

图 9.20

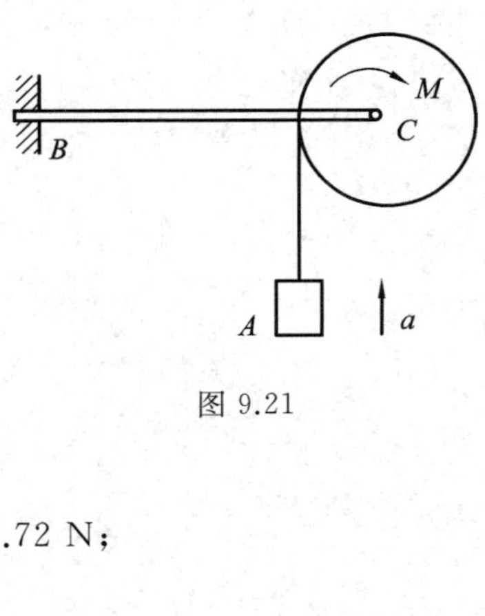

图 9.21

参考答案：

1. $\alpha=47\ \text{rad/s}^2$，$F_{Bx}=95.34$ N，$F_{By}=137.72$ N；

2. $a=\dfrac{F_{\mathrm{T}}-f'P}{P}g$，$F_{\mathrm{NA}}=\dfrac{Pc+F_{\mathrm{T}}e-Pfh}{b+c}$，$F_{\mathrm{NB}}=\dfrac{Pb-F_{\mathrm{T}}e+Pfh}{b+c}$；

3. $F_{Ox}=0$，$F_{Oy}=\dfrac{41mg}{34}$，$\alpha=\dfrac{18g}{17l}$；

4. $F_{Ax}=\dfrac{ma}{3}$，$F_{Ay}=mg$，$T=\dfrac{2ma}{3}$；

5. $F_{\mathrm{NA}}=\dfrac{5P}{8}$，$F_{\mathrm{NB}}=\dfrac{3P}{8}$；

6. $\alpha_{OA}=\dfrac{9g}{7l}$，$F_{\mathrm{NB}}=\dfrac{3g}{7l}$；

7. $\alpha_0=\dfrac{mg\sin 2\theta}{3m_1+2m\sin^2\theta}$；

8. $F_{Bx}=0$，$F_{By}=7.4mg$，$m_B=21.6mgR$。

第 10 章　轴向拉伸与压缩

一、知识点归纳

1. 轴向拉压的受力特点和变形特点

受力特点：作用于直杆两端的外力是一对大小相等、方向相反而作用线与杆轴线重合的集中力，其方向背离或指向杆的端面。

变形特点：杆沿轴线方向产生纵向伸长或缩短。

2. 轴力、轴力图

轴向拉压杆截面上分布内力的合力称为轴力。当轴力的方向与截面外法线一致时，杆件受拉伸，其轴力为正；反之，杆件受压缩，其轴力为负。

用轴力图表示轴力随截面位置的变化。在轴力图中，水平轴表示杆的横截面的位置，垂直轴表示轴力大小，正号轴力画在水平轴的上方，负号轴力画在水平轴的下方。

3. 应力

横截面上的应力：$\sigma=\dfrac{F_{\mathrm{N}}}{A}$　拉应力为正，压应力为负。

斜截面上的应力：$\sigma_\alpha=P_\alpha\cos\alpha=\sigma\cos^2\alpha$（正应力）；

$$\tau_\alpha=P_\alpha\sin\alpha=\frac{\sigma}{2}\sin2\alpha\text{（切应力）。}$$

方位角 α、正应力 σ_α 与切应力 τ_α 的符号：以 x 轴正向为初始边，当方位角 α 由 x 轴正向转到 n（截面的外法线）时规定为正（如图 10.1），反之为负；σ_α 与 n 方向相同时为正（即为拉应力），反之为负；τ_α 绕保留部分内任一点呈顺时针力矩时为正，反之为负。

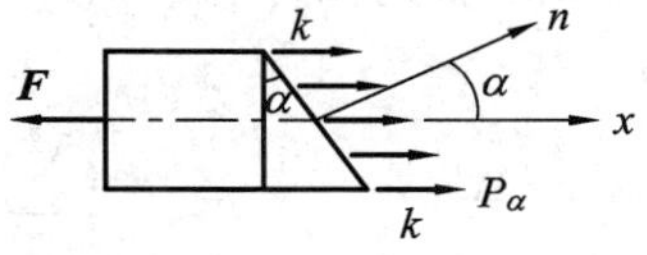

图 10.1

4. 拉压杆强度计算

等直杆：$$\sigma_{\max}=\frac{F_{\mathrm{Nmax}}}{A}\leqslant[\sigma]$$

变截面杆：$$\sigma_{\max}=\left(\frac{F_{\mathrm{N}}}{A}\right)_{\max}\leqslant[\sigma]$$

式中[σ]为材料的许用应力。

强度计算主要分为强度校核、截面尺寸设计及许可载荷的确定。

(1) 强度校核。

已知构件尺寸、所用材料和外力，验算上述强度计算公式是否满足，若满足，则构件安全可靠,否则构件强度不够。

(2) 截面尺寸设计。

已知外力情况，同时又选定了构件所用的材料，即确定了材料的许用应力[σ]，则构件所需的截面大小可由式 $A \geqslant \dfrac{F_{\mathrm{Nmax}}}{[\sigma]}$ 计算。

(3) 确定许可载荷。

已知构件的横截面积 A 及材料的许用应力[σ]，则构件能承受的许可轴力可由式 $[F_{\mathrm{N}}] \leqslant [\sigma]A$ 计算。然后根据静力平衡条件由外力与轴力之间的关系确定结构所能承受的最大载荷。

5. 轴向拉压变形及胡克定律

轴向变形(纵向变形)：指杆件沿轴向方向的变形，轴向变形为 $\Delta l = l_1 - l$。

轴向线应变：$\varepsilon = \dfrac{\Delta l}{l}$。

横向变形：指垂直于轴线方向的变形，横向变形为 $\Delta b = b_1 - b$。

横向线应变：$\varepsilon' = \dfrac{\Delta b}{b}$。

泊松比：$\mu = \left|\dfrac{\varepsilon'}{\varepsilon}\right|$。

胡克定律：当拉压杆内的应力不超过材料的比例极限时，横截面上的正应力与轴向线应变成正比，比例系数为材料弹性模量 E，即

$$\sigma = E\varepsilon$$

轴向拉压杆的变形量公式：

$$\Delta l = \frac{F_{\mathrm{N}} l}{EA}$$

式中 EA 为拉压刚度。

叠加原理：几个外力同时作用时，轴向拉伸和压缩杆件的变形，等于各外力单独作用时产生的变形的总和，即

$$\Delta l = \Delta l_1 + \Delta l_2 + \cdots + \Delta l_n = \sum_{i=1}^{n} \frac{F_{\mathrm{N}i} l_i}{E_i A_i}$$

叠加原理的使用条件是，在弹性范围内受到轴向拉伸和压缩的杆件。

6. 材料拉伸力学性能

材料的力学性能是指材料受外力后表现出的变形、破坏的规律，材料的力学性能是通过试验来测定的。

1) 低碳钢拉伸时的力学性能

(1) 低碳钢拉伸四阶段。

常温静载下低碳钢拉伸的 $\sigma-\varepsilon$ 曲线(图 10.2)分为四个阶段。

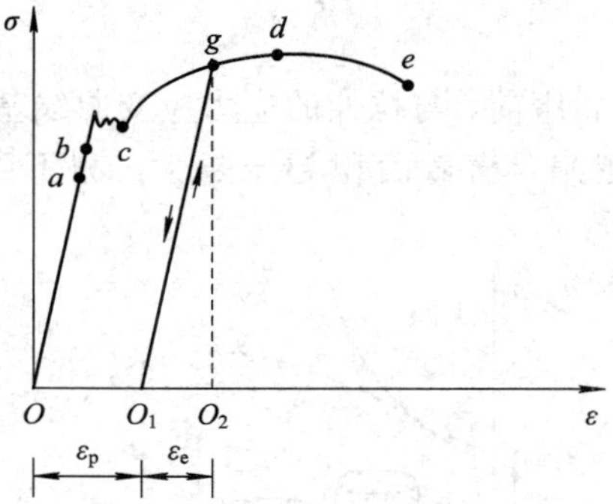

图 10.2

① 弹性阶段 Ob：变形是完全弹性的，且应力 σ 与应变 ε 成正比，即 $\sigma=E\varepsilon$，E 是 Ob 的斜率。a 点为比例极限 σ_p，b 点为弹性极限 σ_e。

② 屈服阶段 bc：应力在很小范围内波动，应变明显增加，称为材料的屈服。此阶段主要是塑性变形，c 点为屈服极限 σ_s。

③ 强化阶段 cd：材料恢复了继续抵抗变形的能力。d 点为强度极限 σ_b。

④ 颈缩阶段 de：应力达到强度极限 σ_b 之后，试件的某一局部范围内横向尺寸急剧缩小，直到断裂。

(2) 卸载规律——冷作硬化。

在强化阶段卸载，如图中的 g 点，应力应变曲线呈线性关系 gO_1，再次加载后沿着 O_1g，材料的比例极限(或弹性极限)提高，而塑性降低的现象称为冷作硬化。

(3) 弹性应变及塑性应变。

弹性应变：指卸载过程中消失的形变(图 10.2 中 ε_e)。

塑性应变：指卸载后残留下来的形变，又叫残余应变(图 10.2 中 ε_p)。

(4) 塑性指标。

伸长率：$\delta=\dfrac{l_1-l}{l}\times100\%$

断面收缩率：$\psi=\dfrac{A-A_1}{A}\times100\%$

l_1 为试样拉断后的长度，A_1 为拉断后颈缩处的最小横截面面积。

$\delta\geqslant5\%$ 的材料称为塑性材料；而 $\delta<5\%$ 的材料称为脆性材料。

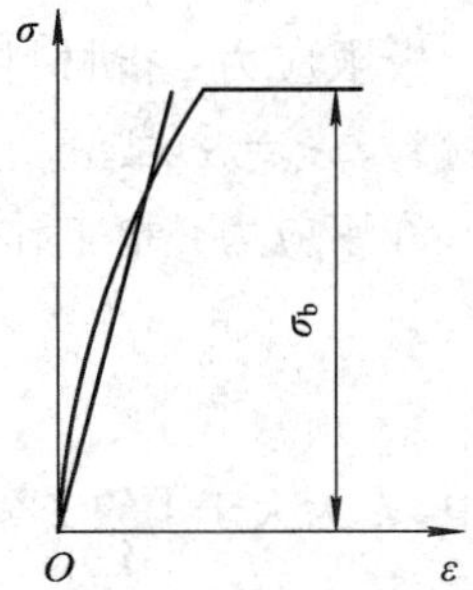

图 10.3

2) 铸铁拉伸力学性能

常温静载下铸铁拉伸的 $\sigma-\varepsilon$ 曲线如图 10.3 所示，特点为：

(1) 应力与应变间无明显的直线段，采用割线弹性模量；

(2) 在应变很小时候就断裂，没有屈服、强化和颈缩现象；

(3) 伸长率很小，σ_b 为拉伸强度极限，是衡量铸铁拉伸的唯一强度指标。

7. 材料压缩力学性能

(1) 低碳钢的压缩。

低碳钢压缩的特点：① 屈服前，与拉伸的应力应变曲线基本相同；

② 屈服后，试样越压越扁，横截面积越压越大，测不到压缩强度极限，如图 10.4 所示。

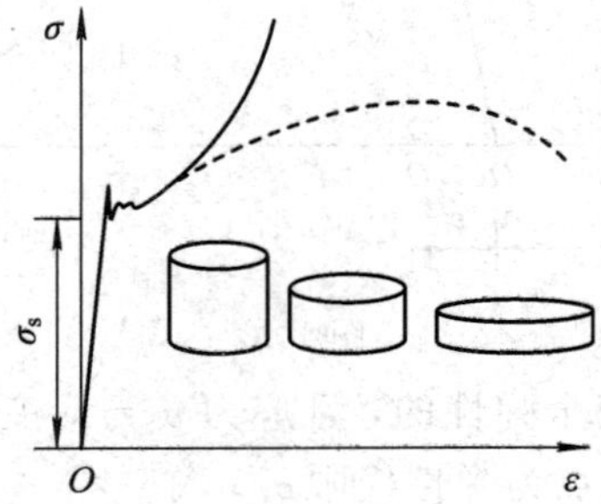

图 10.4

(2) 铸铁的压缩。

铸铁压缩的特点：① 无明显的直线段和屈服阶段，有明显塑性变形，如图 10.5 所示。

② 压缩时的 σ_b 和 δ 比拉伸时大很多，$\sigma_{b,c} \approx (4 \sim 5)\sigma_{b,t}$。

③ 试件最终沿着与横截面大致呈 50°～55°的斜截面发生错动而破坏。

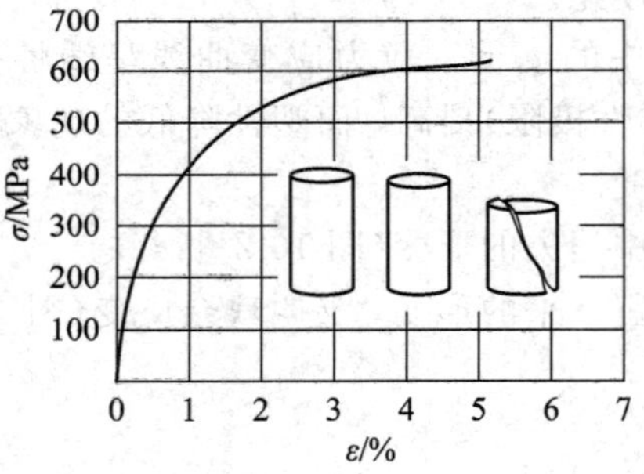

图 10.5

8. 极限应力、许用应力及安全系数

极限应力：指材料破坏或失效时的应力，用 σ_u 表示。对于脆性材料，$\sigma_u = \sigma_b$；对于塑性材料，$\sigma_u = \sigma_s$ 或 $\sigma_{0.2}$。

许用应力：指工作应力的最大允许值，用$[\sigma]$表示，即

$$[\sigma] = \frac{\sigma_u}{n}$$

式中，n 为大于 1 的安全系数。对于塑性材料，$[\sigma] = \frac{\sigma_s}{n_s}$ 或 $[\sigma] = \frac{\sigma_{0.2}}{n_s}$，对于脆性材料 $[\sigma] = \frac{\sigma_b}{n_b}$。

n_s 和 n_b 分别为塑性和脆性材料的安全系数，$n_s = 1.2 \sim 2.5$，$n_b = 2 \sim 3.5$。

9. 拉伸压缩超静定

杆件的轴力可以全部由静力平衡方程给出，称为静定问题。静力平衡方程不能解出全

部未知力，称为超静定问题。超过独立平衡方程数目的未知力个数，称为超静定的次数。

求解超静定问题的步骤具体如下：

(1) 确定超静定的次数，列出独立的静力平衡方程；

(2) 根据变形协调的条件列出变形几何方程；

(3) 列出应有的物理关系，即胡克定律，并代入变形几何方程的补充方程；

(4) 联立静力平衡方程和补充方程求解。

二、典型例题解析

例 10.1　图 10.6 所示杆的 A、B、C、D 截面分别作用着大小为 $F_A=5F$，$F_B=8F$，$F_C=4F$，$F_D=F$ 的外力，方向如图所示，试求各段轴力并画出杆的轴力图。

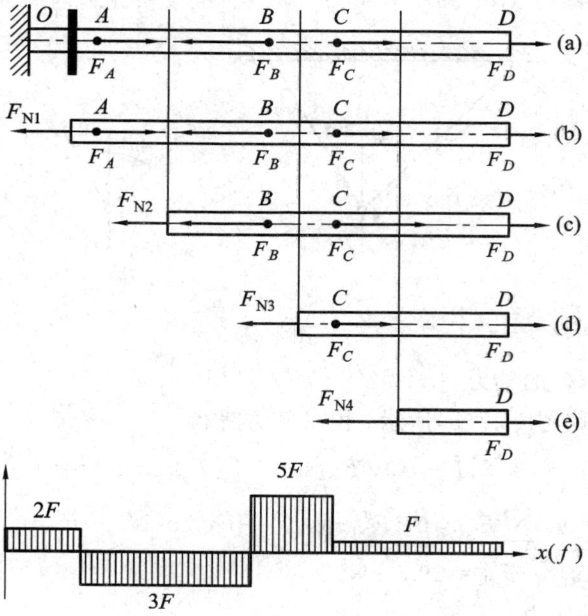

图 10.6

解　(1) 计算各段轴力。

外力作用的 A、B、C、D 四点为分段点，把杆分为 OA、AB、BC、CD 四段。

用截面法，在上述四段上任选四个截面截开，取右段为分离体，如图 10.6(b)～(e)所示，逐段计算轴力。假设各段的轴力 F_N 都为拉力(沿着截开截面的外法线方向)，分别为 F_{N1}、F_{N2}、F_{N3}、F_{N4}，规定水平向右为 x 轴正向，则由平衡条件可得

由图(b)

$$\sum F_x=0,\ F_D+F_C-F_B+F_A-F_{N1}=0$$

$$F+4F-8F+5F-F_{N1}=0,\ F_{N1}=2F$$

由图(c)

$$\sum F_x = 0,\ F_{N2} + F_B - F_C - F_D = 0,\ F_{N2} = -3F$$

由图(d)

$$\sum F_x = 0,\ F_{N3} - F_C - F_D = 0,\ F_{N3} = 5F$$

由图(e)

$$\sum F_x = 0,\ F_{N4} - F_D = 0,\ F_{N4} = F$$

这里，F_{N2}为负值，说明F_{N2}的作用方向与假设的方向相反，应为压力。

(2) 画轴力图。

用平行杆轴线的横坐标 x 表示横截面的位置，以垂直杆轴线的纵坐标按一定比例表示对应截面上的轴力的大小，绘出整个杆件的轴力图，如图 10.6(f)所示。

例 10.2 一铰接结构由钢杆 1 和铜杆 2 组成，如图 10.7(a)所示。在节点 A 处受外力 $F=40$ kN。两杆的横截面面积分别为 $A_1=200\ \text{mm}^2$ 和 $A_2=300\ \text{mm}^2$。钢杆和铜杆的许用应力分别为$[\sigma]_1=160$ MPa 和$[\sigma]_2=100$ MPa。试校核此结构的强度。

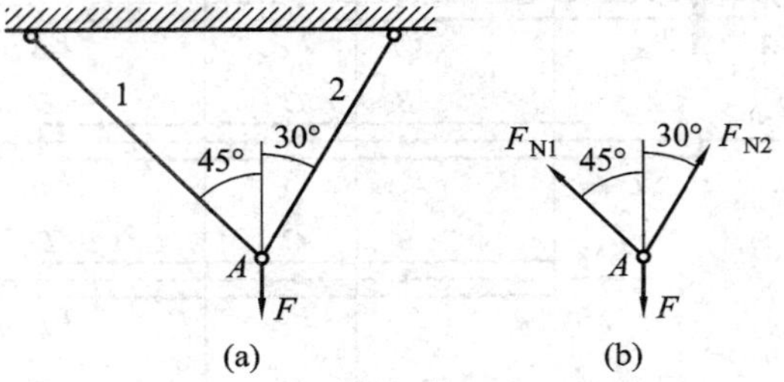

图 10.7

解 (1) 计算两杆的轴力。

节点 A 的受力如图 10.7(b)所示，由平衡方程得

$$\sum F_x = 0,\ F_{N2}\sin 30^\circ - F_{N1}\sin 45^\circ = 0$$

$$\sum F_y = 0,\ F_{N1}\cos 45^\circ + F_{N2}\cos 30^\circ - F = 0$$

解得 $F_{N1}=20.7$ kN， $F_{N2}=29.3$ kN。

(2) 计算两杆的应力并校核。

两杆横截面上的应力分别为

$$\sigma_1 = \frac{F_{N1}}{A_1} = \frac{20.7\times 10^3}{200} = 103.6\ \text{MPa}$$

$$\sigma_2 = \frac{F_{N2}}{A_2} = \frac{29.3\times 10^3}{300} = 97.6\ \text{MPa}$$

由于$\sigma_1<[\sigma]_1$，$\sigma_2<[\sigma]_2$，故此结构的强度是足够的。

例 10.3 一钢杆和一混凝土杆分别轴向受压，已知钢的弹性模量 $E_s=200$ GPa，混凝土的弹性模量 $E_c=28$ GPa 。求：(1) 当两杆受到的应力相等时，混凝土杆的应变 ε_c 是钢杆的应变 ε_s 的多少倍？(2) 当两杆产生的应变相等时，钢杆的应力 σ_s 是混凝土杆的应力 σ_c 的多少倍？(3) 当 $\varepsilon_s=\varepsilon_c=-0.0005$ 时，两杆的应力各等于多少？

解 (1) 两杆应力相等时，由胡克定律有

$$\sigma_s = E_s\varepsilon_s = \sigma_c = E_c\varepsilon_c$$

解得 $\varepsilon_c = 7.14\varepsilon_s$。

（2）两杆应变相等时，由胡克定律有

$$\varepsilon_s = \frac{\sigma_s}{E_s} = \varepsilon_c = \frac{\sigma_c}{E_c}$$

解得 $\sigma_s = 7.14\sigma_c$。

（3）当 $\varepsilon_s = \varepsilon_c = -0.0005$ 时，钢杆的应力 $\sigma_s = E_s\varepsilon_s = -100$ MPa（压），混凝土的应力为

$$\sigma_c = E_c\varepsilon_c = -14 \text{ MPa（压）}$$

例 10.4　矩形截面的铝合金拉伸试样如图 10.8 所示，已知 $l = 70$ mm，$b = 20$ mm，$\delta = 2$ mm，轴向拉力 $F = 6$ kN，标距 l 段的轴向伸长 $\Delta l = 0.15$ mm，横向缩短 $\Delta b = 0.014$ mm，求材料的弹性模量 E 和泊松比 μ。

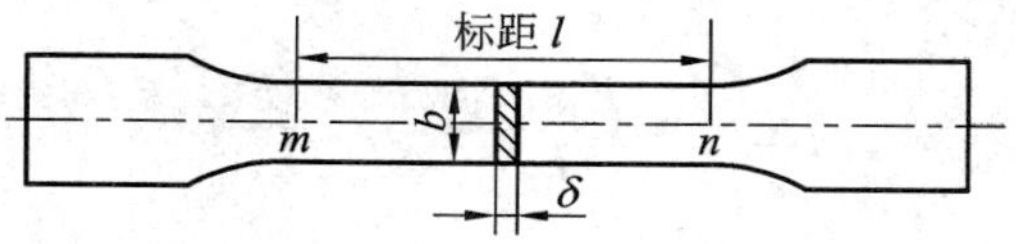

图 10.8

解　试验段的轴向应变为

$$\varepsilon = \frac{\Delta l}{l} = \frac{0.15}{70} = 0.00214$$

试验段的横截面上的应力为

$$\sigma = \frac{F}{b\delta} = 150 \text{ MPa}$$

由胡克定律得弹性模量为

$$E = \frac{\sigma}{\varepsilon} = 70 \text{ GPa}$$

横向应变为

$$\varepsilon' = \frac{-\Delta b}{b} = \frac{0.014}{20} = -0.007$$

泊松比为

$$\mu = \left|\frac{\varepsilon'}{\varepsilon}\right| = 0.33$$

例 10.5　已知直杆 AC 受力如图 10.9 所示，材料弹性模量为 E，截面积为 A，AB 和 BC 段长度均为 a，A 截面上的作用力为 F，B 截面上的作用力为 $2F$，求：

（1）AC 杆的总变形量 Δl；（2）B 截面的位移 δ_B；（3）AB 段的轴向线应变 ε_{AB}。

解　（1）计算 AB、BC 段轴力，画轴力图，如图 10.9(b)所示。

（2）计算变形量。

AB 段变形量

$$\Delta l_{AB} = \frac{F_{NAB}l_{AB}}{EA} = -\frac{Fa}{EA}$$

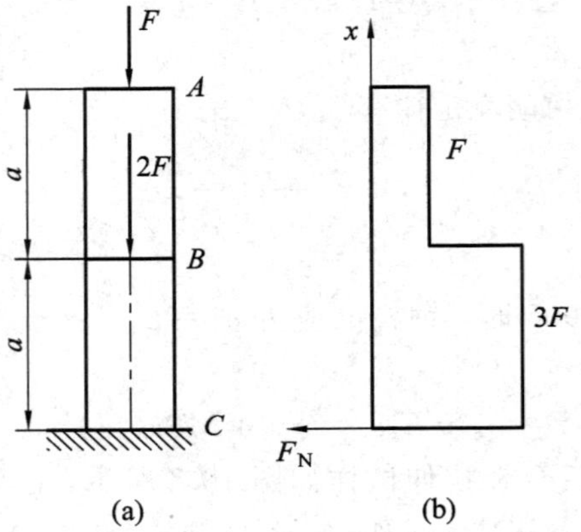

图 10.9

BC 段变形量

$$\Delta l_{BC}=\frac{F_{NBC}l_{BC}}{EA}=-\frac{3Fa}{EA}$$

AC 段总变形量

$$\Delta l_{AC}=\Delta l_{AB}+\Delta l_{BC}=-\frac{4Fa}{EA}$$

(3) 计算 B 截面的位移 δ_B。

B 截面的位移是 BC 杆的缩短量即

$$\delta_B=\frac{3Fa}{EA}\quad（向下）$$

(4) 计算 ε_{AB}。

$$\varepsilon_{AB}=\frac{\Delta l_{AB}}{l_{AB}}=\frac{-F}{EA}$$

例 10.6 实心圆杆 1 在其外表面紧套空心管 2，如图 10.10 所示，设杆的拉压刚度分别为 E_1A_1 和 E_2A_2。设圆杆和圆管之间无相对滑动，若此组合杆承受的拉力为 F，试求其长度的改变量。

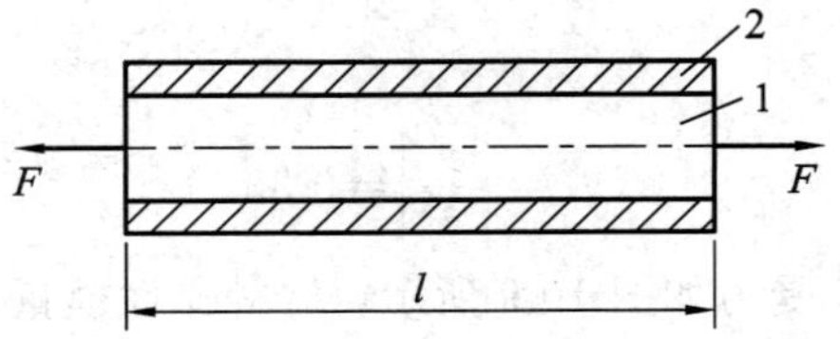

图 10.10

解 设杆 1 和管 2 的轴力分别为 F_{N1} 和 F_{N2}，静力平衡方程为

$$F_{N1}+F_{N2}=F$$

两个未知数，一个方程，为一次超静定。由杆 1 和管 2 的伸长量相同，可得几何方程

$$\Delta l_1=\Delta l_2$$

将物理关系带入上式的补充方程

$$\frac{F_{N1}l}{E_1A_1}=\frac{F_{N2}l}{E_2A_2}$$

联立解得组合杆的伸长量为

$$\Delta l=\frac{F_{N1}l}{E_1A_1}=\frac{Fl}{E_1A_1+E_2A_2}$$

例 10.7　如图 10.11 所示，刚性横梁 AB 用两根弹性杆 AC 和 BD 悬挂在天花板上。已知 F、l、a、E_1A_1、E_2A_2。今使得刚性横梁 AB 保持在水平位置，求：力 F 的作用点位置 x 为多少？

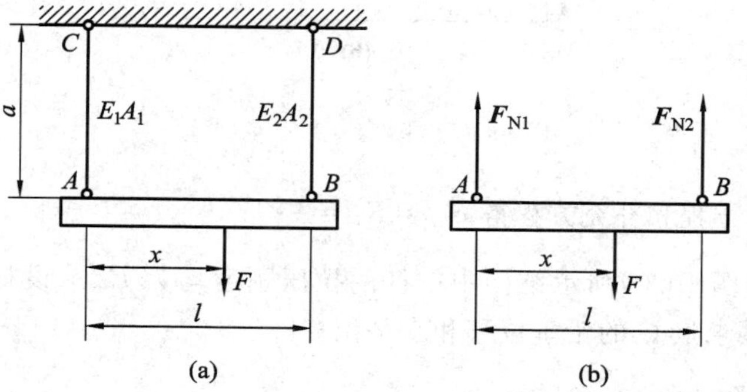

图 10.11

解　(1) 计算两根杆的轴力。

以横梁 AB 为研究对象，受力如图 10.11(b)所示，由平衡方程得到两杆的轴力为

$$F_{N1}=\frac{l-x}{l}F,\quad F_{N2}=\frac{x}{l}F$$

(2) 计算力 F 的作用线位置。

要使得横梁 AB 保持在水平位置，应有 $\Delta l_1=\Delta l_2$，由胡克定律有

$$\frac{F_{N1}l_1}{E_1A_1}=\frac{F_{N2}l_2}{E_2A_2}$$

将 F_{N1} 和 F_{N2} 代入上式得

$$x=\frac{E_2A_2l}{E_1A_1+E_2A_2}$$

例 10.8　如图 10.12 所示，受一对力 F 作用的等直杆件两端固定，已知拉压刚度 EA。试求 A 端和 B 端的约束力。

解　(1) AB 杆受力如图 10.12(b)所示，静力平衡方程为

$$-F_A+F-F+F_B=0$$

(2) 建立变形协调方程为

$$\Delta l_{AC}+\Delta l_{CD}+\Delta l_{DB}=0$$

将物理方程代入变形协调方程得

$$\frac{F_Aa}{EA}-\frac{(F-F_A)a}{EA}+\frac{F_Ba}{EA}=0$$

即得补充方程　　$2F_A+F_B=F$

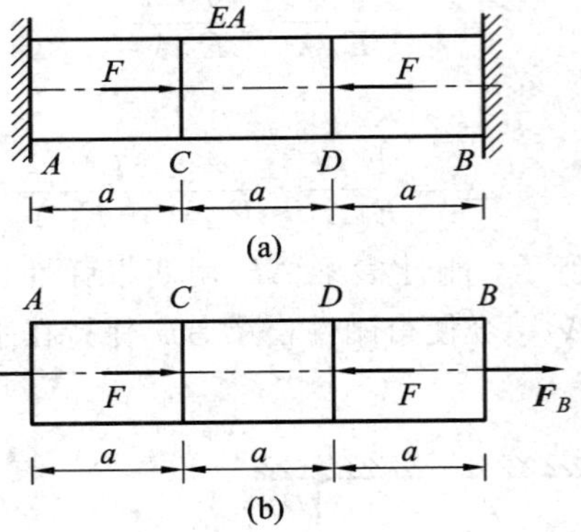

图 10.12

联立静力平衡方程和补充方程得 $F_A = F_B = \dfrac{F}{3}$。

例 10.9 已知图 10.13 所示结构中三杆的拉压刚度均为 EA，设杆 AB 为刚体，载荷 F，杆 AB 长 l。试求点 C 的铅垂位移和水平位移。

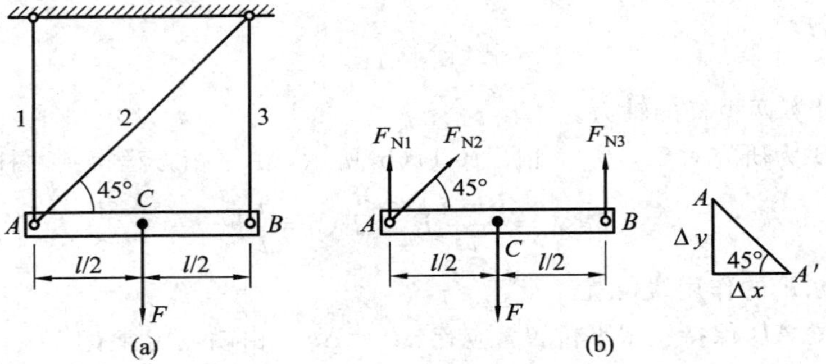

图 10.13

解 杆 AB 受力如图 10.13(b)所示，有

$$F_{N2}=0,\ F_{N1}=F_{N3}=\frac{F}{2}$$

$$\Delta y=\Delta l_1=\Delta l_3=\frac{Fl}{2EA}$$

因为杆 AB 作刚性平移，各点位移相同，且 $F_{N2}=0$，杆 2 不变形。又沿 45°由 A 移至 A'。所以

$$\Delta x=\Delta y=\frac{Fl}{2EA}$$

例 10.10 三杆构件如图 10.14(a)所示，已知载荷 $F=40$ N，三杆的横截面积为 $A_1=200\ \text{mm}^2$，$A_2=300\ \text{mm}^2$，$A_3=400\ \text{mm}^2$，各杆材料相同，弹性模量 $E=200$ GPa，试求各杆轴力。

解 (1) 建立静力平衡方程。

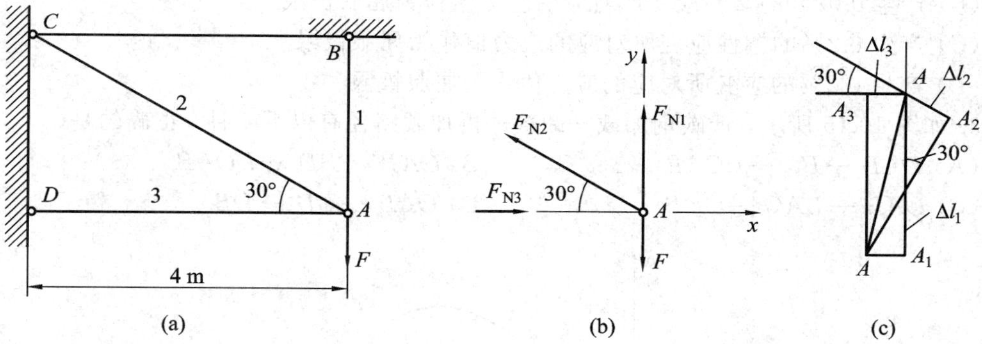

图 10.14

截取节点 A 为研究对象，如图 10.14(b)所示，设杆 1、2 受拉，杆 3 受压，列平衡方程

$$\sum F_x = 0, \ F_{N3} - F_{N2}\cos 30^\circ = 0$$

$$\sum F_y = 0, \ F_{N1} + F_{N2}\sin 30^\circ - F = 0$$

故，这是一次超静定问题。

(2) 列变形协调方程。

根据小变形假设，采用“以直代曲”的方法，来建立变形协调方程。先设想解除节点 A 处的约束，各杆将沿轴线自由伸缩，然后在各杆变形后的终点做其轴向的垂线，由于约束的限制，这些垂线必然交于一点，交点 A' 即为节点 A 的新位置，由图 10.14(c)的变形图可得变形协调方程

$$\Delta l_1 = \frac{\Delta l_2}{\sin 30^\circ} + \frac{|\Delta l_3|}{\tan 30^\circ}$$

(3) 列补充方程。

将物理方程代入变形协调方程得补充方程为

$$\frac{F_{N1}\Delta l_1}{A_1} = \frac{F_{N2} l_2}{A_2 \sin 30^\circ} + \frac{F_{N3} l_3}{A_3 \tan 30^\circ}$$

(4) 求解各杆轴力。

联立静力平衡方程和补充方程，解得各杆轴力分别为

$$F_{N1} = 35.5 \text{ kN(拉)}, \ F_{N2} = 8.96 \text{ kN(拉)}, \ F_{N3} = 7.76 \text{ kN(压)}$$

三、自测题

(一) 选择题

1. 工程上通常以伸长率区分材料，对于脆性材料有四种结论，正确的是(　　)。

(A) $\delta < 5\%$　　(B) $\delta < 0.5\%$　　(C) $\delta < 2\%$　　(D) $\delta < 0.2\%$

2. 对于没有明显屈服阶段的塑性材料，通常以 $\sigma_{0.2}$ 表示屈服极限，对此，说法正确的是(　　)。

(A) 产生 2%的塑性应变所对应的应力值作为屈服极限

(B) 产生0.02%的塑性应变所对应的应力值作为屈服极限

(C) 产生0.2%的塑性应变所对应的应力值作为屈服极限

(D) 产生0.2%的应变所对应的应力值作为屈服极限

3. 如图10.15所示，低碳钢加载—卸载—再加载路径有以下4种，正确的是(　　)。

(A) $OAB-BC-COAB$　　(B) $OAB-BD-DOAB$

(C) $OAB-BAO-ODB$　　(D) $OAB-BD-DB$

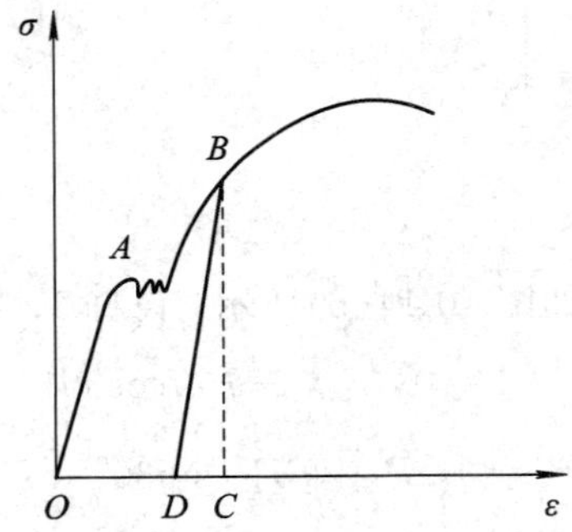

图 10.15

4. 关于材料的冷作硬化现象有以下四种结论，正确的是(　　)。

(A) 由于温度降低，其比例极限提高，塑性降低

(B) 由于温度降低，其弹性模量提高，泊松比减小

(C) 经过塑性变形，其比例极限提高，塑性降低

(D) 经过塑性变形，其弹性模量提高，泊松比减小

5. 关于低碳钢试样拉伸至屈服时，有以下结论，正确的是(　　)。

(A) 应力和塑性变形很快增加，因而认为材料失效

(B) 应力和塑性变形虽然很快增加，但不意味着材料失效

(C) 应力不增加，塑性变形很快增加，因而认为材料失效

(D) 应力不增加，塑性变形很快增加，但不意味着材料失效

6. 变截面杆受集中力 F 作用，如图10.16所示。设 F_1、F_2、F_3 分别表示杆中截面1-1、2-2和3-3上沿轴线方向的内力值，正确的是(　　)。

(A) $F_1=F_2=F_3$　　(B) $F_1=F_2\neq F_3$

(C) $F_1\neq F_2=F_3$　　(D) $F_1\neq F_2\neq F_3$

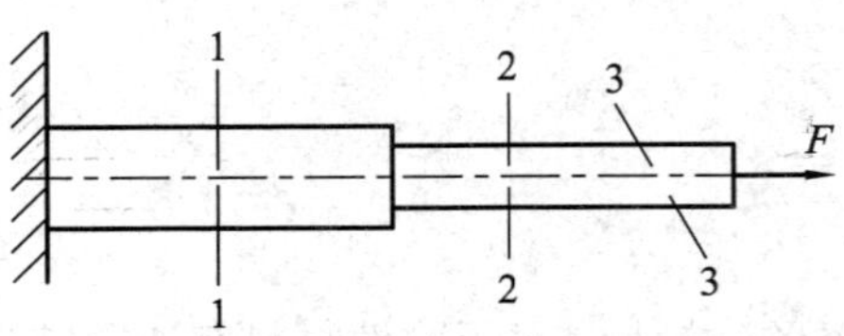

图 10.16

7. 用标距50 mm和100 mm的两种拉伸试样，测得低碳钢的屈服极限分别为 σ_{s1} 和 σ_{s2}，伸长率分别为 δ_5 和 δ_{10}。比较两试样的结果，以下结论正确的是(　　)。

(A) $\sigma_{s1}<\sigma_{s2}$，$\delta_5>\delta_{10}$　　(B) $\sigma_{s1}<\sigma_{s2}$，$\delta_5<\delta_{10}$

(C) $\sigma_{s1}=\sigma_{s2}$，$\delta_5>\delta_{10}$　　(D) $\sigma_{s1}=\sigma_{s2}$，$\delta_5=\delta_{10}$

8. 材料的塑性指标一般包括(　　)。

(A) σ_s 和 δ　　(B) σ_s 和 ψ　　(C) δ 和 ψ　　(D) σ_s、δ 和 ψ

9. 等截面直杆受轴向拉力 P 作用而产生弹性伸长，已知杆长为 l，截面积为 A，材料弹性模量为 E，泊松比为 μ，拉伸理论告诉我们，影响该杆横截面上应力的因素是(　　)。

(A) E、μ、P　　(B) l、A、P　　(C) l、A、E、μ、P　　(D) A、P

10. 三杆结构如图 10.17 所示。今欲使杆 3 的轴力减小，应采取以下哪一种措施(　　)。

(A) 加大杆 3 的横截面面积

(B) 减小杆 3 的横截面面积

(C) 三杆的横截面面积一起加大

(D) 增大 α 角

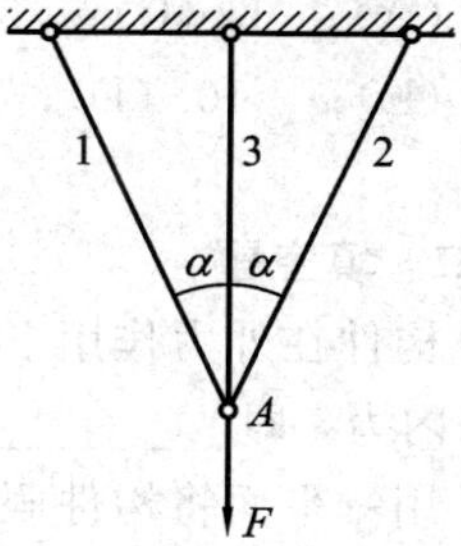

图 10.17

11. 图 10.18 中，现有低碳钢和铸铁两种材料，它们的直径相同，试问从承载能力考虑以下结构设计方案哪种更合理？(　　)。

(A) 杆 1 为钢杆，杆 2 为铸铁　　(B) 杆 1 为铸铁，杆 2 为钢杆

(C) 都为钢杆　　(D) 都为铸铁

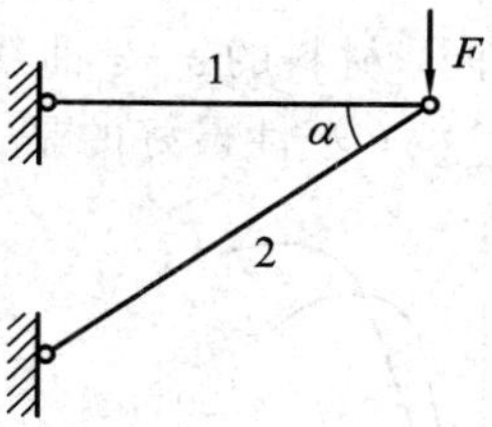

图 10.18

12. 一杆系结构如图 10.19 所示，设拉压刚度 EA 为常数，AB 和 AC 长度都是 l，横截面积都是 A，则节点 C 的水平位移为(　　)。

(A) $\dfrac{Fl}{EA}$　　(B) $\dfrac{Fl}{2EA}$　　(C) $\dfrac{2Fl}{EA}$　　(D) 0

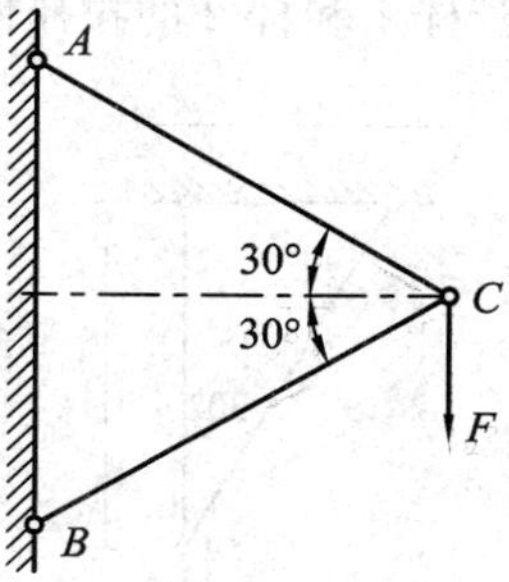

图 10.19

13. 一钢拉杆弹性模量 $E=200$ GPa，比例极限 $\sigma_p=200$ MPa，屈服极限 $\sigma_p=240$ MPa，

当拉杆横截面上的正应力限 $\sigma=300$ MPa 时，其轴向线应变为(　　)。

(A) $\varepsilon=\dfrac{\sigma_p}{E}=0.001$　　(B) $\varepsilon=\dfrac{\sigma}{E}=0.0015$

(C) $\varepsilon=\dfrac{\sigma_s}{E}=0.0012$　　(D) 无法计算

参考答案：

1.(A)； 2.(C)； 3.(D)； 4.(C)； 5.(C)； 6.(A) 7.(C)； 8.(C)；
9.(D)； 10.(D)； 11.(A) 12.(D) 13.(A)。

(二) 填空题

1. 构件在外力作用下必然引起截面间分子结合力的改变，这种分子结合力的改变量称为附加内力，即__________。

2. 用一平面将构件假想地截开成为两段，使欲求截面上的内力暴露出来，然后研究其中一段，根据__________条件，求得内力的大小和方向。这种研究方法称为__________。

3. 低碳钢拉伸试验进入屈服阶段以后，发生__________性变形。(填“弹”、“塑”、“弹塑”)

4. 低碳钢拉伸应力-应变曲线的上、下屈服极限分别为 σ_{s1} 和 σ_{s2}，则屈服极限 σ_s 为__________。

5. 三根杆的尺寸相同但材料不同，材料的 $\sigma-\varepsilon$ 曲线如图 10.20 所示，则强度最高的是__________；刚度最大的是__________；塑性最好的是__________。

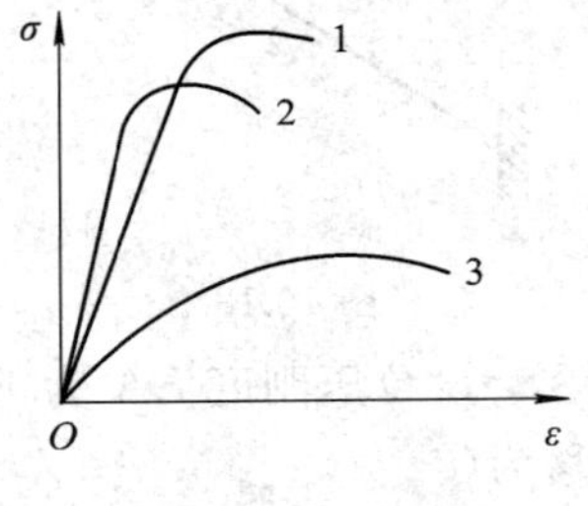

图 10.20

6. 低碳钢和铸铁在拉伸时破坏形式分别是__________和__________。

7. 图 10.21 所示受力结构中，若杆 1 和杆 2 的拉压刚度 EA 相同，则节点 A 的铅垂位移 $\Delta_{Ay}=$__________，水平位移 $\Delta_{Ax}=$__________。

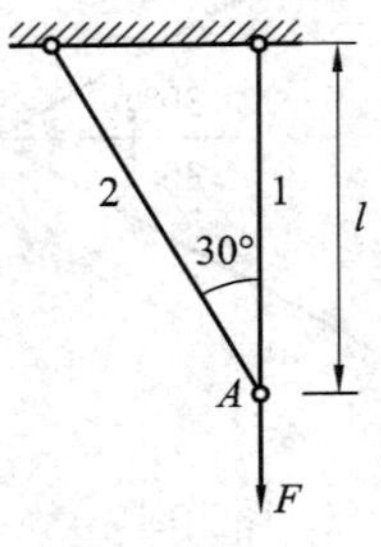

图 10.21

8. 胡克定律成立的条件是应力必须在＿＿＿＿内，其两种表达形式为＿＿＿＿和＿＿＿＿。

9. 低碳钢在拉伸过程中出现的四个阶段是＿＿＿＿、＿＿＿＿、＿＿＿＿和＿＿＿＿，四个特殊应力值是＿＿＿＿、＿＿＿＿、＿＿＿＿和＿＿＿＿。

10. 标距为 100 mm 标准计划试件，直径为 10 mm，拉断后测得伸长后的标距为 123 mm，颈缩处的最小直径为 6.4 mm，则该材料的 $\delta=$＿＿＿＿，$\psi=$＿＿＿＿。

参考答案：

1. 内力；2. 平衡条件，截面法；3. 塑；4. σ_{s2}；5. 1，2，3；6. 屈服和脆断；

7. $\Delta_{Ay}=\dfrac{Fl}{EA}$，$\Delta_{Ax}=\dfrac{\sqrt{3}Fl}{EA}$；8. 线性，$\sigma=E\varepsilon$，$\Delta l=\dfrac{Fl}{EA}$；

9. 线性、屈服、强化、颈缩断裂，比例极限、弹性极限、屈服极限、强度极限。

10. 23%，$\psi=59\%$。

（三）计算题

1. 如图 10.22 所示，中段开槽的杆件，两端受轴向载荷 P 作用，试计算截面 1－1 和截面 2－2 上的正应力。已知：$F=14$ kN，$b=20$ mm，$b_0=10$ mm，$t=4$ mm。

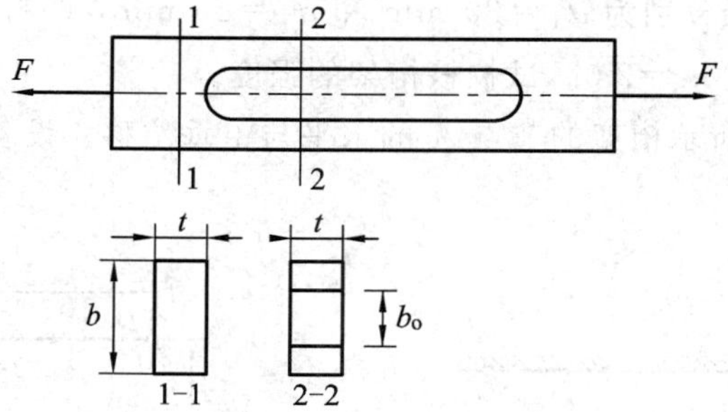

图 10.22

2. 图 10.23 所示等直杆的横截面直径 $d=50$ mm，轴向载荷 $F=200$ kN。

(1) 计算互相垂直的截面 AB 和 BC 上正应力和切应力；

(2) 计算杆内的最大正应力和最大切应力。

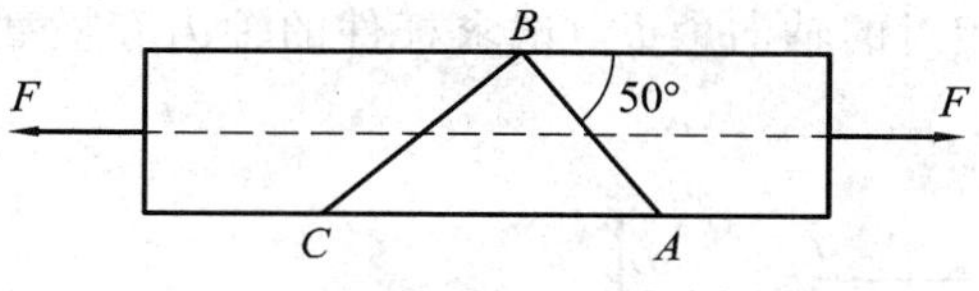

图 10.23

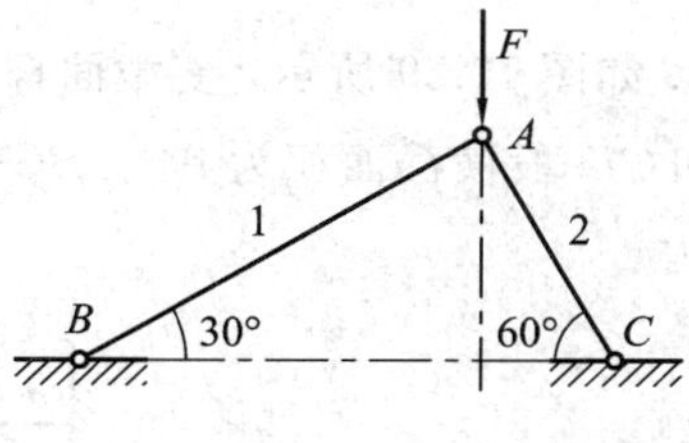

图 10.24

3. 如图 10.24 所示，支架两杆的横截面积 $A_1=800\ \text{mm}^2$，$A_2=600\ \text{mm}^2$，材料的许用应力$[\sigma_1]=120$ MPa，$[\sigma_2]=100$ MPa，不考虑稳定性问题，确定许可载荷$[F]$。

4. 如图 10.25 所示，在作轴向压缩试验时，在试件的某处分别安装两个杆件变形仪，其放大倍数各为 $k_A=1200$，$k_B=1000$，标距长为 $s=20$ cm，受压后变形仪的读数增量为 $\Delta n_A=-36$ mm，$\Delta n_B=10$ mm，试求此材料的横向变形系数 μ（即泊松比）。

5. 设图 10.26 所示的直杆材料为低碳钢，弹性模量 $E=200$ GPa，杆的横截面面积为 $A=5\ \text{cm}^2$，杆长 $l=1$ m，加轴向拉力 $F=150$ kN，测得伸长 $\Delta l=4$ mm。试求卸载后杆的残余变形。

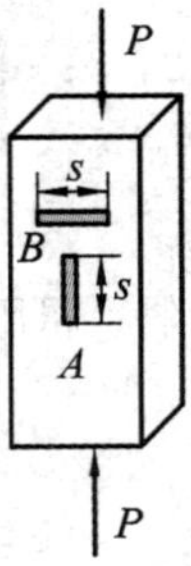

图 10.25

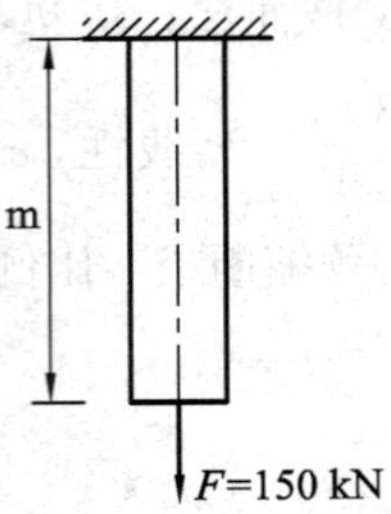

图 10.26

6. 图 10.27 所示的桁架，由圆截面杆 1 与杆 2 组成，并在节点 A 承受外力 $F=80$ kN 作用。杆 1、杆 2 的直径分别为 $d_1=30$ mm 和 $d_2=20$ mm，两杆的材料相同，屈服极限 $\sigma_s=320$ MPa，安全系数 $n_s=2.0$。试校核桁架的强度。

7. 试计算图 10.28 所示桁架的节点 A 的水平与铅垂位移。设各节点均为铰接，各杆的拉压刚度均为 EA。

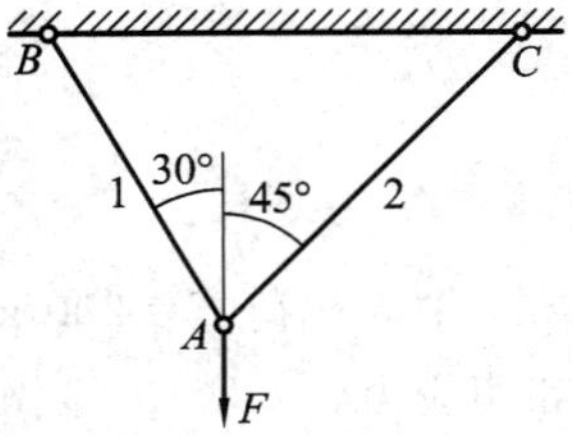

图 10.27

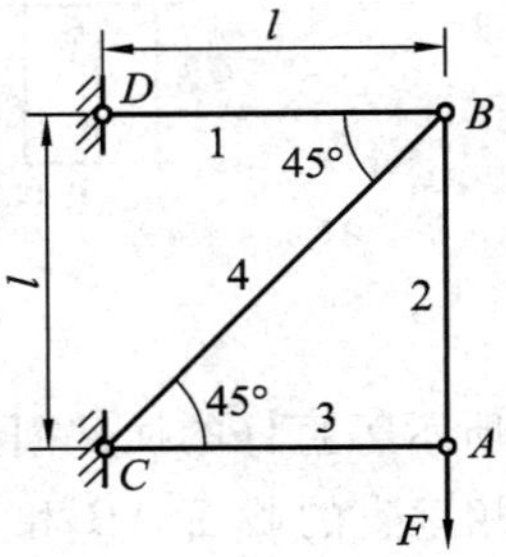

图 10.28

8. 如图 10.29 所示，变截面杆 $ABCD$ 两端固定，中间部分 BC 段横截面积为 A_b，部分 AB 和 CD 段横截面积为 A_a。BC 处作用一相对的轴向力 F，试求杆件的轴力和横截面上的应力。

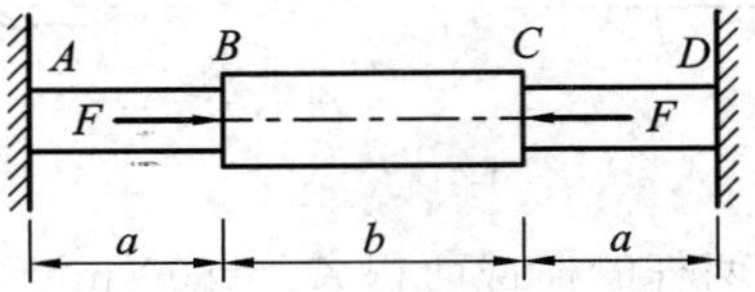

图 10.29

9. 如图 10.30 所示，一阶梯形杆，其上端固定，下端与刚性底面留有空隙 $\Delta=0.08$ mm。上段为铜，$A_1=40\ \text{cm}^2$，$E_1=100$ GPa；下段为钢，$A_2=20\ \text{cm}^2$，$E_2=200$ GPa。求：(1) F力等于多少时，下端空隙恰好消失。(2) $F=500$ kN 时，各段内的应力值为多少。

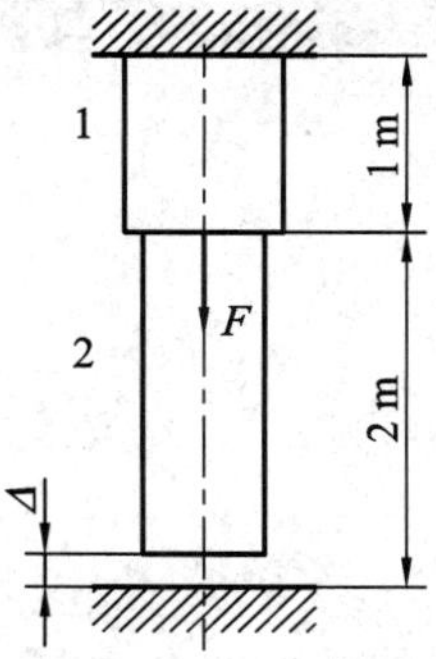

图 10.30

参考答案：

1. $\sigma_1=175$ MPa，$\sigma_2=87.5$ MPa；

2. (1) $\sigma_{AB}=59.8$ MPa，$\tau_{AB}=50.2$ MPa；$\sigma_{BC}=42.1$ MPa，$\tau_{BC}=-50.2$ MPa；
   (2) $\sigma_{\max}=101.9$ MPa，$\tau_{\max}=50.95$ MPa；

3. $[F]=69.3$ kN；

4. $\mu=0.33$；

5. $\Delta l_{\text{p}}=2.5$ mm；

6. $\sigma_1=82.9$ MPa，$\sigma_2=131.8$ MPa；

7. $\Delta x=0$，$\Delta y=\dfrac{2(1+\sqrt{2})Fl}{EA}$；

8. $F_{AB}=F_{CD}=\dfrac{bA_aF}{2aA_b+bA_a}$，$F_{BC}=\dfrac{2aA_bF}{2aA_b+bA_a}$

   $\sigma_{AB}=\sigma_{CD}=\dfrac{bF}{2aA_b+bA_a}$，$\sigma_{BC}=\dfrac{2aF}{2aA_b+bA_a}$；

9. (1) $F=32$ kN，(2) $\sigma_1=86$ MPa，$\sigma_2=78$ MPa。

第11章 剪切与挤压

一、知识点归纳

1. 剪切的受力特点和变形特点

受力特点：作用于构件两侧面上的外力的合力是一对大小相等、方向相反、作用线相距很近的横向集中力。

变形特点：两横向集中力之间的横截面发生相对错动，产生剪切。

2. 剪力

剪力是指沿剪切面作用的分布内力的合力，用 F_s 表示。

3. 切应力

切应力是指剪力和剪切面积的比值，即 $\tau=\dfrac{F_s}{A_s}$。

4. 剪切强度条件

$$\tau=\frac{F_s}{A_s}\leqslant[\tau] \tag{11-1}$$

式中$[\tau]$为许用切应力，A_s 为剪切面面积。

5. 挤压

挤压是指两接触面发生局部压紧的现象。

6. 挤压力

挤压力是指作用在挤压面上的压力，用 F_{bs}表示。

7. 挤压应力

挤压应力是指挤压力和挤压面积的比值，即

$$\sigma_{bs}=\frac{F_{bs}}{A_{bs}}$$

挤压应力 σ_{bs}的方向与挤压力 F_{bs}相同。

8. 挤压强度条件

$$\sigma_{bs}=\frac{F_{bs}}{A_{bs}}\leqslant[\sigma_{bs}] \tag{11-2}$$

式中$[\sigma_{bs}]$为许用挤压应力。A_{bs}为挤压面面积，当挤压面为平面时，该平面的面积就是挤压面积；当挤压面为圆柱面时，该圆柱面在直径平面上的投影面积作为挤压面面积。

二、典型例题解析

例 11.1　一铆钉连接如图 11.1(a)所示。已知中间钢板厚度 $t_1=10$ mm，两边钢板厚度 $t_2=6$ mm，载荷 $F=50$ kN，铆钉和钢板的材料相同，许用切应力$[\tau]=100$ MPa，许用挤压应力$[\sigma_{bs}]=240$ MPa，许用拉应力$[\sigma]=170$ MPa。试确定铆钉的直径 d 和钢板的宽度 b。

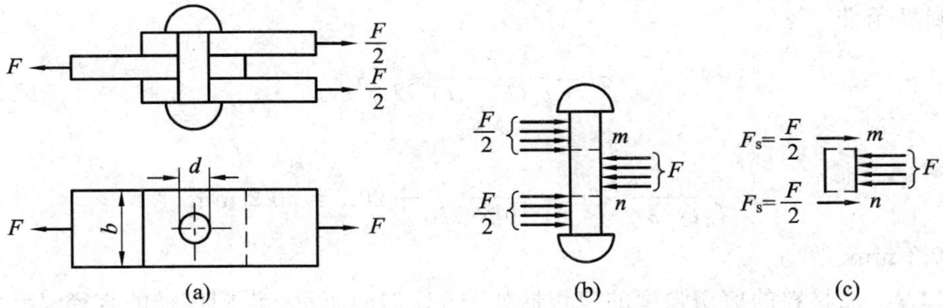

图 11.1

解　(1) 由剪切强度条件确定铆钉直径。

铆钉的受力如图 11.1(b)所示。用截面法将剪切面 $m-m$ 和 $n-n$ 截开，取出中间部分，受力如图 11.1(c)所示，由平衡条件可知两个剪切面上的剪力均相等，即

$$F_s=\frac{F}{2}=25 \text{ kN}$$

由剪切强度条件

$$\tau=\frac{F_s}{A_s}=\frac{4F_s}{\pi d^2}\leqslant[\tau]$$

得

$$d\geqslant\sqrt{\frac{4F_s}{\pi[\sigma]}}=\sqrt{\frac{4\times25\times10^3}{3.14\times100}}=17.8 \text{ mm}$$

(2) 由挤压强度条件确定铆钉直径。

对于中板，挤压力 $F_{bs1}=F$，挤压面面积 $A_{bs1}=t_1d$，挤压应力 $\sigma_{bs1}=\dfrac{F_{bs1}}{A_{bs1}}=\dfrac{F}{t_1d}$；

对于两边板，挤压力 $F_{bs2}=\dfrac{F}{2}$，挤压面面积 $A_{bs2}=t_2d$，挤压应力 $\sigma_{bs2}=\dfrac{F_{bs2}}{A_{bs2}}=\dfrac{F}{2t_2d}$。

可知，$\sigma_{bs1}>\sigma_{bs2}$，危险挤压面为 A_{bs1}。

由挤压强度条件

$$\sigma_{bs1}=\frac{F}{t_1d}\leqslant[\sigma_{bs}]$$

得

$$d \geqslant \frac{F}{t_1[\sigma_{bs}]}=\frac{50\times10^3}{10\times240}=20.8\ \text{mm}$$

综合上述结果，取 $d=20.8$ mm。

(3) 确定板的宽度。

对于中板，轴力 $F_{N1}=F$，危险截面 $A_1=t_1(b-d)$，应力 $\sigma_1=\dfrac{F}{t_1(b-d)}$；

对于两边板，轴力 $F_{N2}=\dfrac{F}{2}$，危险截面 $A_2=t_2(b-d)$，应力 $\sigma_2=\dfrac{F}{2t_2(b-d)}$。

可知，$\sigma_1>\sigma_2$，危险截面为 A_1。

由强度条件

$$\sigma_1=\frac{F}{t_1(b-d)}\leqslant[\sigma]$$

得

$$b\geqslant\frac{F}{t_1[\sigma]}+d=\frac{50}{10\times170}+20.8=50.2\ \text{mm}$$

取 $b=50.2$ mm。

例 11.2 测材料的剪切强度的剪切器如图 11.2(a)所示，设圆试样的直径 $d=15$ mm，当压力 $F=31.5$ kN 时，试样被剪断，求材料的名义剪切极限应力。若取剪切许用应力 $[\tau]=80$ MPa，问安全系数为多少？

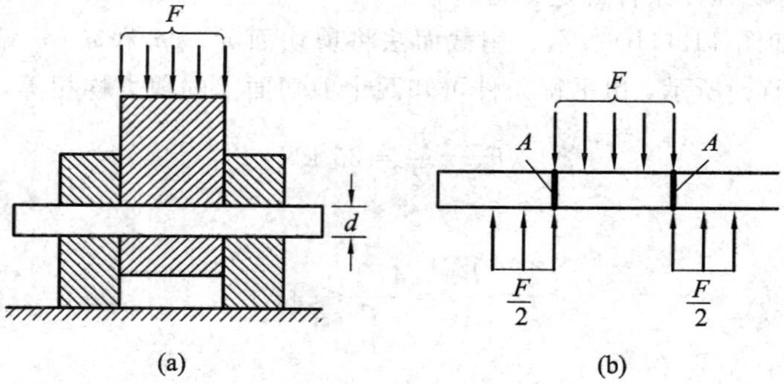

图 11.2

解 试样受力如图 11.2(b)所示，试件被剪断，横截面上的剪力为 $F_s=\dfrac{F}{2}$，材料的名义剪切极限应力为

$$\tau_u=\frac{F_s}{A}=\frac{\frac{F}{2}}{\frac{\pi d^2}{4}}=\frac{2F}{\pi d^2}=\frac{2\times31.5\times10^3}{3.14\times15^2}=89.1\ \text{MPa}$$

根据许用应力的定义 $[\tau]=\dfrac{\tau_u}{n}$，可得安全因数为

$$n=\frac{\tau_u}{[\tau]}=\frac{89.1}{80}=1.1$$

例 11.3 图 11.3(a)为一传动轴，直径 $d=45$ mm，键的尺寸 $b\times h\times l$ 为 14 mm×

9 mm×60 mm。轴传递的力矩 $M=450\ \text{N}\cdot\text{m}$。键的材料为 45 号钢，$[\tau]=60$ MPa，$[\sigma_{bs}]=100$ MPa，试校核键的强度。

解　(1) 计算键上的作用力 F。

由图 11.3(a)列出静力平衡方程为

$$M-F\cdot\frac{d}{2}=0$$

得

$$F=\frac{2M}{d}=\frac{2\times450}{45\times10^{-3}}=20\times10^{3}\ \text{N}=20\ \text{kN}$$

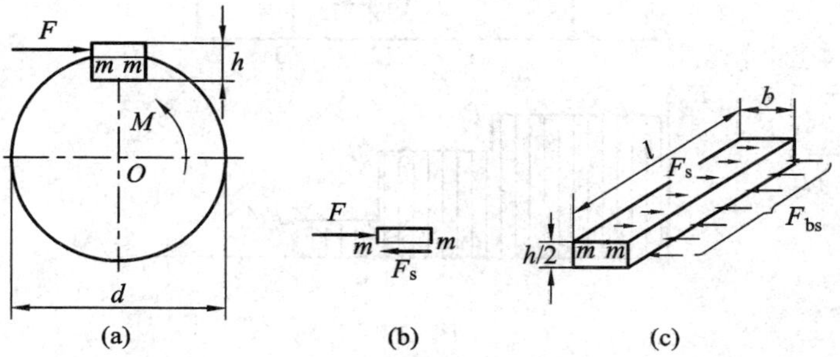

图 11.3

(2) 校核剪切强度。

将键沿着 $m-m$ 截面分成两部分，上部分受力如图 11.3(b)，可知剪力 $F_s=F$，剪切面积 $A_s=bl=14\times60=840\ \text{mm}^2$，则切应力为

$$\tau=\frac{F_s}{A_s}=\frac{20\times10^{3}}{840}=23.4\ \text{MPa}<[\tau]$$

所以，剪切强度是合格的。

(3) 校核挤压强度。

取下半部分如图 11.3(c)，可知挤压力

$$F_{bs}=F_s=F$$

挤压面积

$$A_{bs}=\frac{h}{2}l=\frac{9}{2}\times60=270\ \text{mm}^2$$

挤压应力为

$$\sigma_{bs}=\frac{F_{bs}}{A_{bs}}=\frac{20\times10^{3}}{270}=74\ \text{MPa}<[\sigma_{bs}]$$

所以，挤压强度是合格的。综上键的强度合格。

例 11.4　如图 11.4(a)所示的接头，钢板由四个直径相同的铆钉铆接。已知外力 $F=80$ kN，板宽 $b=80$ mm，板厚 $\delta=10$ mm，铆钉直径 $d=16$ mm，许用切应力 $[\tau]=100$ MPa，许用挤压应力 $[\sigma_{bs}]=300$ MPa，许用拉应力 $[\sigma]=160$ MPa，试校核接头的强度。(假定每个铆钉的受力相等)

解　(1) 铆钉的剪切强度校核。

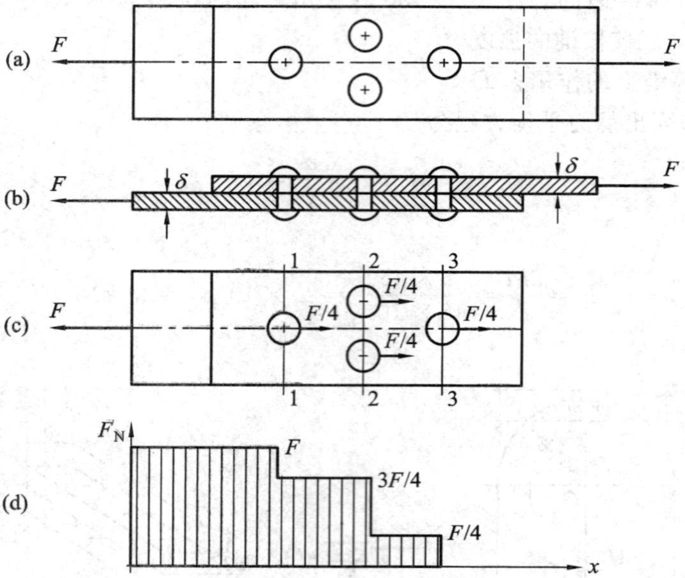

图 11.4

各铆钉剪切面上的剪力均为

$$F_s = \frac{F}{4} = \frac{80\ \text{kN}}{4} = 20\ \text{kN}$$

切应力则为

$$\tau = \frac{4F_s}{\pi d^2} = \frac{4 \times 20 \times 10^3}{\pi \times 16^2} = 99.5\ \text{MPa} < [\tau]$$

(2) 铆钉的挤压强度校核。

由铆钉的受力可以看出，铆钉所受挤压力 F_{bs} 等于剪切面上的剪力 F_s，因此，最大挤压应力为

$$\sigma_{bs} = \frac{F_{bs}}{\delta d} = \frac{20 \times 10^3}{10 \times 80} = 125\ \text{MPa} \leqslant [\sigma_{bs}]$$

(3) 板的拉伸强度校核。

板的受力如图 11.4(c)所示。以横截面 1-1、2-2、3-3 为分界面，将板分为四段，利用截面法即可求出各段的轴力。轴力图如图 11.4(d)所示，可以看出，截面 1-1 的轴力最大，截面 2-2 削弱最严重，因此，应对此二截面进行强度校核。

截面 1-1 与 2-2 的拉应力分别为

$$\sigma_1 = \frac{F_{N1}}{A_1} = \frac{3F}{(b-d)\delta} = \frac{80 \times 10^3}{(80-16) \times 10} = 125\ \text{MPa}$$

$$\sigma_2 = \frac{F_{N2}}{A_2} = \frac{F}{4(b-2d)\delta} = \frac{3 \times 80 \times 10^3}{4 \times (80-2 \times 16) \times 10} = 125\ \text{MPa}$$

可见，$\sigma_1 = \sigma_2 < [\sigma]$，板的拉伸强度也符合要求。

例 11.5 如图 11.5 所示，d 为拉杆直径，D、h 分别是拉杆端部直径、厚度。已知拉力 $F = 11$ kN，许用切应力$[\tau] = 90$ MPa，许用挤压应力$[\sigma_{bs}] = 200$ MPa，许用应力$[\sigma] =$

120 MPa，试确定 d、D、h。

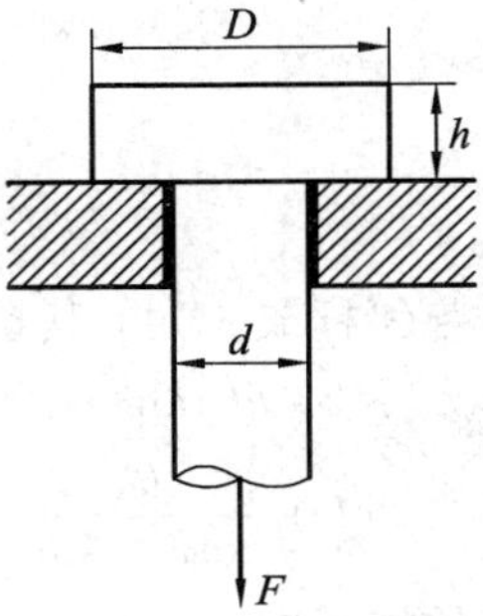

图 11.5

解　(1) 确定拉杆直径 d。

由拉杆拉伸强度条件

$$\sigma=\frac{F_N}{A}=\frac{F}{\frac{\pi d^2}{4}}\leqslant[\sigma]$$

得

$$d\geqslant 2\sqrt{\frac{F}{\pi[\sigma]}}=\sqrt{\frac{11\times10^3}{3.14\times120}}=10.8\ \text{mm}$$

取 $d=10.8$ mm。

(2) 确定端部直径 D。

挤压面为内外径分别为 d 和 D 的圆环面，挤压面积为 $A_{bs}=\frac{\pi(D^2-d^2)}{4}$，由挤压强度条件

$$\sigma_s=\frac{F_{bs}}{A_{bs}}=\frac{F}{\frac{\pi(D^2-d^2)}{4}}\leqslant[\sigma_{bs}]$$

得

$$D\geqslant\sqrt{\frac{4F}{\pi[\sigma_{bs}]}+d^2}=\sqrt{\frac{4\times11\times10^3}{3.14\times200}+10.8^2}=13.7\ \text{mm}$$

取 $D=13.7$ mm。

(3) 确定端部高度。

剪切面为直径为 d 、厚度 h 的圆柱面，其 $A_s=\pi dh$。

由剪切强度条件

$$\tau=\frac{F_s}{\pi dh}<[\tau]$$

得

$$h\geqslant\frac{F}{\pi d[\tau]}=\frac{11\times10^3}{3.14\times10.8\times90}=3.6\ \text{mm}$$

取 $D=3.6$ mm。

三、自测题

(一) 选择题

1. 图 11.6 所示木接头，水平杆与斜杆成 α 角，其挤压面积为 A_{bs} 为(　　)。

(A) bh；　　(B) $bh\tan\alpha$；

(C) $\dfrac{bh}{\cos\alpha}$；　　(D) $\dfrac{bh}{\cos\alpha\cdot\sin\alpha}$。

2. 图 11.7 所示铆钉连接，铆钉的挤压应力 $\sigma_{bs}=$(　　)。

(A) $\dfrac{2F}{\pi d^2}$；　　(B) $\dfrac{F}{2d\delta}$；

(C) $\dfrac{F}{2b\delta}$；　　(D) $\dfrac{4F}{\pi d^2}$。

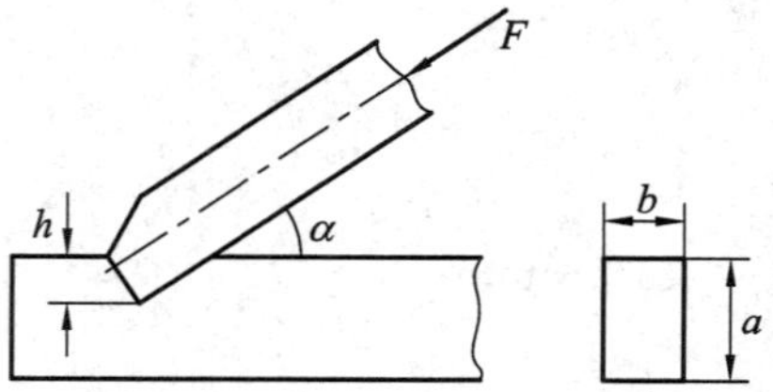

图 11.6

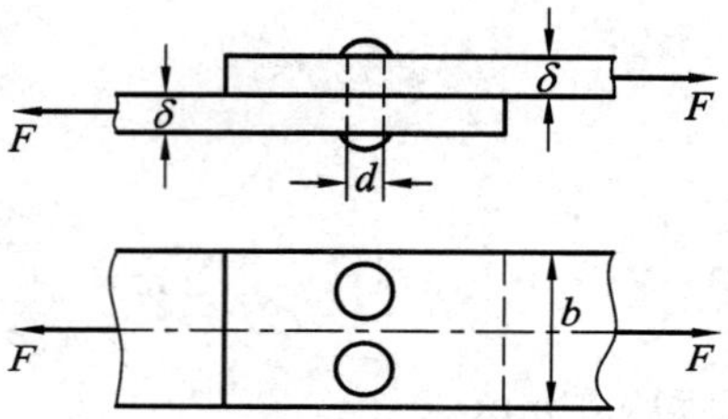

图 11.7

3. 图 11.8 所示圆锥销链接，锥销上剪切面积是(　　)。

(A) $\dfrac{\pi d^2}{4}$；　　(B) $\dfrac{\pi D^2}{4}$；

(C) $\dfrac{\pi}{4}\left(\dfrac{D+d}{2}\right)^2$；　　(D) $\dfrac{\pi}{4}(D^2-d^2)$。

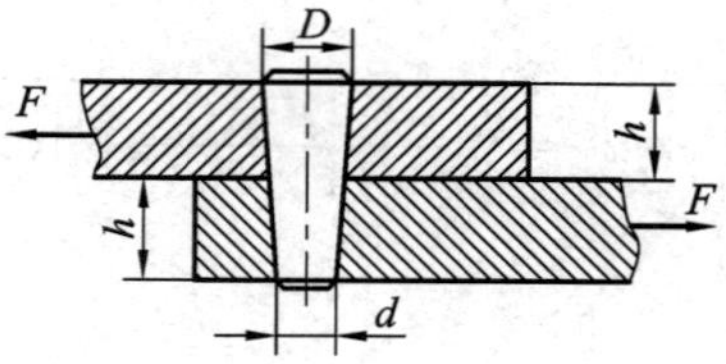

图 11.8

参考答案：1. (C)；2. (B)；3. (C)。

(二) 填空题

1. 销钉接头如图 11.9 所示，销钉的剪切面面积为__________，挤压面面积为__________。

2. 图 11.10 所示的木榫接头的剪切面面积为__________，挤压面面积为__________。

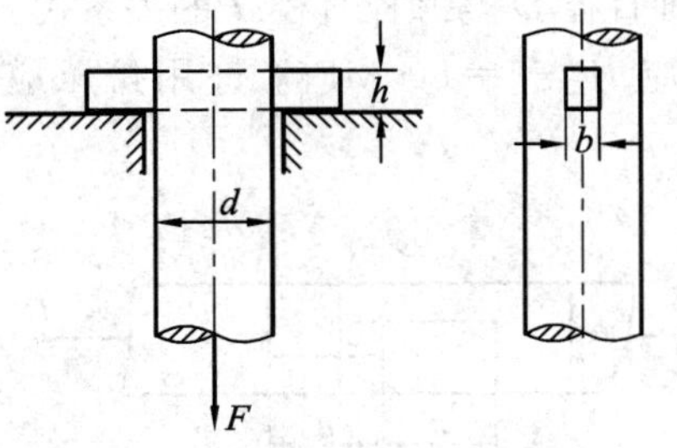

图 11.9

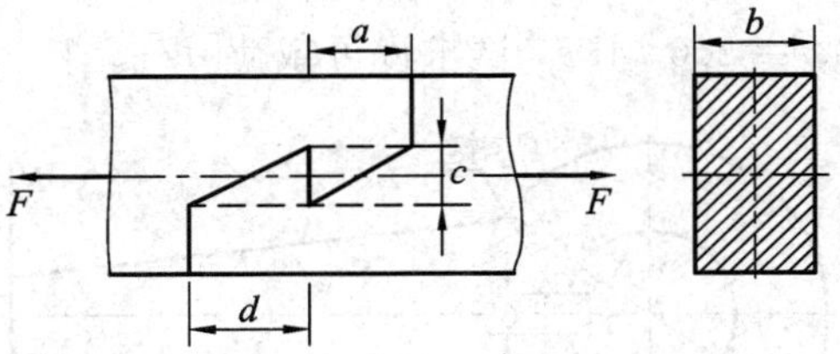

图 11.10

3. 图 11.11 所示厚度为 δ 的基础上有一方柱，柱受轴向压力 F 作用，则基础的剪切面面积为__________，挤压面面积为__________。

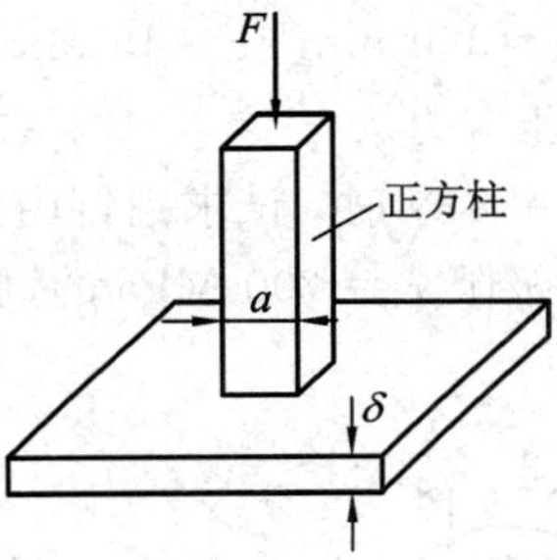

图 11.11

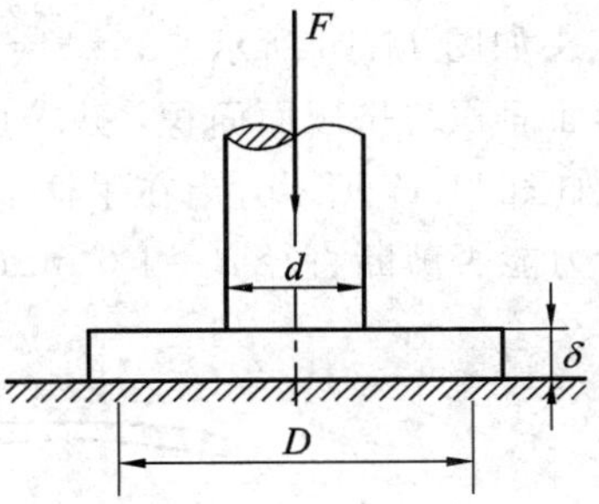

图 11.12

4. 图 11.12 所示直径为 d 的圆柱放在直径 $D=3d$、厚度为 δ 的圆形基座上，地基对基座的支反力为均匀分布，圆柱承受轴向压力 F，则基座剪切面的剪力 $F_s=$__________。

参考答案：1. $2bh$，bd；2. ab 和 bd，bc；3. $4a\delta$，a^2；4. $F_s=\dfrac{4F}{\pi D^2}\times\dfrac{\pi(D^2-d^2)}{4}=\dfrac{8F}{9}$。

（三）计算题

1. 图 11.13 所示为在拉力 F 的作用下的螺栓，已知螺栓的许用切应力$[\tau]$是拉伸许用应力的 0.6 倍。试求螺栓直径 d 和螺栓头高度 h 的合理比值。

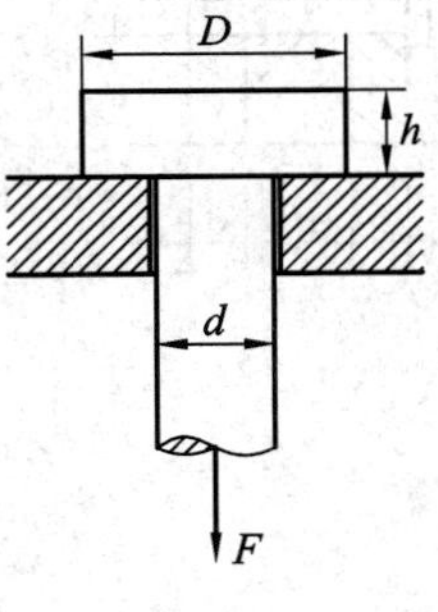

图 11.13

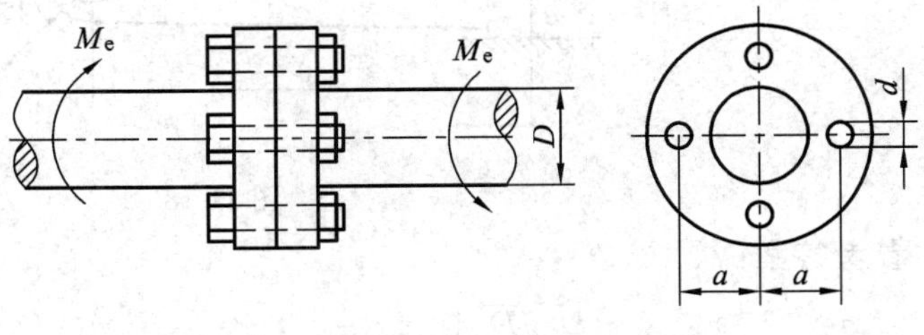

图 11.14

2. 两根实心轴的凸缘用 4 根直径为 d 的螺栓连接，以传递力偶矩 M_e，如图 11.14 所示，若使轴的最大切应力与螺栓中的切应力相等，试求实心轴直径 D 与螺栓直径 d 的关系式。

3. 图 11.15 所示键的长度 $l=30$ mm，键许用切应力$[\tau]=80$ MPa，许用挤压应力$[\sigma_{bs}]=200$ MPa，试求许可载荷$[F]$。

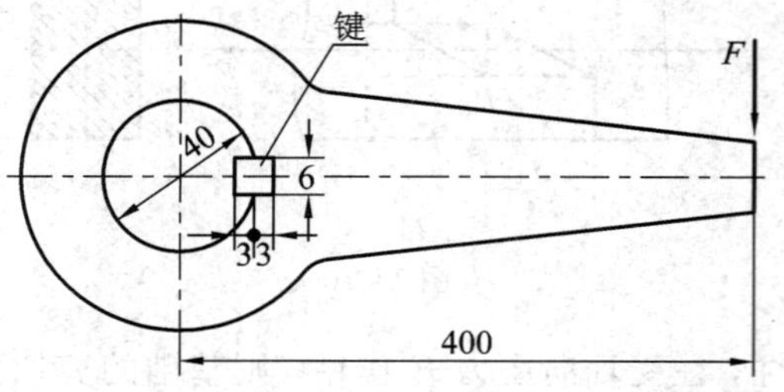

图 11.15

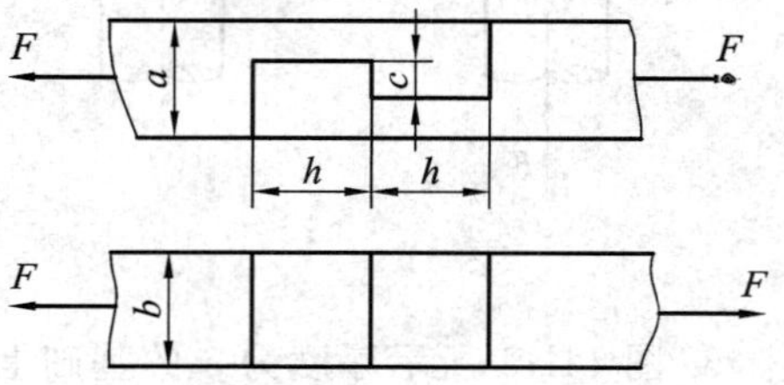

图 11.16

4. 木榫接头如图 11.16 所示。$a=b=120$ mm，$h=350$ mm，$c=45$ mm，$F=40$ kN。试确定其剪切面面积与挤压面面积，并求切应力和挤压应力。

5.一手钳如图 11.17 所示，当在手柄上施加力 $P=55$ N 时，试求销钉内的切应力。此时端部的夹持力能否剪断直径 $d=1.0$ mm、剪切强度极限 $\tau_b=200$ MPa 的铜丝？

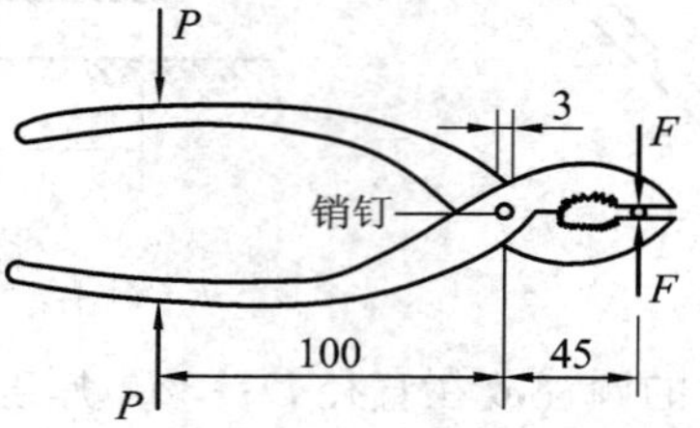

图 11.17

6. 图 11.18 所示的摇臂，承受外力 F_1 与 F_2 作用，试确定轴销 B 的直径 d。已知 $F_1=50$ kN，$F_2=35.4$ kN，许用切应力$[\tau]=100$ MPa，许用挤压应力$[\sigma_{bs}]=240$ MPa。

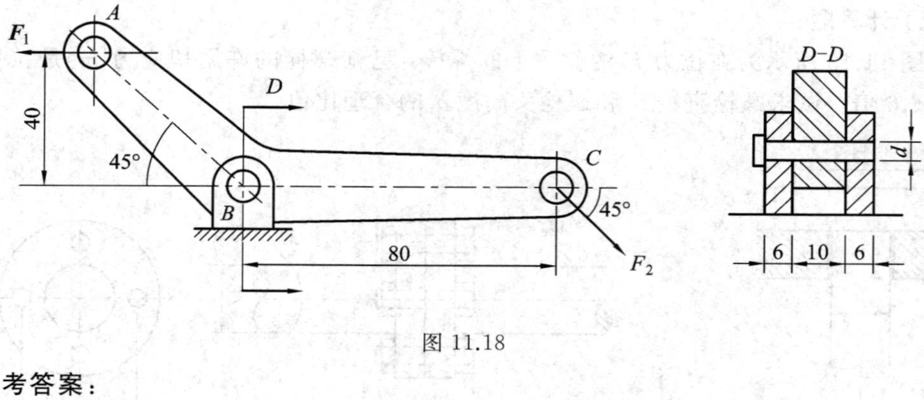

图 11.18

参考答案：

1. $\dfrac{d}{h}=2.4$；2. $d=\dfrac{D}{4}\sqrt{\dfrac{D}{a}}$；3. $[F]=720$ N；

4. $\tau=0.952$ MPa，$\sigma_{bs}=7.41$ MPa；5. $\tau=25.1$ MPa，不能剪断；6. $d\geqslant 15.2$ mm。

第 12 章　扭　转

一、知识点归纳

1. 扭转的受力特点和变形特点

受力特点：一对外力偶矩作用在垂直于杆轴线的两个平面内。

变形特点：任意两个横截面绕轴线作相对转动。扭转的位移是扭转角，如图 12.1 中的 φ。

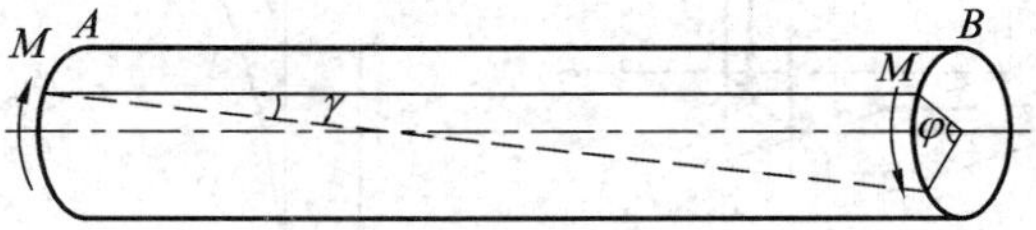

图 12.1

2. 外力偶矩

$$M = 9549\,\frac{P}{n} \tag{12-1}$$

$$M = 7024\,\frac{P}{n} \tag{12-2}$$

式中的 M 为外力偶矩，单位是牛·米(N·m)，n 为轴的转速，单位是转每分(r/min)，P 为功率，在(12-1)中单位是千瓦(kW)，在(12-2)中单位是马力。

3. 扭转内力——扭矩、扭矩图

扭矩：扭矩是指受扭转构件横截面上相互作用的分布内力系的合力偶矩(图 12.2)，用 T 表示。

扭矩符号：按右手螺旋法则把 T 表示为矢量，四指的指向为扭矩的转向，当大拇指的指向(即矢量方向)与截面外法线方向一致时，T 为正；反之为负，如图 12.2 所示。

扭矩图：表示扭矩随着横截面位置的变化规律。正号的扭矩画在横轴上方，负号的扭矩画在横轴下方。

4. 纯剪切和切应力互等定理

纯剪切：在受力构件内一点处取出一边长无限小的立方体，即单元体，代表几何上一点。纯剪切是指单元体的各个面上只有切应力而无正应力，如图 12.3(a)所示。

切应力互等定理：在单元体的两个互相垂直的截面上，切应力必成对出现，且大小相等，其方向均指向或背离两截面的交线。图 12.3(a)中，两个相对侧面发生微小相对错动，

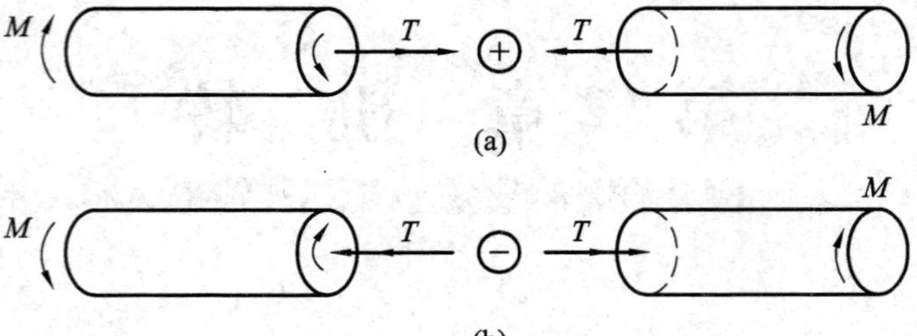

图 12.2

致使原来互相垂直的两个棱边的夹角改变了微小角度 γ，为切应变，$\gamma=\dfrac{r\varphi}{l}$。

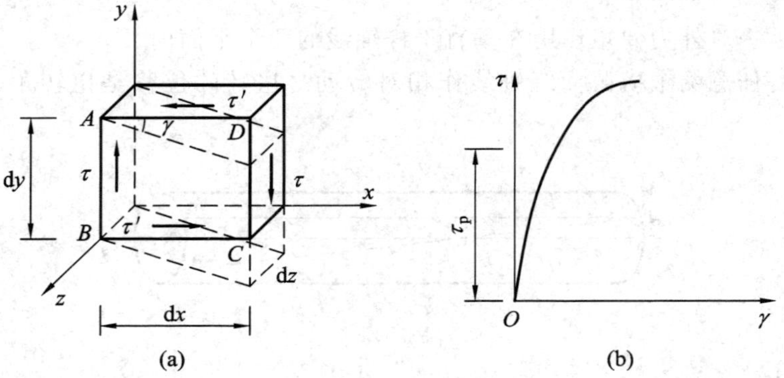

图 12.3

5. 剪切胡克定律

当切应力不超过材料的剪切比例极限 τ_p 时，切应变 γ 与切应力 τ 成正比，即

$$\tau=G\gamma \tag{12-3}$$

比例系数 G 称为材料的切变模量，表示材料抵抗剪切变形的能力。G 和 E 有相同的量纲和单位。对各向同性材料，弹性模量 E、泊松比 μ 和切变模量 G 之间的关系是：$G=\dfrac{E}{2(1+\mu)}$。

6. 薄壁圆筒扭转的切应力

薄壁圆筒是壁厚 δ 和其平均半径 r_0 满足 $\delta\ll\dfrac{r_0}{10}$ 的圆筒，认为薄壁圆筒的切应力与圆周相切，且沿壁厚均匀分布，其计算公式为

$$\tau=\frac{T}{2\pi r_0^2\delta} \tag{12-4}$$

7. 圆轴扭转的切应力

横截面上距圆心为 ρ 的任一点处的切应力为

$$\tau_\rho=\frac{T\rho}{I_p} \tag{12-5}$$

式中 I_p 为横截面的极惯性矩，切应力方向与该点所在半径垂直。

最大切应力为

$$\tau_{max}=\frac{T_{max}}{W_p} \tag{12-6}$$

τ_{max}发生在横截面的边缘上各点处，式中的 W_p 称为圆轴横截面的抗扭截面系数。

$$\frac{I_p}{R}=W_p$$

实心圆轴：$I_p=\frac{\pi d^4}{32}$，$W_p=\frac{\pi d^3}{16}$

空心圆轴：$I_p=\frac{\pi D^4}{32}(1-\alpha^4)$，$W_p=\frac{\pi D^3}{16}(1-\alpha^4)$

8. 圆轴扭转的强度条件

$$\tau_{max}=\left(\frac{T}{W_p}\right)_{max}\leqslant[\tau] \tag{12-7}$$

$[\tau]$为材料的许用切应力。

9. 圆轴扭转变形的扭转角

$$\varphi=\frac{Tl}{GI_p} \tag{12-8}$$

GI_p 为抗扭刚度；φ 的单位为 rad，工程中 φ 的单位常用“°”表示，即

$$\varphi=\frac{Tl}{GI_p}\times\frac{180^\circ}{\pi} \tag{12-9}$$

10. 圆轴扭转的刚度条件

$$\theta_{max}=\left(\frac{T}{GI_p}\right)_{max}\times\frac{180^\circ}{\pi}\leqslant[\theta]$$

式中$[\theta]$表示单位长度许用扭转角，θ 和$[\theta]$的单位均是(°)/m。

二、典型例题解析

例 12.1　传动轴如图 12.4(a)所示，主动轮 A 的输入功率 $P_1=36$ kW，从动轮 B、C、D 输出功率分别为 $P_2=P_3=11$ kW、$P_4=14$ kW，轴的转速为 $n=300$ r/min，试画出轴的扭矩图。

解　(1) 计算外力偶矩。

$$M_A=9549\times\frac{36}{300}=1146\ \text{N}\cdot\text{m}$$

$$M_B=m_C=9549\times\frac{11}{300}=350\ \text{N}\cdot\text{m}$$

$$M_D=9549\times\frac{14}{300}=446\ \text{N}\cdot\text{m}$$

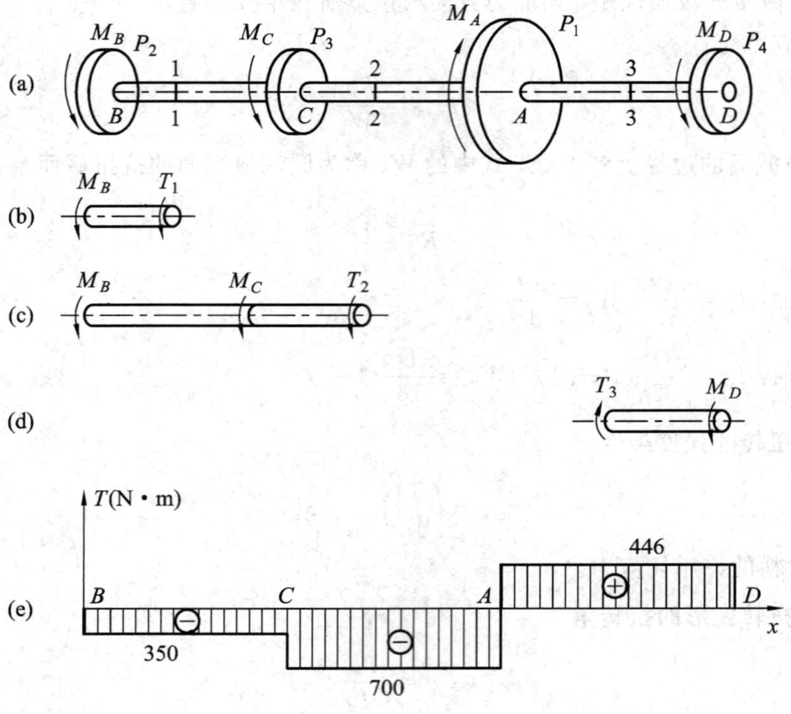

图 12.4

(2) 计算各段扭矩。

用任取的 1-1、2-2、3-3 截面将 BC、CA、AD 三段截开，取出左或右部分为研究对象，假设截开截面上的扭矩为正，如图 12.4(b)～(d)所示，利用力矩平衡方程求三段内的扭矩。

BC 段：$\sum M_x = 0$，$T_1 + M_B = 0$，$T_1 = -M_B = -350\ \text{N} \cdot \text{m}$

CA 段：$\sum M_x = 0$，$T_2 + M_B + M_C = 0$，$T_2 = -M_B - M_C = -700\ \text{N} \cdot \text{m}$

AD 段：$\sum M_x = 0$，$M_D - T_3 = 0$，$T_3 = M_D = 446\ \text{N} \cdot \text{m}$

负号扭矩表示扭矩方向和图中假设反向。

(3) 作出轴的扭矩图。

建立坐标轴，画出扭矩图，如图 12.4(e)所示。从图中看出绝对值最大扭矩在 CA 段内且 $|T_{\max}| = 700\ \text{N} \cdot \text{m}$，说明 CA 段为危险段。

例 12.2 汽车发动机与后轴之间的传动轴 AB 由无缝钢管制成，如图 12.5 所示。管的外径 $D = 90$ mm，内径 $d = 85$ mm，传递的最大扭矩为 1.5 kN · m，$[\tau] = 60$ MPa。试校核轴的强度。若保持最大切应力不变，将 AB 轴改用实心轴，确定实心轴的直径 D_1，并比较实心轴和空心轴的重量。

解 (1) 校核空心轴的强度。

空心轴的抗扭截面系数为

$$W_p = \frac{\pi}{16D}(D^4 - d^4) = \frac{\pi}{16 \times 90}(90^4 - 85^4) = 29.3 \times 10^3\ \text{mm}^3$$

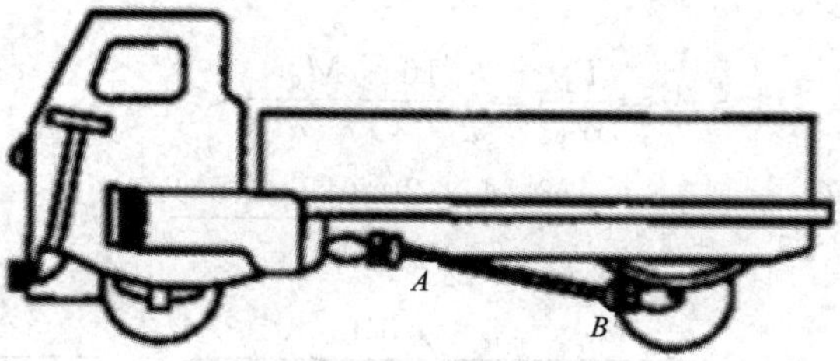

图 12.5

轴的最大切应力为

$$\tau_{\max}=\frac{T}{W_p}=\frac{1.5\times10^6}{29.3\times10^3}=51\ \text{MPa}<[\tau]$$

故空心轴满足强度要求。

(2) 确定实心轴直径 D_1。

若把空心轴换成直径为 D_1 的实心轴，且保持最大切应力不变，则应有

$$\tau_{\max}=\frac{T}{W_p}=\frac{16T}{\pi D_1^3}=\frac{16\times1.5\times10^6}{\pi D_1^3}=51\ \text{MPa}$$

解得

$$D_1=53.1\ \text{mm}$$

(3) 比较两轴的重量。

空心轴与实心轴的横截面面积分别是

$$A=\frac{\pi(D^2-d^2)}{4}$$

$$A_1=\frac{\pi D_1^2}{4}$$

在两轴长度相等、材料相同的情况下，两轴重量之比$\frac{Q}{Q_1}$等于横截面面积之比，即

$$\frac{Q}{Q_1}=\frac{A}{A_1}=\frac{(D^2-d^2)}{D_1^2}=\frac{(90^2-85^2)}{53.1^2}=0.31$$

可见，在载荷相同、最大切应力相等的条件下，空心圆轴的重量只为实心轴的31%，故空心圆轴能够减轻重量、节约材料。

例 12.3 直径 $D=20$ mm 的圆轴如图 12.6(a)所示，其中 AB 段为实心，BC 段为空心，内径为 $d=10$ mm，已知材料的许用应力$[\tau]=50$ MPa，试求 M_e 的许可值。

解 (1) 画轴的扭矩图。

如图 12.6(b)所示，AB 和 BC 两段的扭矩和截面尺寸都不同，所以不能根据扭矩的数值确定危险段，必须对两段分别进行强度计算，以确定 M_e 的许可值。

(2) 确定 M_e 的许可值。

AB 段：

$$\tau_{\max}=\frac{T_{AB}}{W_{p1}}=\frac{16\times2M_e}{\pi D^3}<[\tau]$$

$$M_e\leqslant\frac{\pi D^3}{32}[\tau]=\frac{3.14\times20^3}{32}\times50=39.3\ \text{kN}\cdot\text{m}$$

BC 段：

$$\tau_{\max}=\frac{T_{BC}}{W_{p2}}=\frac{16\times M_e}{\pi D^3(1-\alpha^4)}<[\tau]$$

$$M_e\leqslant\frac{\pi D^3(1-\alpha^4)}{16}[\tau]=\frac{3.14\times 20^3(1-0.5^4)}{16}\times 50=73.6\ \text{kN}\cdot\text{m}$$

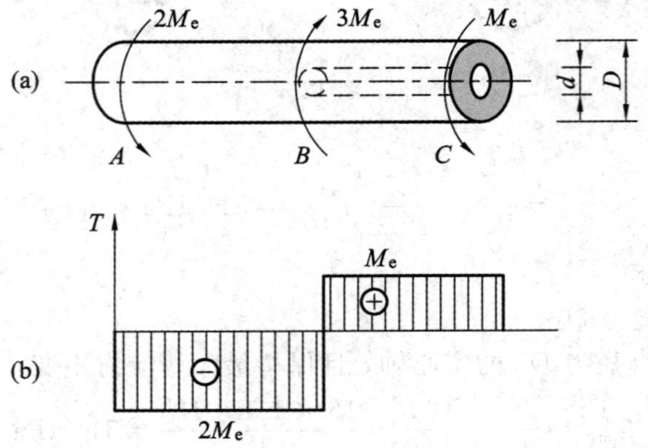

图 12.6

综合考虑 *AB* 段和 *BC* 段强度，选取较小的 M_e 值，即 $M_e=39.3\ \text{kN}\cdot\text{m}$。

例 12.4 钢制受扭圆轴，一端固定，如图 12.7(a)所示，$M_1=3\ \text{kN}\cdot\text{m}$，$M_2=1.5\ \text{kN}\cdot\text{m}$，材料的剪切弹性模量 $G=80$ GPa，试求：(1) *AB* 和 *BC* 段横截面上最大切应力；(2) *B* 截面相对于 *A* 截面的扭转角 φ_{AB}，*C* 截面相对于 *B* 截面的扭转角 φ_{BC} 和 *C* 截面相对于 *A* 截面的扭转角 φ_{AC}。

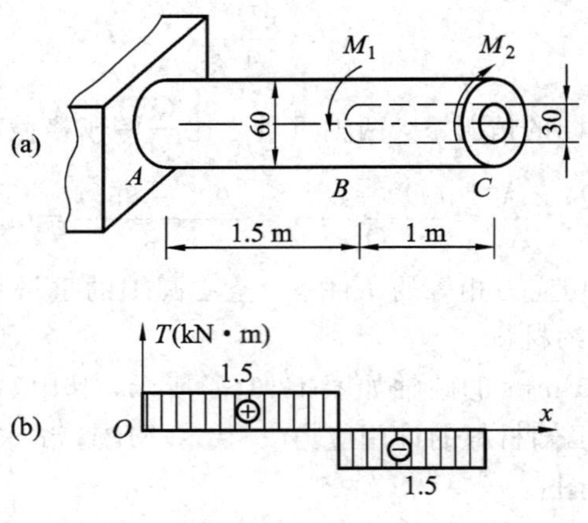

图 12.7

解 (1) 画扭矩图，如图 12.7(b)所示。

(2) 计算最大切应力。

AB 段的最大切应力

$$\tau_{\max 1}=\frac{T_1}{W_{p1}}=\frac{16T_1}{\pi d_1^3}=\frac{16\times 1.5\times 10^6}{\pi\times 60^3}=35.4\ \text{MPa}$$

BC 段的最大切应力

$$\tau_{\max 2}=\frac{T_2}{W_{p2}}=\frac{16T_2}{\pi d_1^3(1-\alpha^4)}=\frac{16\times1.5\times10^6}{\pi\times60^3\left(1-\left(\frac{30}{60}\right)^4\right)}=37.7\ \text{MPa}$$

(3) 计算扭转角。

$$\varphi_{AB}=\frac{T_1 l_1}{GI_{p1}}=\frac{32T_1 l_1}{G\pi d_1^4}=\frac{32\times1.5\times10^6\times1.5\times10^3}{80\times10^3\times\pi\times60^4}=0.022\ \text{rad}$$

$$\varphi_{BC}=\frac{T_2 l_2}{GI_{p2}}=\frac{32T_2 l_2}{G\pi(1-\alpha^4)d_1^4}=\frac{-32\times1.5\times10^6\times1\times10^3}{80\times10^3\times\pi\times\left(1-\left(\frac{30}{60}\right)^4\right)\times60^4}=-0.016\ \text{rad}$$

$$\varphi_{AC}=\varphi_{AB}+\varphi_{BC}=0.022-0.016=0.006\ \text{rad}$$

例 12.5　在图 12.8(a)中，传动轴的转速 $n=500$ r/min，输入功率 $P_1=500$ 马力，输出功率分别为 $P_2=200$ 马力，$P_3=300$ 马力，材料的剪切弹性模量 $G=80$ GPa，$[\tau]=70$ MPa，$[\theta]=1(°)/\text{m}$，试求：(1) AB 段和 BC 段直径；(2) 若全轴选同一直径，应为多少；(3) 主动轮与从动轮如何安排，才能使轴的受力合理。

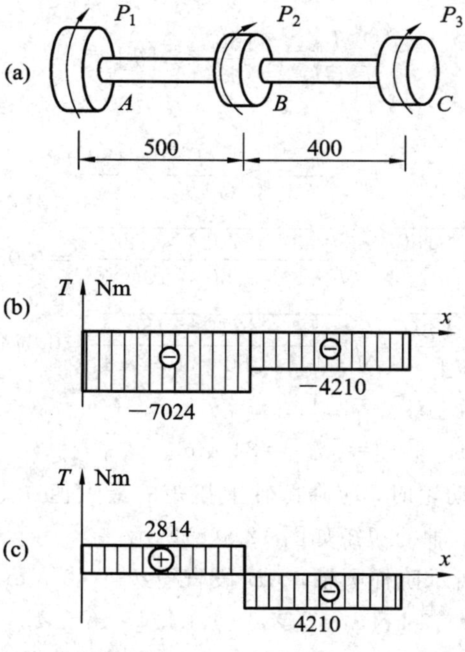

图 12.8

解　(1) 计算 AB 段和 BC 段直径。

① 计算外力偶矩。

$$M_1=7024\times\frac{P_1}{n}=7024\times\frac{500}{500}=7024\ \text{N}\cdot\text{m}$$

$$M_2=7024\times\frac{P_2}{n}=7024\times\frac{200}{500}=2814\ \text{N}\cdot\text{m}$$

$$M_3=7024\times\frac{P_3}{n}=7024\times\frac{300}{500}=4210\ \text{N}\cdot\text{m}$$

② 画扭矩图，如图 12.8(b)所示。

③ 根据强度条件，确定 AB 段直径 d_1 和 BC 段直径 d_2。

由强度条件

$$\tau_{max}=\frac{T_{max}}{W_p}\leqslant[\tau]$$

得

$$W_p=\frac{\pi d^3}{16}\geqslant\frac{T}{[\tau]}$$

$$d_1\geqslant\sqrt[3]{\frac{16T_1}{\pi[\tau]}}=\sqrt[3]{\frac{16\times 7024}{\pi\times 70\times 10^6}}=0.080\ \text{m}=80\ \text{mm}$$

$$d_2\geqslant\sqrt[3]{\frac{16T_2}{\pi[\tau]}}=\sqrt[3]{\frac{16\times 4210}{\pi\times 70\times 10^6}}=0.0674\ \text{m}=67.4\ \text{mm}$$

④ 根据刚度条件，确定 AB 段直径 d'_1 和 BC 段直径 d^1_2。

由刚度条件

$$\frac{T_{max}}{GI_p}\times\frac{180°}{\pi}\leqslant[\theta]$$

得

$$I_p=\frac{\pi d^4}{32}\geqslant\frac{T}{G[\theta]}\times\frac{180°}{\pi}$$

$$d'_1\geqslant\sqrt[4]{\frac{32T_1\times 180}{\pi^2 G[\theta]}}=\sqrt[4]{\frac{32\times 7024\times 180}{3.14^2\times 80\times 10^9\times 1}}=0.084\ \text{m}=84\ \text{mm}$$

$$d'_2\geqslant\sqrt[4]{\frac{32T_2\times 180}{\pi^2 G[\theta]}}=\sqrt[4]{\frac{32\times 4210\times 180}{3.14^2\times 80\times 10^9\times 1}}=0.0744\ \text{m}=74.4\ \text{mm}$$

所以，选择$[d_1]=84$ mm，$[d_2]=74.4$ mm。

(2) 全轴选同一直径时，$[d]=[d_1]=84$ mm。

(3) 安排主动轮与从动轮时，应降低轴上扭矩的最大值 T_{max}（或$|T_{max}|$），所以，轮 1 和轮 2 应该换位，换位后，轴的扭矩如图 12.8(c)所示。

例 12.6 图 12.9(a)所示阶梯圆轴，AB 段直径 $d_1=40$ mm，BD 段直径 $d_2=70$ mm。扭转力偶矩分别为：$M_A=0.7$ kN·m、$M_C=1.1$ kN·m、$M_D=1.8$ kN·m，许用切应力$[\tau]=60$ MPa，许用单位长度扭转角$[\theta]=2(°)/\text{m}$，剪切弹性模量 $G=80$ GPa，试校核该轴的强度和刚度。

解 (1) 画扭矩图。

以外力偶矩为分段点，用截面法求得，AC、CD 段的扭矩分别为 $T_1=-0.7$ kN·m、$T_2=-1.8$ kN·m，据此绘出扭矩图，如图 12.9(b)所示。

(2) 校核强度。

虽然 CD 段的扭矩数值 T_2 大于 AB 段的扭矩数值 T_1，但 CD 段的直径也大于 AB 段的直径 d_1，所以这两段轴均应进行强度校核。

AB 段：

$$\tau_{\max}=\frac{T_1}{W_{p1}}=\frac{16\times 0.7\times 10^6}{\pi\times 40^3}=55.7\ \text{MPa}\leqslant[\tau]$$

CD 段：

$$\tau_{\max}=\frac{T_2}{W_{p2}}=\frac{16\times 1.8\times 10^6}{\pi\times 70^3}=26.7\ \text{MPa}\leqslant[\tau]$$

故该轴强度条件合格。

(3) 校核刚度。

从单位长度扭转角的表达式看出，其最大值发生在 AB 段内，即

$$\theta=\frac{T_1}{GI_p}\times\frac{180^\circ}{\pi}=\frac{0.7\times 10^6\times 180}{80\times 10^3\times\pi\times\dfrac{\pi}{32}\times 40^4}$$

$$=0.001\ 995(^\circ)/\text{mm}=1.995(^\circ)/\text{m}<[\theta]$$

轴的刚度条件合格。

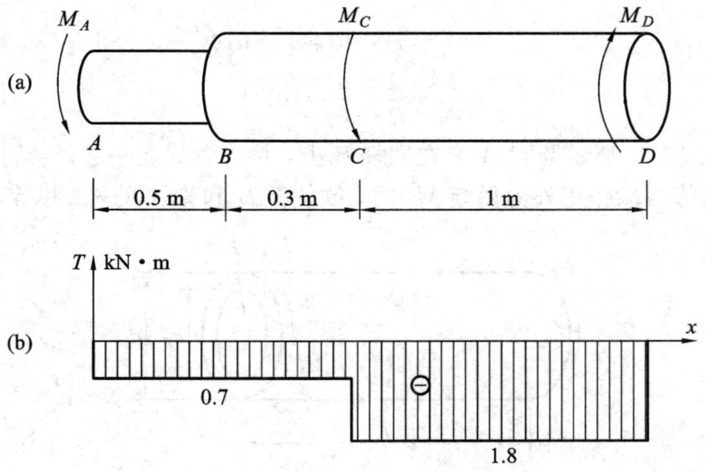

图 12.9

例 12.7　图 12.10 所示传动轴长 510 mm，直径 $D=50$ mm。现将轴的一段钻一内径为 $d_1=38$ mm 内孔，另一段钻一内径为 $d_2=25$ mm 内孔，材料的许用切应力 $[\tau]=80$ MPa，试求：(1) 轴所能承受的最大扭矩；(2) 若要求两段轴长度内的扭转角相等，l_1 和 l_2 应满足什么关系？

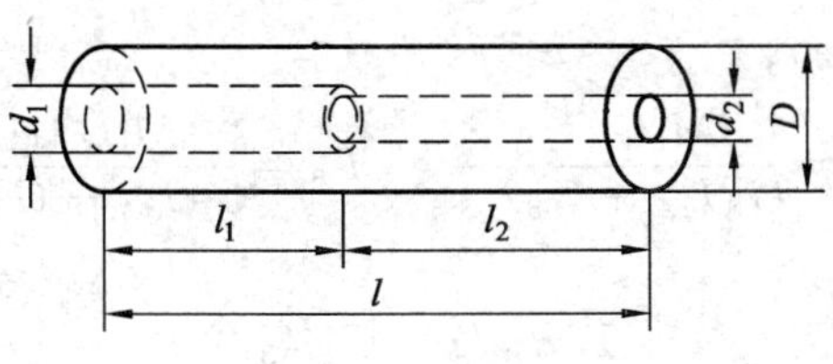

图 12.10

解　两段轴的外径相同，l_1 段的内径大于 l_2 段内径，l_1 段的 W_p 小于 l_2 段的 W_p，由强度条件 $\tau_{\max}=T/W_p\leqslant[\tau]$ 可知，在临界状态下(等式成立)，l_1 段承受的扭矩小于 l_2 段

的，因此以 l_1 段承受的扭矩作为轴所能承受的最大扭矩。

（1）轴承受的最大扭矩 T_{max}。

$$\tau_{1,max}=\frac{T_{1,max}}{W_{p1}}=\frac{16\times T_{1,max}}{\pi\times D^3(1-\alpha_1^4)}\leqslant[\tau]$$

$$T_{1,max}\leqslant\frac{[\tau]\pi\times D^3(1-\alpha_1^4)}{16}=\frac{80\times3.14\times50^3\left(1-\left(\frac{38}{50}\right)^4\right)}{16}=1308(\mathrm{N\cdot m})=T_{max}$$

（2）两端轴的扭转角相等时，$\varphi_1=\varphi_2$。

$$\varphi_1=\frac{Tl_1}{GI_{p1}}=\frac{32Tl_1}{G\pi D^4(1-\alpha_1^4)},\quad \varphi_2=\frac{Tl_2}{GI_{p2}}=\frac{32Tl_2}{G\pi D^4(1-\alpha_2^4)}$$

即

$$\frac{32Tl_1}{G\pi D^4(1-\alpha_1^4)}=\frac{32Tl_2}{G\pi D^4(1-\alpha_2^4)}$$

化简得

$$l_1(1-\alpha_2^4)=l_2(1-\alpha_1^4)$$

$$\frac{l_1}{l_2}=\frac{1-\alpha_1^4}{1-\alpha_2^4}=0.71$$

例 12.8 图 12.11 所示圆管 A 套在圆杆 B 上，将二者焊在一起，它们的切变模量分别为 G_A 和 G_B，当管两端作用外力偶矩 M_e 时，欲使杆 B 和管 A 的 τ_{max} 相等，试求 $d_B/d_A=$？

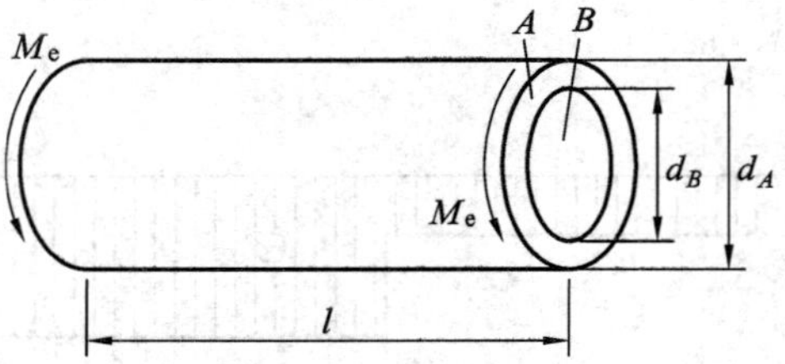

图 12.11

解 设 A 截面和 B 截面上的扭矩分别为 T_A 和 T_B，根据截面法有

$$T_A+T_B=M_e \tag{12-10}$$

圆管 A 和圆杆 B 套在一起，变形协调条件是圆管 A 和圆杆 B 扭转角相等 $\varphi_A=\varphi_B$，即

$$\frac{T_Al}{G_AI_{pA}}=\frac{T_Bl}{G_BI_{pB}} \tag{12-11}$$

由式(12-10)、式(12-11)得

$$T_A=\frac{M_eG_AI_{pA}}{G_AI_{pA}+G_BI_{pB}},\quad T_B=\frac{M_eG_BI_{pB}}{G_AI_{pA}+G_BI_{pB}}$$

而 $\tau_{A,max}=\tau_{B,max}$，即

$$\frac{T_Ad_A/2}{I_{pA}}=\frac{T_Bd_B/2}{I_{pB}}$$

得

$$\frac{d_B}{d_A}=\frac{G_A}{G_B}$$

三、自测题

(一) 选择题

1. 图 12.12 中完全不发生扭转的圆轴是(　　)。

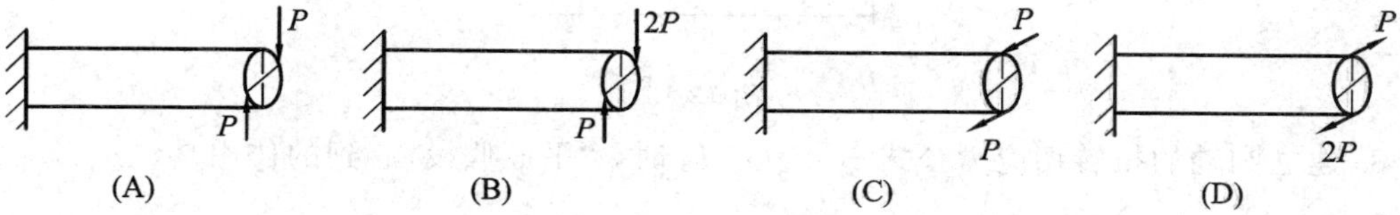

图 12.12

2. 扭转切应力公式 $\tau_\rho = T\rho/I_p$ 的应用范围有以下几种，正确的是(　　)。

(A) 等截面圆轴，弹性范围内加载　(B) 等截面圆轴

(C) 等截面圆轴与椭圆轴　(D)等截面圆轴与椭圆轴，弹性范围内加载

3. 两根长度相等、直径不等的圆轴受扭后，轴表面上母线转过相同的角度。设直径大的轴和直径小的轴横截面上的最大切应力分别为 $\tau_{1\max}$ 和 $\tau_{2\max}$，切变模量分别为 G_1 和 G_2。下列结论正确的是(　　)。

(A) $\tau_{1\max} > \tau_{2\max}$　(B) $\tau_{1\max} < \tau_{2\max}$

(C) 若 $G_1 > G_2$，则有 $\tau_{1\max} > \tau_{2\max}$　(D) 若 $G_1 > G_2$，则有 $\tau_{1\max} < \tau_{2\max}$

4. 一直径为 D_1 的实心轴，另一内径为 d_2、外径为 D_2、内外径之比为 $\alpha = d_2/D_2$ 的空心轴，若两轴横截面上的扭矩和最大切应力均分别相等，则两轴的横截面面积之比 $A_1/A_2 =$(　　)。

(A) $1-\alpha^2$　(B) $\sqrt[3]{(1-\alpha^4)^2}$

(C) $\sqrt[3]{[(1-\alpha^2)(1-\alpha^4)]^2}$　(D) $\dfrac{\sqrt[3]{(1-\alpha^4)^2}}{1-\alpha^2}$

5. 材料不同的两根扭转轴，其直径和长度相同，在扭矩相同的情况下，它们的最大切应力之间和扭转角之间的关系分别为(　　)。

(A) $\tau_1 = \tau_2$，$\varphi_1 = \varphi_2$　(B) $\tau_1 = \tau_2$，$\varphi_1 \neq \varphi_2$

(C) $\tau_1 \neq \tau_2$，$\varphi_1 = \varphi_2$　(D) $\tau_1 \neq \tau_2$，$\varphi_1 \neq \varphi_2$

6. 一内外径之比为 $\alpha = d/D$ 的空心圆轴，当两端承受扭转力偶时，若横截面上的最大切应力为 τ，则内圆周处的切应力为(　　)。

(A) τ　(B) $\alpha\tau$　(C) $(1-\alpha^3)\tau$　(D) $(1-\alpha^4)\tau$

7. 图 12.13 所示为长为 l、半径为 r、扭转刚度为 GI_p 的实心圆轴。扭转时，表面的纵向线倾斜了 γ 角，在小变形情况下，此轴横截面上的扭矩 T 及两端截面的相对扭转角 φ 分别为(　　)。

(A) $T = \dfrac{GI_p\gamma}{r}$，$\varphi = \dfrac{lr}{\gamma}$　(B) $T = \dfrac{l\gamma}{GI_p}$，$\varphi = \dfrac{l\gamma}{r}$

(C) $T=\frac{GI_p\gamma}{r}$，$\varphi=\frac{l\gamma}{r}$ (D) $T=\frac{GI_p r}{\gamma}$，$\varphi=\frac{r\gamma}{l}$

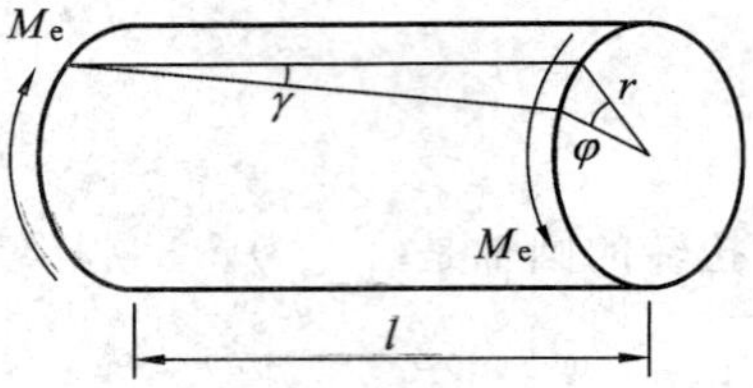

图 12.13

8. 建立圆轴的扭转切应力公式 $\tau_\rho=T\rho/I_p$ 时，“平面假设”起到的作用是(　　)。

(A)“平面假设”给出了横截面上内力与应力的关系 $T=\int_A \tau\rho\,dA$

(B)“平面假设”给出了圆轴扭转时的变形规律

(C)“平面假设”使物理方程得到简化

(D)“平面假设”是建立切应力互等定理的基础

参考答案：1. (C)；2. (A)；3. (C)；4. (D)；5. (B)；6. (B)；7. (C)；8. (B)。

(二) 填空题

1. 现有两根材料、长度及扭矩相同的受扭圆轴，若两者直径之比为 2∶3，则两者最大切应力之比为__________，此时抗扭刚度之比为__________。

2. 圆轴的极限扭矩是指__________扭矩。对于理想弹塑性材料，等直圆轴的极限扭矩是刚开始出现塑性变形时扭矩的__________倍。

3. 扭转的内力是__________，扭矩的符号是用__________表示的。

4. 空心圆截面轴外径为 D，内径为 d，其极惯性矩 $I_p=\frac{\pi D^4}{32}-\frac{\pi d^4}{32}$，抗扭截面系数 $W_p=$__________。

5. 如图 12.14 所示，内外径比值 $\alpha=d/D=0.8$ 的空心圆轴受扭时，若 a 点的切应变 γ_a 为已知，则 b 点的切应变 γ_b 为__________。

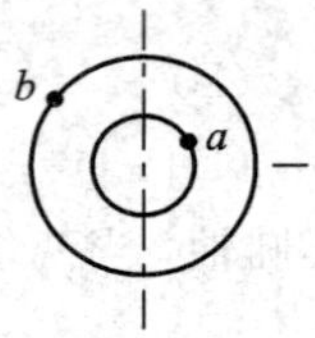

图 12.14

参考答案：

1. 27∶8，16∶81；

2. 横截面上的切应力都达到屈服极限时圆轴所能承担的扭矩，4/3；

3. 扭矩，矢量；4. $W_p=\frac{\pi}{16D}(D^4-d^4)$；5. $\frac{5}{4}\gamma_a$。

(三) 简答题

1. 圆截面轴受外力偶作用如图12.15(a)所示，试在图12.15(b)上画出$ABCD$截面(直径面)上沿BC线的切应力分布。

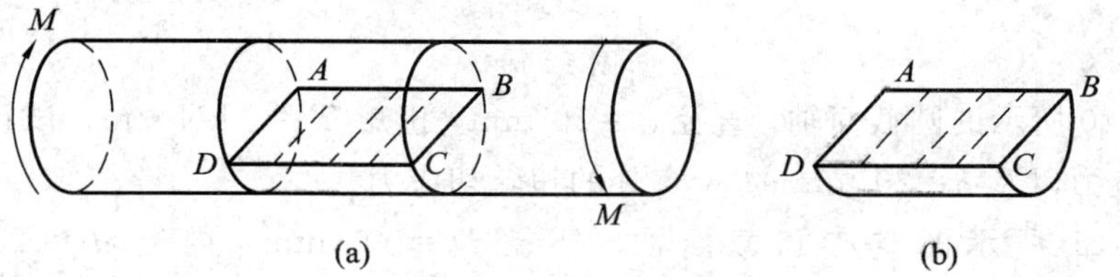

图 12.15

2. 分别画出图12.16所示三种截面上切应力沿半径各点处的分布规律，T为横截面上的扭矩。

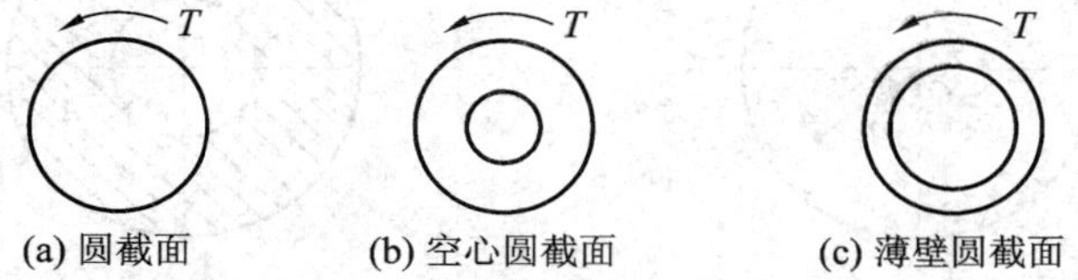

图 12.16

3. 图12.17所示的圆轴，若材料分别为低碳钢与铸铁，两端受到的外力偶方向如图所示，指出低碳钢与铸铁分别沿着图中哪个截面破坏?

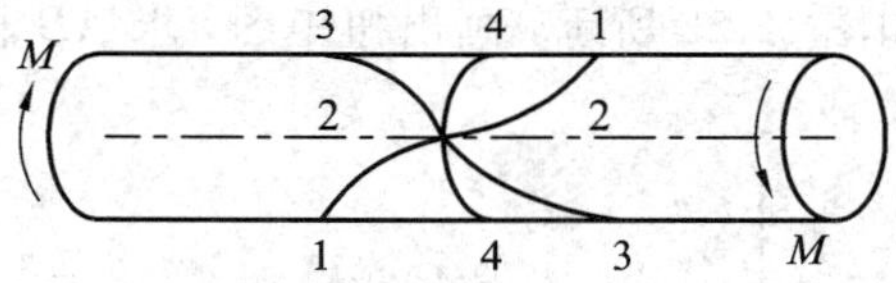

图 12.17

4. 图12.18所示单元体上的应力是不是符合切应力互等定理，为什么?

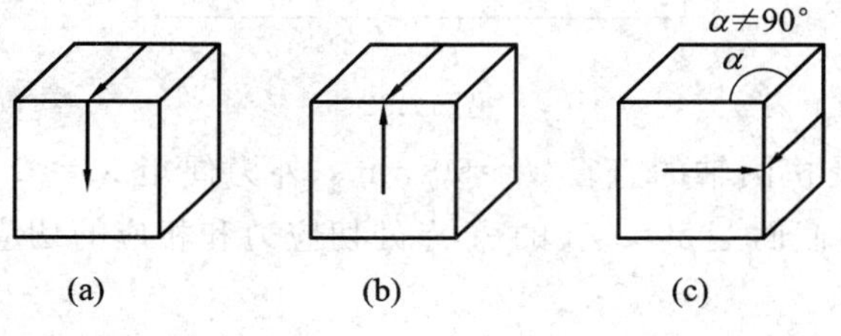

图 12.18

(四) 计算题

1. 等截面圆轴上装有四个皮带轮，如图12.19所示，画出轴的扭矩图，如何安排轮的位置才能使轴的受力更合理?

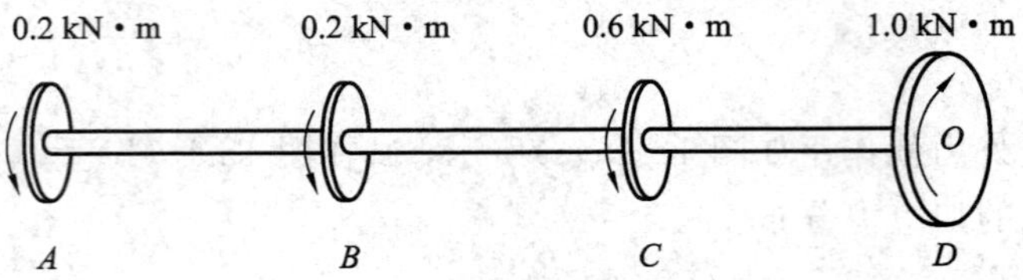

图 12.19

2. 图 12.20 所示的圆截面轴，直径 $d=50$ mm，扭矩 $T=1$ kN · m。试计算截面上的最大扭转切应力以及 $\rho=20$ mm 的 A 点处的扭转切应力。

3. 图 12.21 所示的空心圆截面轴，外径 $D=40$ mm，内径 $d=20$ mm，扭矩 $T=1$ kN · m。试计算横截面上的最大、最小扭转切应力，以及 $\rho=15$ mm 的 A 点处的扭转切应力。

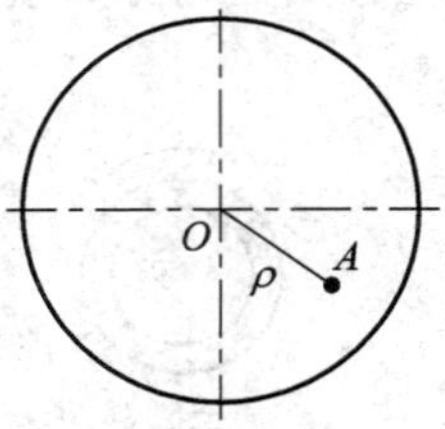

图 12.20

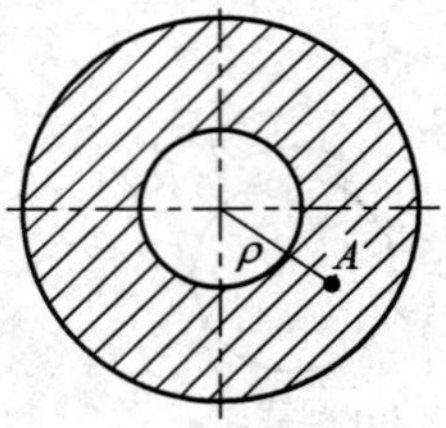

图 12.21

4. 受扭圆管，外径 $D=42$ mm，内径 $d=40$ mm，扭矩 $T=500$ N · m，剪切弹性模量 $G=75$ GPa，试计算圆管横截面与纵截面的扭转切应力，并计算管表面纵向线的倾斜角。

5. 阶梯轴尺寸及受力如图 12.22 所示，画出扭矩图，求 AB 段的最大切应力 τ_{max1} 与 BC 段的最大切应力 τ_{max2} 之比。

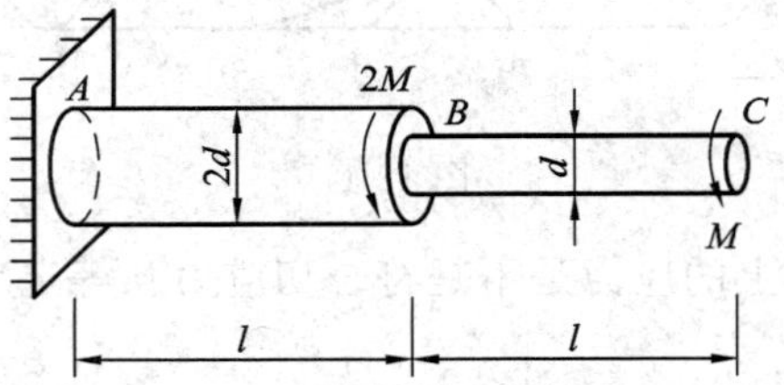

图 12.22

6. 图 12.23 所示受扭圆轴的直径 $d=50$ mm，外力偶矩 $M=2$ kN · m，材料的 $G=82$ GPa。试求：(1) 横截面上 $\rho=d/4$ 的 A 点处切应力和相应的切应变。(2) 最大切应力和单位长度相对扭转角。

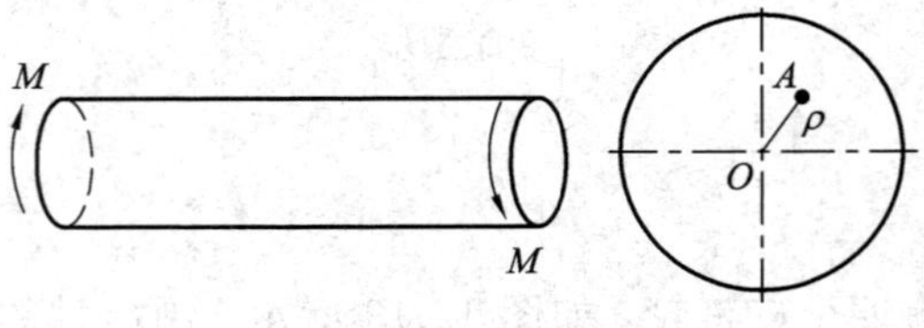

图 12.23

7. 图 12.24 所示圆轴的直径 $d=100$ mm，$l=50$ cm，$M_1=7$ kN·m，$M_2=5$ kN·m，$G=82$ GPa。(1) 试作轴的扭矩图；(2) 求轴的最大切应力；(3) 求 C 截面对 A 截面的相对扭转角 φ_{AC}。

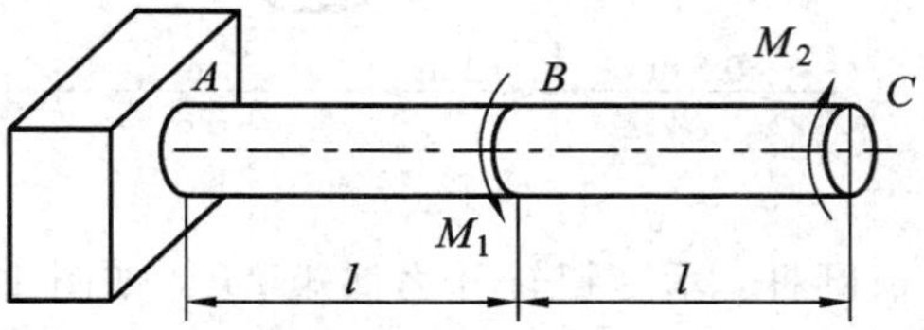

图 12.24

8. 实心轴和空心轴通过牙嵌式离合器连接在一起，如图 12.25 所示。已知轴的转速 $n=100$ r/min，传递的功率 $P=7.5$ kW，材料的许用切应力 $[\tau]=40$ MPa。试选择实心轴直径 d_1 和内外径比值 $\alpha=0.5$ 的空心轴的外径 D_2。

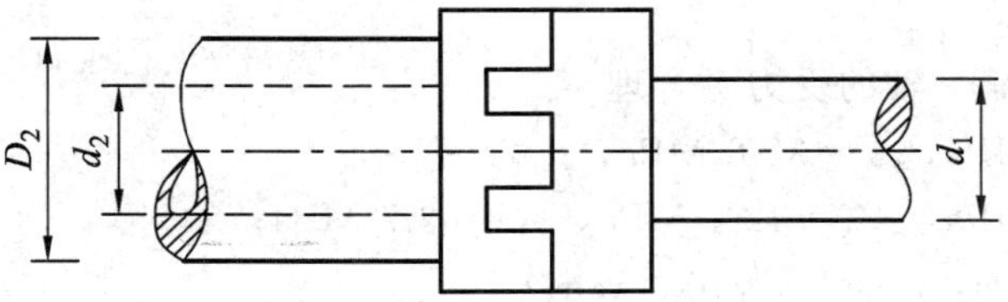

图 12.25

9. 如图 12.26 所示两段直径相同的实心钢轴，由法兰盘通过六只螺栓连接。传递功率 $P=80$ kW，轴的转速 $n=240$ r/min。轴与螺栓的许用切应力分别为 $[\tau_1]=80$ MPa 和 $[\tau_2]=55$ MPa。试：(1) 校核轴的强度；(2) 设计螺栓直径。

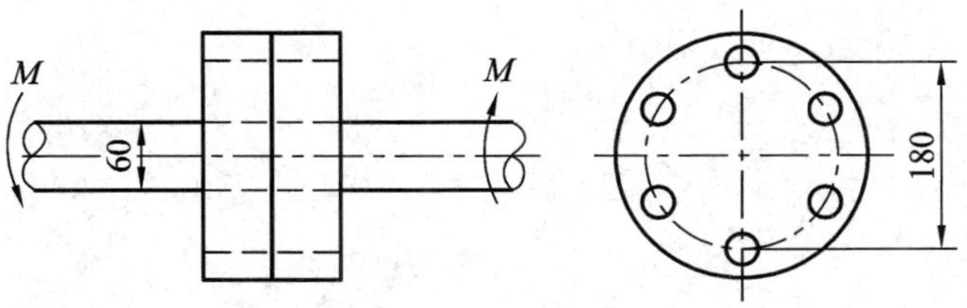

图 12.26

10. 阶梯型圆轴 AC 段和 CB 段直径分别为 $d_1=40$ mm，$d_2=70$ mm，轴上装有三个皮带轮，如图 12.27 所示。已知由轮 3 输入的功率为 $P_3=30$ kW，轮 1 输出的功率为 $P_1=13$ kW，轴作匀速转动，转速 $n=200$ r/min，材料的许用切应力 $[\tau]=60$ MPa，剪切弹性模量 $G=80$ GPa，单位长度许用扭转角 $[\theta]=2(°)/\text{m}$。试校核轴的强度和刚度。

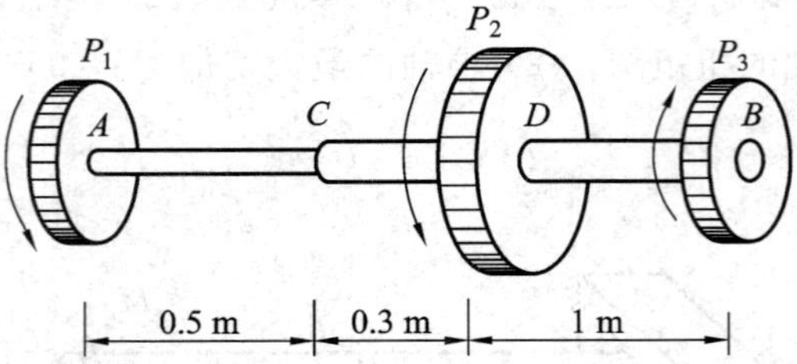

图 12.27

11. 一直径为 d 的等值圆杆，承受扭转外力偶矩 M_e，如图 12.28 所示，在杆的表面与母线成 45°方向测得线应变为 ε，试导出材料的切变模量 G 与 M_e，d 和 ε 间的关系式。

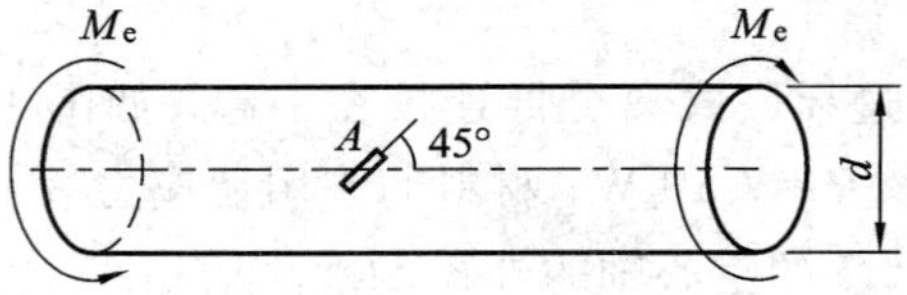

图 12.28

参考答案：

1. C 和 D 轮对调，轴的受力更合理；

2. $\tau_{max}=40.7$ MPa，$\tau_A=32.6$ MPa；

3. $\tau_{max}=84.9$ MPa，$\tau_{min}=42.4$ MPa，$\tau_A=63.7$ MPa；

4. $\tau=189.4$ MPa，$\gamma=2.53\times10^{-3}$ rad；

5. $\tau_{max1}:\tau_{max2}=3:8$；

6. $\tau_A=40.76$ MPa，$\gamma=4.9\times10^{-4}$ rad，$\tau_{max}=81.5$ MPa；

7. $\tau_{max}=25.5$ MPa，$\varphi_{AC}=-1.86\times10^{-3}$ rad；

8. $d_1\geqslant45$ mm，$D_2\geqslant46$ mm；

9. $\tau_{max}=75$ MPa$<[\tau_1]$，轴的强度合格，$d\geqslant11.7$ mm；

10. $\tau_{max}=49.4$ MPa$\leqslant[\tau]$，$\theta_{max}=1.77(°)/\text{m}\leqslant[\theta]$；

11. $G=\dfrac{8M_e}{\pi d^3\varepsilon}$。

第 13 章　弯　曲

一、知识点归纳

1. 平面弯曲的概念

直杆所受的集中力或均布力垂直于杆的轴线，集中力、均布力和集中力偶均作用在纵向对称面内。直杆的轴线由原来的直线变为曲线，如图 13.1 所示。凡是以弯曲为主要变形的杆件称为梁。

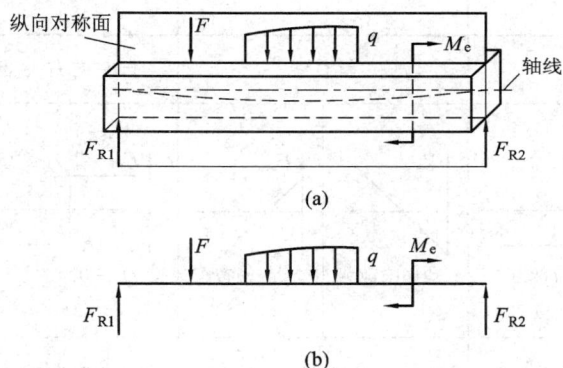

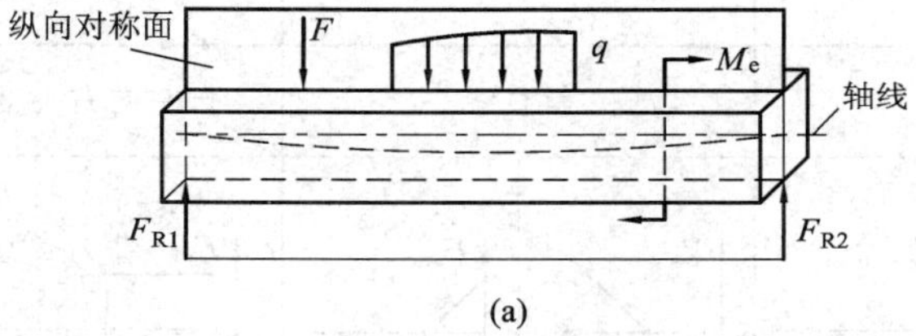

图 13.1

2. 剪力和弯矩

梁在同一横截面上，一般将同时存在两个内力分量：内力 F_s 是沿着横截面的内力，称为剪力；内力偶 M，位于梁对称面内，称为弯矩。规定截面上剪力对所选梁段上任意一点的矩为顺时针转向时，剪力为正；反之为负，如图 13.2(a)所示。规定截面上弯矩使梁尾段变成上凹下凸形状的为正弯矩；反之为负，如图 13.2(b)所示。

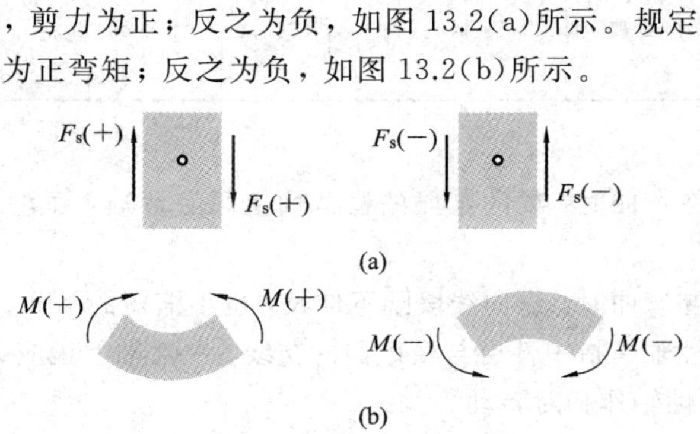

图 13.2

3. 剪力、弯矩、载荷集度间的关系

$$\frac{\mathrm{d}F_s(x)}{\mathrm{d}x}=q(x) \tag{13-1}$$

$$\frac{\mathrm{d}^2M(x)}{\mathrm{d}x^2}=\frac{\mathrm{d}F_s(x)}{\mathrm{d}x}=q(x) \tag{13-2}$$

从微分关系的几何意义来看，剪力图在某点的斜率等于相应截面处的分布载荷值；弯矩图在某点的斜率等于相应截面处的剪力值。根据上述性质，对于常见的载荷、剪力图和弯矩图之间的相互关系，可得出如下一些规律，如表 13.1 所示。

表　13.1

	无分布荷载段		均布荷载段		集中力	集中力偶
外力	$q=0$		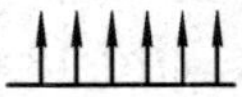 $q>0$	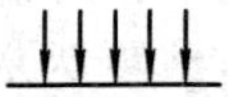 $q<0$	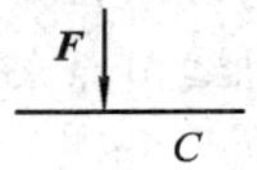	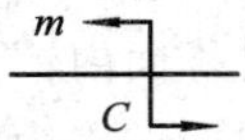
F_s图特征	水平直线		斜直线		自左向右突变	无变化
	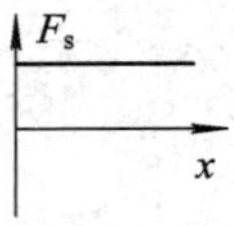 $Q>0$	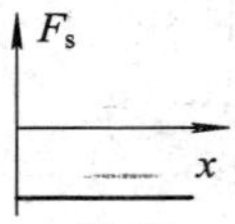 $Q<0$	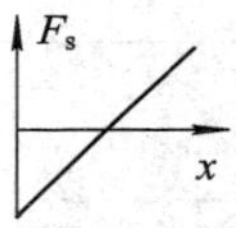 增函数	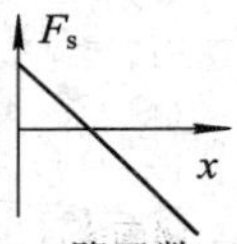 降函数	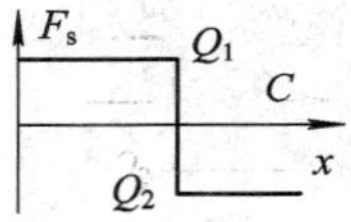 $Q_1-Q_2=F$	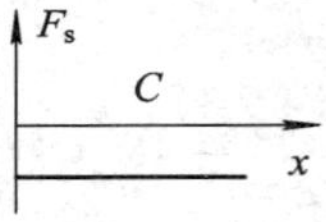
M图特征	斜直线		曲线		自左向右折角	
	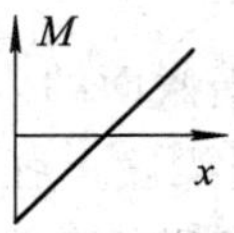 增函数	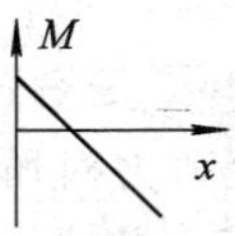 降函数	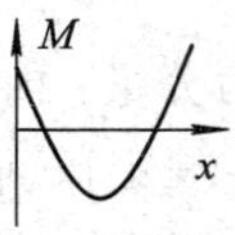 盆状	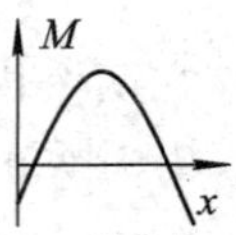 坟状	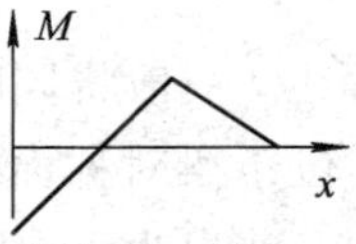 折向与F同向	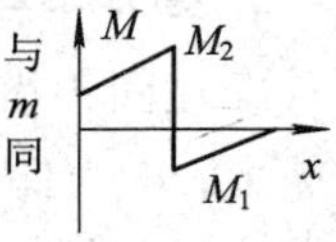 $M_1-M_2=m$

4. 纯弯曲的概念

(1) 纯弯曲：梁在弯曲时，梁的某段的横截面上只有弯矩，而没有剪力的弯曲称为纯弯曲。

(2) 中性层：梁在弯曲时，纵向线段既不伸长，也不缩短的平面，称为中性层。

(3) 中性轴：中性轴是指中性层与横截面的交线，中性轴上正应力为零，弯曲变形时，各横截面之间绕其中性轴作相对转动。

(4) 中性轴位置：在线弹性范围内，发生平面弯曲时，中性轴通过横截面形心，且垂直于载荷作用面。

5. 平面弯曲梁横截面上的正应力

(1) 分布规律：正应力沿横截面高度呈线性分布，沿横截面宽度均匀分布，中性轴一侧为拉，另一侧为压，如图 13.3 所示。

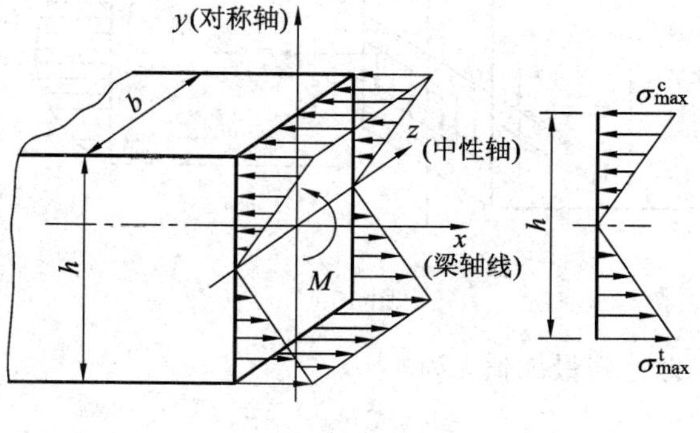

图 13.3

(2) 正应力公式。

横截面上任一点应力为

$$\sigma=\frac{My}{I_z} \tag{13-3}$$

式中 M 是截面的弯矩，y 为所求点到中性轴的距离，I_z 为整个截面对中性轴的惯性矩。若中性轴为横截面对称轴(矩形、圆形等)，则最大应力发生在上、下边缘处，其计算公式为

$$\sigma_{max}=\frac{M}{W_z} \tag{13-4}$$

式中 W_z 为截面的抗弯截面系数，有 $W_z=\frac{I_z}{y_{max}}$。

若中性轴不是横截面对称轴(T 形截面)，则最大拉应力与最大压应力的值不相等，分别为

$$\sigma_{max}^{t}=\frac{(My)_{max}^{t}}{I_z},\quad \sigma_{max}^{c}=\frac{(My)_{max}^{c}}{I_z} \tag{13-5}$$

(3) 正应力强度条件：

$$\sigma_{max}=\frac{M_{max}}{W_z}\leqslant[\sigma]$$

6. 矩形截面梁的切应力

(1) 分布规律：切应力方向与剪力平行，沿截面高度呈抛物线变化，沿截面宽度均匀分布，如图 13.4 所示。

(2) 切应力公式。

任一点切应力为

$$\tau(y)=\frac{F_s S_z^*}{bI_z}=\frac{6F_s}{bh^3}\left(\frac{h^2}{4}-y^2\right) \tag{13-6}$$

S_z^* 为距中性轴为 y 的横线以外的横截面面积对中性轴的面积矩。

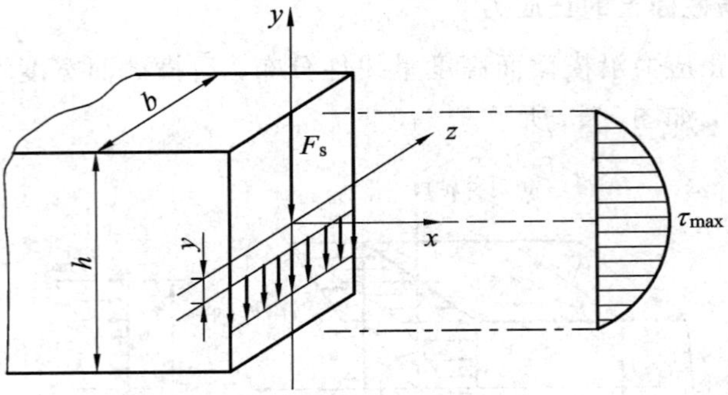

图 13.4

在中性轴上，切应力达到最大值，为

$$\tau_{max}=\frac{3F_s}{2bh}=\frac{3F_s}{2A} \tag{13-7}$$

7. 平面弯曲的变形

(1) 挠曲线：梁变形后的轴线，称为挠曲线。平面弯曲时，梁的挠曲线为外力作用平面内的光滑、连续的平面曲线。

(2) 挠曲线的曲率：平面弯曲时，线弹性范围内，弯矩和曲率关系为

$$\frac{1}{\rho(x)}=\frac{M(x)}{EI_z} \tag{13-8}$$

式中 $M(x)$ 为梁的弯矩方程；E 为材料的弹性模量；I_z 为截面对中性轴的 z 的惯性矩。EI_z 为梁的弯曲刚度。

8. 挠度和转角

(1) 挠度：是指梁轴线上的一点在垂直于轴线方向上的位移，通常用 w 来表示，规定向上为正，如图 13.5 所示。

(2) 转角：是指梁的各截面相对原来位置转过的角度，用 θ 表示。由变形前的横截面转到变形后，逆时针为正；顺时针为负，如图 13.5 所示。

(3) 挠度和转角的关系：

$$\tan\theta=\frac{\mathrm{d}w}{\mathrm{d}x}=w'(x)=w' \tag{13-9}$$

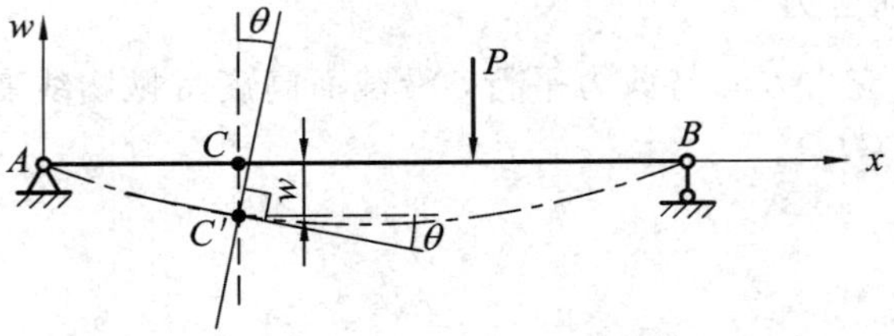

图 13.5

9. 挠曲线的近似微分方程

$$\frac{\mathrm{d}^2 w}{\mathrm{d}x^2}=\frac{M(x)}{EI} \tag{13-10}$$

挠度的二阶导数和弯矩的符号相同，挠曲线的凸凹情况如图 13.6(a)和(b)所示。图 13.6 可作为挠曲线形状的大致判断。

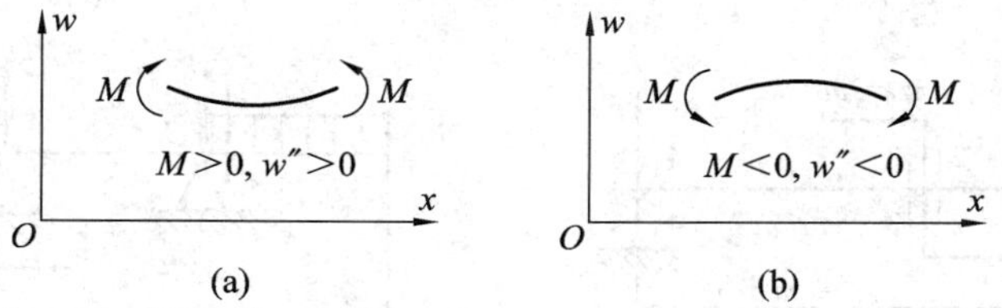

图 13.6

10. 用积分法求弯曲变形

根据 $EIw''(x)=M(x)$，连续两次积分后，可得

$$EIw'(x)=\int M(x)\mathrm{d}x+C_1 \tag{13-11}$$

$$EIw(x)=\int\left(\int M(x)\mathrm{d}x\right)\mathrm{d}x+C_1 x+C_2 \tag{13-12}$$

根据弯曲梁变形的边界条件和连续条件确定积分常数如下。

(1) 铰支座处：挠度等于零，即 $w=0$；

(2) 固定端处：挠度等于零，转角也等于零，即 $w=0$，$\theta=0$；

(3) 弯矩方程分段处：一般情况下稍左稍右的两个截面挠度相等、转角相等，即 $w_{C左}=w_{C右}$，$\theta_{C左}=\theta_{C右}$。

11. 用叠加法求梁的转角和挠度

先分别计算每个载荷单独作用下所引起的转角和挠度，然后分别求它们的代数和。

12. 梁的刚度条件

$$|w|_{\max}\leqslant[\delta] \tag{13-13}$$

$$|\theta|_{\max}\leqslant[\theta] \tag{13-14}$$

$[\delta]$为许用挠度，$[\theta]$为许用转角。

二、典型例题解析

例 13.1 试求图 13.7 所示各梁指定截面上的剪力和弯矩。设 q、F、a 均为已知。

解 (a) $F_{s1}=0$，$M_1=0$

$$F_{s2}=-qa,\ M_2=-qa\cdot\frac{a}{2}=-\frac{q}{2}a^2$$

$$F_{s3}=-qa,\ M_3=-qa\cdot\frac{a}{2}+qa^2=\frac{qa^2}{2}$$

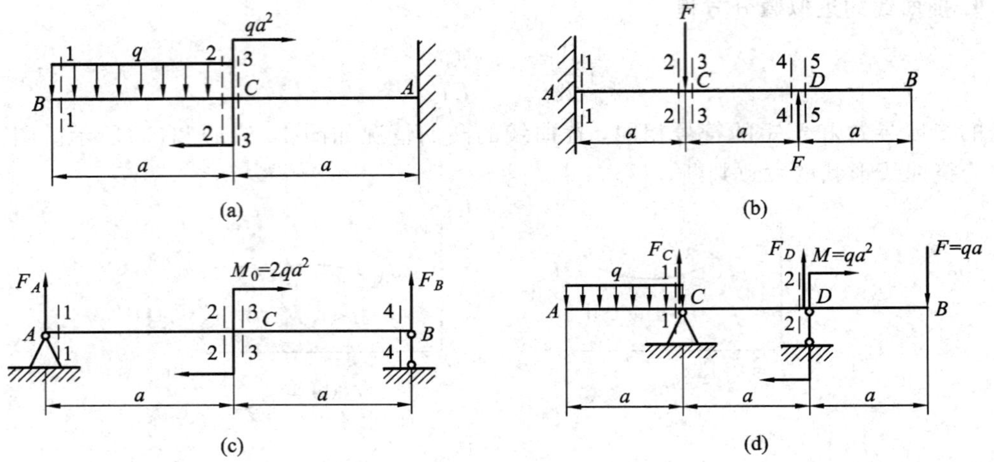

图 13.7

(b) $F_{s1}=F-F=0$，$M_1=F(2a)-Fa=Fa$

$F_{s2}=F-F=0$，$M_2=Fa$

$F_{s3}=-F$，$M_3=Fa$

$F_{s4}=-F$，$M_4=F\times 0=0$

(c) 由平衡方程

$$\sum M_B(F)=0,\quad -F_A\cdot 2a-2qa^2=0$$

$$\sum F_y=0,\quad F_A+F_B=0$$

得支座反力为

$F_A=-qa$，　$F_B=qa$

$F_{s1}=F_A=-qa$，　$M_1=F_A\times 0=0$

$F_{s2}=F_A=-qa$，　$M_2=F_A\cdot a=-qa^2$

$F_{s3}=F_A=-qa$，　$M_3=F_Aa+2qa^2=-qa^2+2qa^2=qa^2$

$F_{s4}=-F_B=-qa$，　$M_4=F_B\times 0=0$

(d) 由平衡方程：

$$\sum M_C(F)=0,\quad qa\cdot\frac{a}{2}+F_D\cdot a-qa^2-qa\cdot 2a=0$$

$$\sum F_y=0,\quad F_C+F_D-2qa=0$$

得支座反力为：

$F_C=-\dfrac{qa}{2}$，　$F_D=\dfrac{5}{2}qa$

$F_{s1}=-qa$，　$M_1=-\dfrac{qa^2}{2}$

$F_{s2}=-qa+F_C=-qa-\dfrac{qa}{2}=-\dfrac{3}{2}qa$

$M_2=-qa\cdot\dfrac{3a}{2}+F_Ca=-2qa^2$

例 13.2　试作图 13.8(a)所示各梁的剪力图和弯矩图。设 q、F、a、l 均为已知。

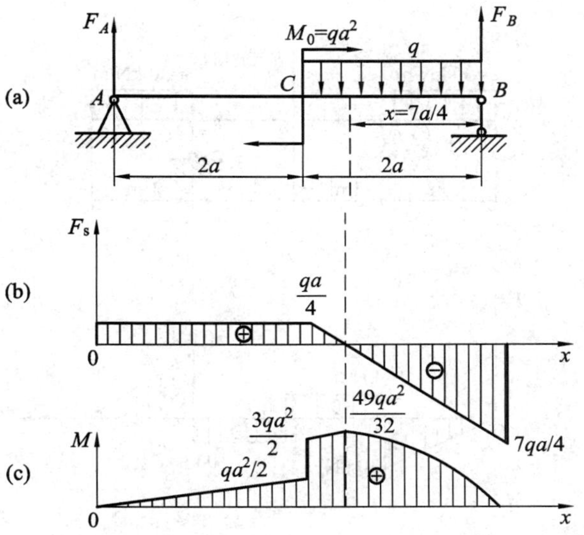

图 13.8

解　由平衡方程：

$$\sum M_B(F)=0,\qquad -F_A\cdot 4a-qa^2+q\cdot 2a\cdot a=0$$

$$\sum F_y=0,\qquad F_A+F_B-q\cdot 2a=0$$

得

$$F_A=\frac{qa}{4},\quad F_B=\frac{7}{4}qa$$

段	载荷	F_s 图形状	M 图形状	控制值	
AC	无	水平线	斜直线	$F_{sA}=F_{sC}=qa/4$	$M_A=0$； $M_C^L=qa^2/2$
BC	均布	斜直线	抛物线	$F_{sC}=qa/4$； $F_{sB}=-7qa/4$	$M_C^R=3qa^2/2$； $M_B=0$； $M_{max}=49qa^2/32$

作梁的 F_s 图，由 F_s 图相似三角形之间的比例关系，得

$$x:(2a-x)=\frac{7}{4}qa:\frac{1}{4}qa$$

$$x=\frac{7}{4}a$$

运用截面法算出

$$M_{max}=F_B\cdot x-\frac{qx^2}{2}=\frac{7qa}{4}\cdot\frac{7a}{4}-\frac{q}{2}\left(\frac{7a}{4}\right)^2=\frac{49}{32}qa^2$$

例 13.3 作图 13.9(a)所示梁的剪力图和弯矩图，观察梁的剪力图和弯矩图的对称性有什么特点。

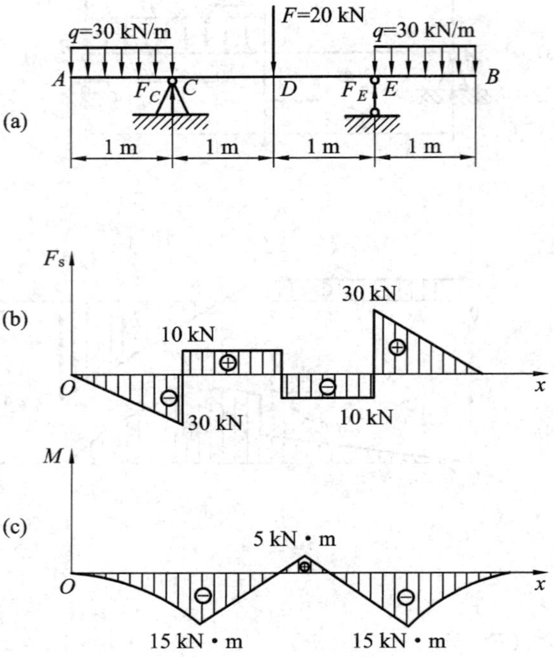

图 13.9

解 由对称性可得

$$F_C = F_D = 40\ \text{kN}$$

作出梁的剪力图和弯矩图，如图 13.9(b)、(c)所示，将梁各段的特点归纳如下表所示。

段	载荷	F_s 图形状	M 图形状	控 制 值	
AC	均布	斜直线	抛物线	$F_{sA}=0$；$F_{sC}^{L}=-30\ \text{kN}$	$M_A=0$；$M_C=-15\ \text{kN}\cdot\text{m}$
CD	无	水平线	斜直线	$F_{sC}^{R}=F_{sD}^{L}=10\ \text{kN}$	$M_C=-15\ \text{kN}\cdot\text{m}$；$M_D=5\ \text{kN}\cdot\text{m}$
DE	无	水平线	斜直线	$F_{sD}^{R}=F_{sE}^{L}=-10\ \text{kN}$	$M_D=5\ \text{kN}\cdot\text{m}$；$M_E=-15\ \text{kN}\cdot\text{m}$
DB	均布	斜直线	抛物线	$F_{sC}^{L}=30\ \text{kN}$；$F_{sB}=0$	$M_E=-15\ \text{kN}\cdot\text{m}$；$M_B=0$

从图和表中可以看出，当结构和载荷对称时，剪力图反对称，而弯矩图对称。

例 13.4 试作图 13.10 所示梁的剪力图和弯矩图，B 处是中间铰。

解 梁上有中间铰时，先自铰处将梁拆分。中间铰可以传递力但不能传递弯矩，所以中间铰处弯矩一定为零。

先求支反力。在中间铰处将梁拆开两部分，铰处互相作用力用 F_{By} 代替，如图 13.10(b)所示。

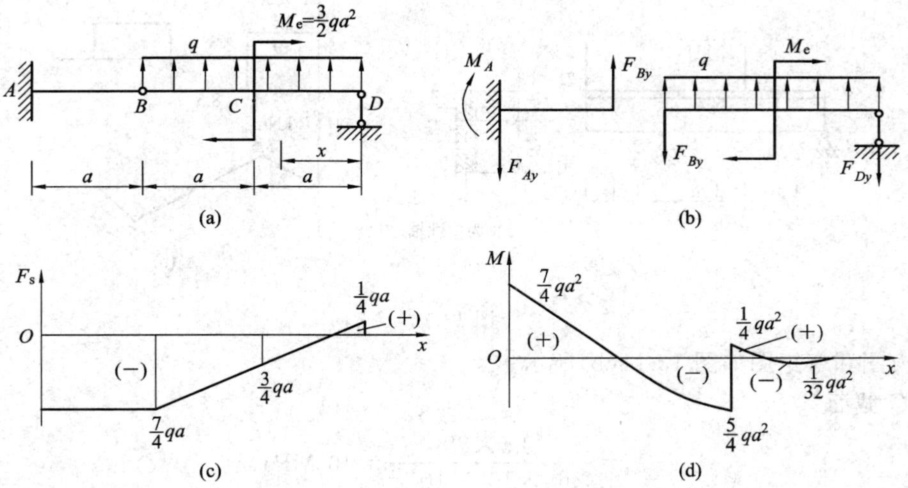

图 13.10

$$F_{Dy}=\frac{1}{4}qa\text{，}F_{Ay}=F_{By}=\frac{7}{4}qa\text{，}M_A=\frac{7}{4}qa^2$$

将梁分为 AB、BC、CD 三个区段，计算 A、B、C、D 截面处的内力值，分别为

$$F_{sA}=F_{sB}=-\frac{7}{4}qa\text{，}\quad F_{sD}=\frac{1}{4}qa$$

$$M_A=\frac{7}{4}qa^2\text{，}\quad M_B=0\text{，}\quad M_C^{\mathrm{L}}=-\frac{5}{4}qa^2\text{，}\quad M_C^{\mathrm{R}}=\frac{1}{4}qa^2$$

$$M_D=0$$

DC 段剪力有零点，利用 F_s 图，有

$$x:2a-x=\frac{1}{4}qa:\frac{7}{4}qa$$

$$x=\frac{1}{4}a$$

代入弯矩，得

$$M(x)=-F_{Dy}\cdot x+\frac{1}{2}qx^2=-\frac{1}{4}qa\cdot\frac{a}{4}+\frac{q}{2}\left(\frac{a}{4}\right)^2=-\frac{1}{32}qa^2$$

所以：

$$|F_s|_{\max}=\frac{7}{4}qa\text{，}\quad |M|_{\max}=\frac{7}{4}qa^2$$

例 13.5　T 形截面梁如图 13.11(a)所示，其横截面的形心主惯性矩 $I_z=7.64\times10^6\ \mathrm{mm}^4$，$y_1=52$ mm，$y_2=88$ mm。

若材料的容许拉应力$[\sigma]_+=30$ MPa，$[\sigma]_-=60$ MPa。试：(1) 画出梁的剪力图和弯矩图；(2) 求截面梁上的最大弯曲拉应力和压应力；(3) 校核梁的强度。

解

$$\sum M_A=0\text{，}\quad 5+12-F_B\times2=0\text{，}\quad F_B=13.5$$

$$\sum Y=0\text{，}\quad F_A=3.5$$

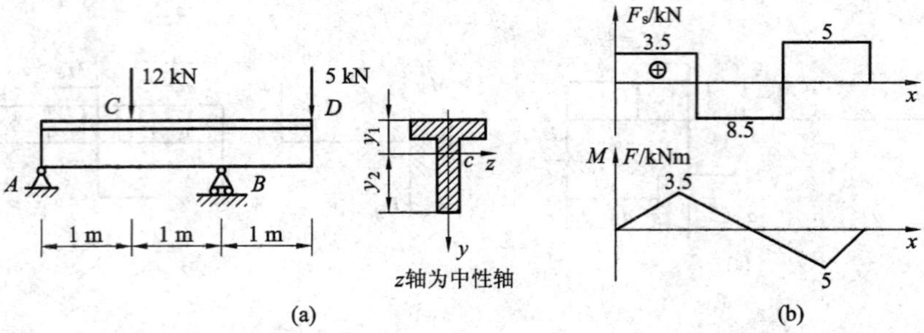

图 13.11

剪力图和弯矩图如图 13.11(b)所示。

对 C 截面：

$$\sigma_{\mathrm{t}}=\frac{3.5\times 88}{7.64\times 10^{6}\times 10^{-12}}=40\ \mathrm{MPa}$$

$$\sigma_{\mathrm{c}}=\frac{3.5\times 52}{7.64\times 10^{6}\times 10^{-12}}=23.82\ \mathrm{MPa}$$

对 B 截面：

$$\sigma_{\mathrm{t}}=\frac{5\times 52}{7.64\times 10^{6}\times 10^{-12}}=34\ \mathrm{MPa}$$

$$\sigma_{\mathrm{c}}=\frac{5\times 88}{7.64\times 10^{6}\times 10^{-12}}=57\ \mathrm{MPa}$$

综合：

$$\sigma_{\mathrm{t}}=40\ \mathrm{MPa}>[\sigma]^{+}$$

$$\sigma_{\mathrm{c}}=57\ \mathrm{MPa}<[\sigma]^{-}$$

故满足要求。

例 13.6 图 13.12 所示矩形截面简支梁的 P、a、d、h 已知。(1) 画出图示梁的剪力图和弯矩图；(2) 求出最大正弯矩和最大负弯矩所在的截面；(3) 试计算 C 截面上 K 点的正应力。

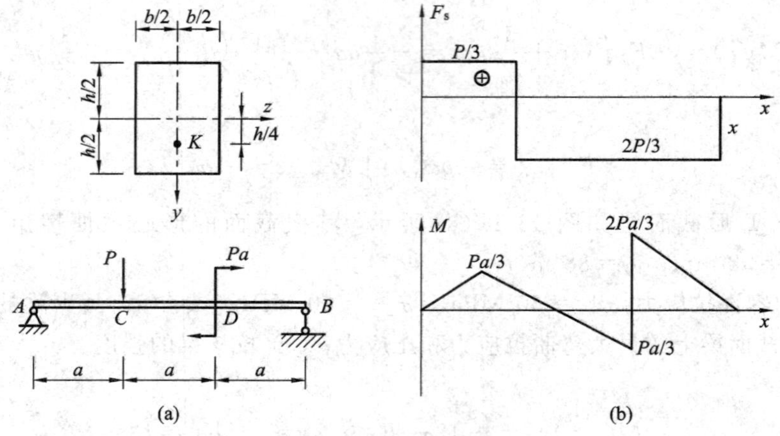

图 13.12

解　$$\sum M_C=0,\quad Pa+Pa-F_B 3a=0,\quad F_B=\frac{2P}{3}$$

$$\sum Y=0\qquad F_A=\frac{P}{3}$$

剪力图和弯矩图如图 13.12(b)所示，最大正弯矩和最大负弯矩所在的截面为 D 截面

$$\sigma_K=\frac{M_y}{I_z}=\frac{\frac{Pa}{3}\times\frac{h}{4}}{\frac{bh^3}{12}}=\frac{Pa}{bh^2}$$

例 13.7　图 13.13(a)中(1)和(2)是悬臂梁自由端和梁中点受集中力作用的变形情况，利用叠加法求图示梁自由端 B 点的挠度与转角。

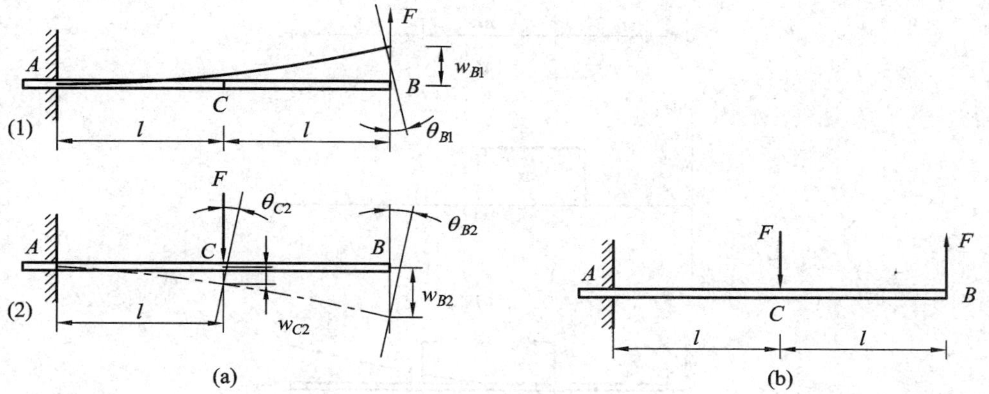

图 13.13

解

$$\omega_{B1}=\frac{F(2l)^3}{3EI}=\frac{8Fl^3}{3EI}$$

$$\theta_{B1}=\frac{F(2l)^2}{2EI}=\frac{2Fl^2}{EI}$$

$$\omega_{C2}=-\frac{Fl^3}{3EI}$$

$$\theta_{C2}=-\frac{Fl^2}{2EI}$$

$$\omega_{B2}=\omega_{C2}+\theta_{C2}l=-\frac{Fl^3}{3EI}-\frac{Fl^2}{2EI}\cdot l=-\frac{5Fl^3}{6EI}$$

$$\theta_{B2}=\theta_{C2}=-\frac{Fl^2}{2EI}$$

综合：

$$\omega_B=\omega_{B1}+\omega_{B2}=\frac{8Fl^3}{3EI}-\frac{5Fl^3}{6EI}=\frac{11Fl^3}{6EI}$$

$$\theta_B=\theta_{B1}+\theta_{B2}=\frac{2Fl^2}{EI}-\frac{Fl^2}{2EI}=\frac{3Fl^2}{2EI}$$

例 13.8　悬臂梁的受力如图 13.14(a)所示。梁的抗弯刚度为 EI。定性绘出该梁的挠

曲线大致形状。

解 梁的弯矩图如图 13.14(b)所示，

AB 段M恒为零，挠曲线的形状为直线；又因为A为固定端，其挠度和转角均为零，即$\theta_A=0$，$\omega_A=0$；所以AB段的挠曲线只能为水平直线。

BC 段$M>0$，挠曲线为凹曲线；CD 段$M=0$，挠曲线为直线，为了保证C点的光滑连续，CD 挠曲线为斜直线。

梁的挠曲线大致形状如图 13.14(c)所示。

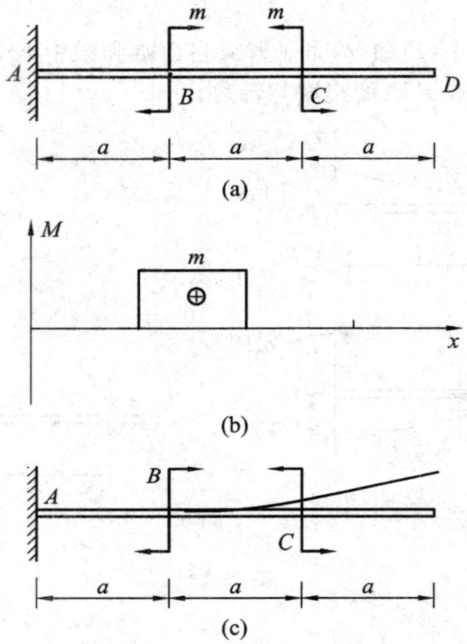

图 13.14

例 13.9 变截面梁如图 13.15(a)所示，试用叠加法求自由端的挠度w_C。

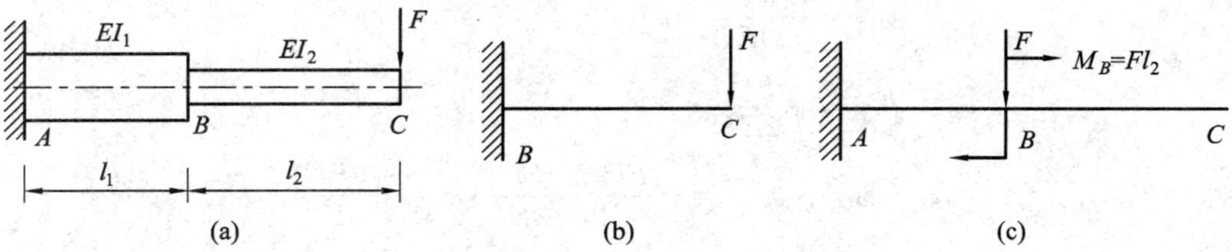

图 13.15

解 此题用逐段刚化法求解，被刚化的梁段只有位移，没有变形。

首先，将AB梁段刚化，BC段看作变形弹性体。如图 13.15(b)所示，此时B处的转角和挠度为零。C处挠度为

$$w_{C1}=-\frac{Fl_2^3}{3EI_2}$$

然后，将 BC 段刚化，AB 段看作弹性体，把力简化到 B 截面，其等效力为集中力 F 和力偶 $M=Fl_2$，如图 13.15(c)所示。

在 F 作用下，B 截面的挠度、转角为

$$w_{BF}=-\frac{Fl_1^3}{3EI_1},\quad \theta_{BF}=-\frac{Fl_1^2}{2EI_1}$$

在 M 作用下，B 截面的挠度、转角为

$$\omega_{BM}=-\frac{(Fl_2)l_1^2}{2EI_1},\quad \theta_{BM}=-\frac{(Fl_2)l_1}{EI_1}$$

由于 BC 段为刚体，所以在 F、M 作用下引起 C 处的挠度为

$$\begin{aligned}\omega_{C2}&=\omega_{BF}+\omega_{BM}+(\theta_{BF}+\theta_{BM})\times l_2\\&=\frac{Fl_1^3}{3EI_1}-\frac{Fl_1^2l_2}{EI_1}-\frac{Fl_1l_2^2}{EI_1}\end{aligned}$$

最后，利用叠加法求 ω_C。

$$\omega_C=\omega_{C1}+\omega_{C2}=-\frac{Fl_2^3}{3EI_2}-\frac{Fl_1^3}{3EI_1}-\frac{Fl_1^2l_2}{EI_1}-\frac{Fl_1l_2^2}{EI_1}$$

三、自测题

(一) 判断题

1. 若两梁的跨度、承受载荷及支承相同，但材料和横截面面积不同，则两梁的剪力图和弯矩图不一定相同。　(　　)

2. 最大弯矩必然发生在剪力为零的横截面上。　(　　)

3. 若在结构对称的梁上作用有反对称载荷，则该梁具有对称的剪力图和反对称的弯矩图。　(　　)

4. 悬臂架(不考虑自重)在 B 处有集中力 P 作用，如图 13.16 所示，则 AB、BC 都产生了位移，同时 AB、BC 也都发生了变形。　(　　)

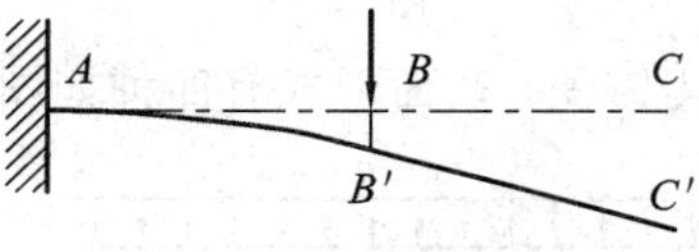

图 13.16

5. 梁的最大截面转角必发生在弯矩最大的截面处。　(　　)

6. 梁的纯弯曲是指梁或梁段各横截面的弯矩为常数、剪力为零的受力状态。　(　　)

7. 梁的合理截面应该使面积的分布尽可能离中性轴远。　(　　)

参考答案：1. ×；2. ×；3. √；4. ×；5. ×；6. √；7. √。

(二) 选择题

1. 梁在集中力作用的截面处，它的内力图为(　　)。

(A) F_s 图有突变，M 图光滑连接

(B) F_s 图有突变，M 图有转折

(C) M 图有突变，F_s 图光滑连接

(D) M 图有突变，F_s 图有转折

2. 梁在集中力偶作用的截面处，它的内力图为(　　)。

(A) F_s 图有突变，M 图无变化

(B) F_s 图有突变，M 图有转折

(C) M 图有突变，F_s 图无变化

(D) M 图有突变，F_s 图有转折

3. 梁在某一段内作用有向下的分布力时，则该段内 M 图是一条(　　)。

(A) 上凸曲线　　(B) 下凸曲线

(C) 带有拐点的心形曲线　　(D) 斜直线

4. 如图 13.17 所示悬臂梁上作用集中力 F 和集中力偶 M，若将 M 在梁上移动时(　　)。

(A) 对剪力图的形状、大小均无影响

(B) 对弯矩图形状无影响，只对其大小有影响

(C) 对剪力图、弯矩图的形状及大小均有影响

(D) 对剪力图、弯矩图的形状及大小均无影响

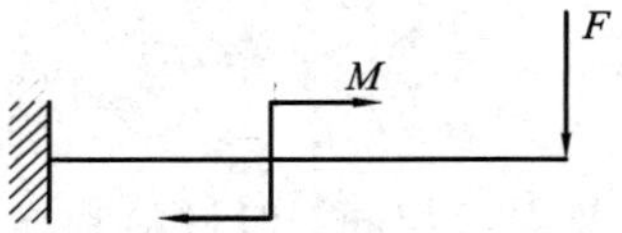

图 13.17

5. 在图 13.18 所示四种情况中，截面上弯矩 M 为正，剪力 F_s 为负的是(　　)。

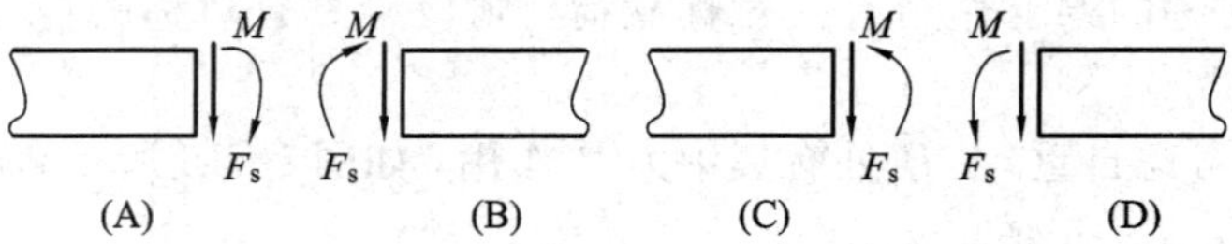

图 13.18

6. 图 13.19 所示梁的材料为铸铁，截面形式有四种如图，最佳形式为(　　)。

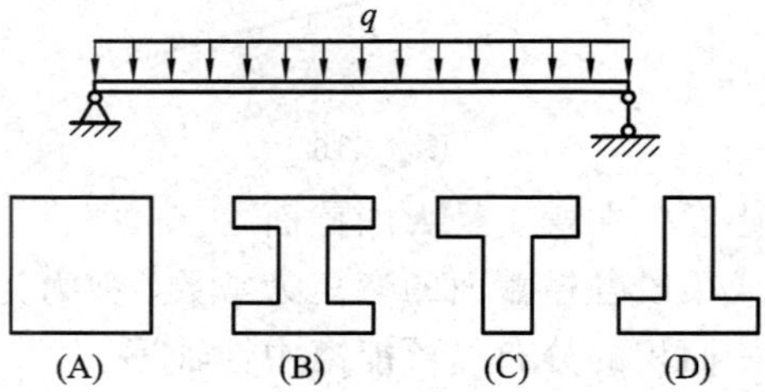

图 13.19

7. 一梁拟用图 13.20 所示两种方式搁置，则两种情况下的最大应力之比 $(\sigma_{max})_a/(\sigma_{max})_b$ 为(　　)。

(A) 1/4　　(B) 1/16　　(C) 1/64　　(D) 16

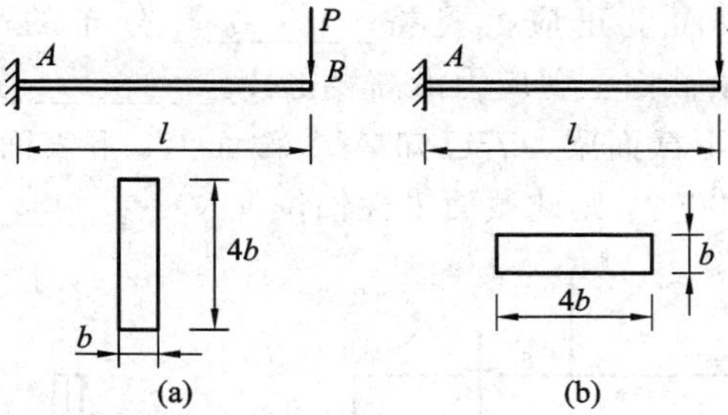

图 13.20

8. 如图 13.21 所示两铸铁梁，材料相同，承受相同的荷载 F。则当 F 增大时，破坏的情况是(　　)。

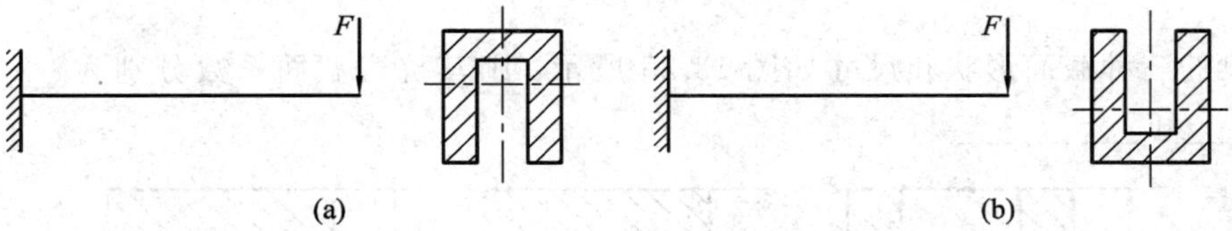

图 13.21

(A) 同时破坏　　(B) (a)梁先坏　　(C) (b)梁先坏

参考答案：1. (B)；2. (C)；3. (B)；4. (A)；5. (B)；6. (D)；7. (A)；8. (C)。

(三) 填空题

1. 当简支梁只受集中力和集中力偶作用时，则最大剪力必发生在__________。

2. 简支梁受载如图 13.22 所示，欲使 A 截面弯矩等于零时，则 $M_{e1}/M_{e2}=$__________。

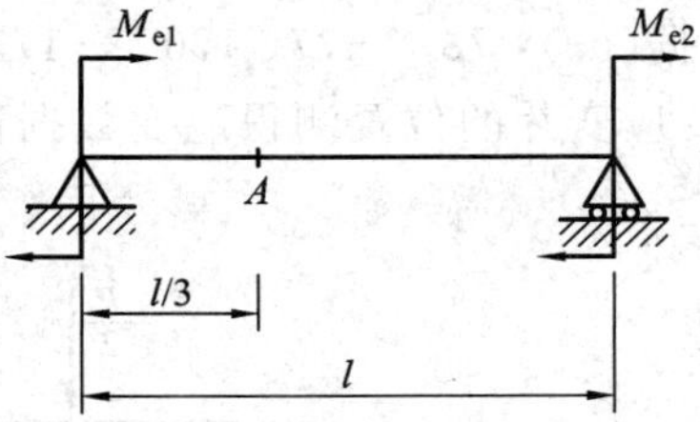

图 13.22

3. 图 13.23 所示梁 C 截面弯矩 $M_C=$__________；为使 $M_C=0$，则 $M_e=$__________；为使全梁不出现正弯矩，则 $M_e\geqslant$__________。

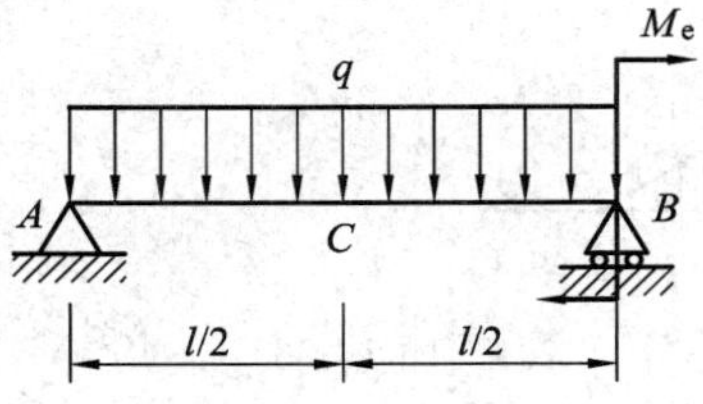

图 13.23

4. 梁在弯曲时，横截面上正应力是按＿＿＿＿＿分布的；中性轴上的正应力为＿＿＿＿＿；矩形截面梁横截面上剪应力沿高度是按＿＿＿＿＿分布的。

5. 图 13.24 所示 T 字形截面梁。若已知 A-A 截面上、下表面处沿 x 方向的线应变分别是 $\varepsilon'=-0.0004$，$\varepsilon''=0.0002$，则此截面中性轴位置 $y_C=$＿＿＿＿＿（C 为形心）。

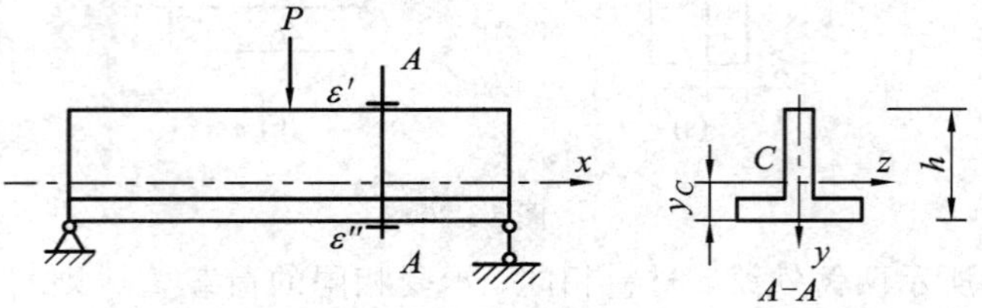

图 13.24

6. 梁的三种截面形状和尺寸如图 13.25 所示，则其抗弯截面系数分别为＿＿＿＿＿、＿＿＿＿＿和＿＿＿＿＿。

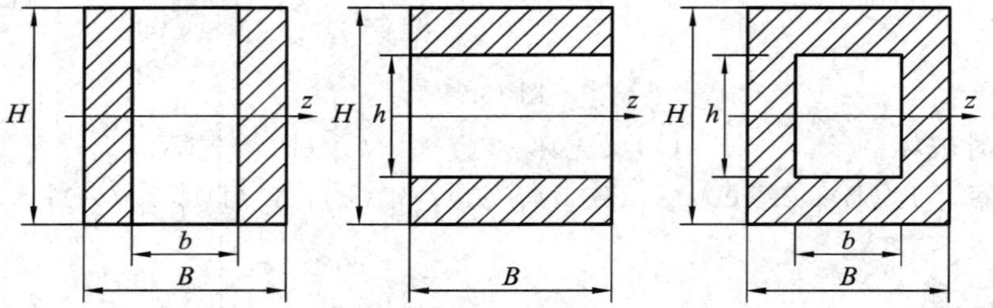

图 13.25

7. 图 13.26 为矩形截面的纯弯曲梁实验的原理图，在 $P=2500$ N 时，测得沿梁的高度上五个不同部位的一组应变数据（με）：78、−77、176、−173、0。试将该组数据对应 1～5 应变片的位置排序。对应 1～5 应变片的位置测得应变数据依次为：＿＿＿＿、＿＿＿＿、＿＿＿＿、＿＿＿＿、＿＿＿＿。

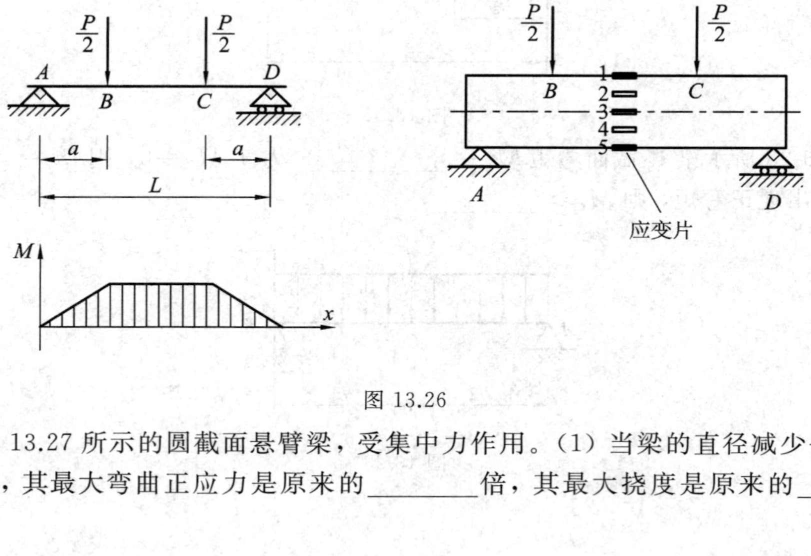

图 13.26

8. 如图 13.27 所示的圆截面悬臂梁，受集中力作用。(1) 当梁的直径减少一倍而其他条件不变时，其最大弯曲正应力是原来的＿＿＿＿倍，其最大挠度是原来的＿＿＿＿倍；

(2) 若梁的长度增大一倍，其他条件不变，则其最大弯曲正应力是原来的________倍，最大挠度是原来的________倍。

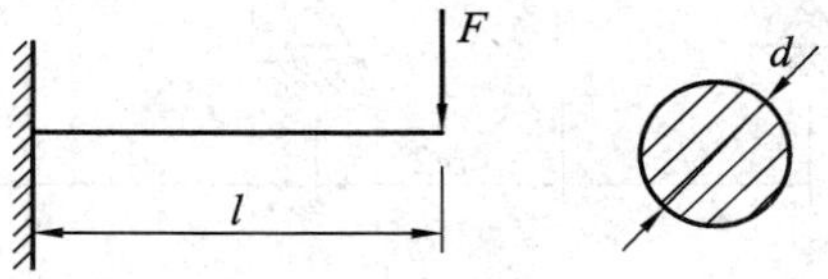

图 13.27

9. 如图 13.28 所示的外伸梁，已知 B 截面的转角 $\theta_B=\dfrac{Fl^2}{16EI}$，则 C 截面的挠度 $w_C=$________。

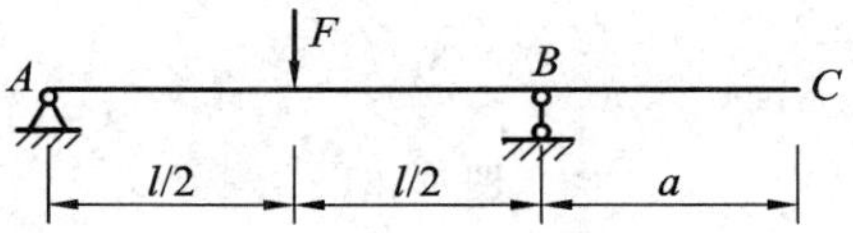

图 13.28

参考答案：

1. 集中力作用面的一侧；2. 1/2；3. $\dfrac{ql^2}{8}-\dfrac{M_e}{2}$，$\dfrac{ql^2}{4}$，$\dfrac{ql^2}{2}$；

4. 线性，零，抛物线；5. $1/3h$；

6. $\dfrac{BH^2}{6}-\dfrac{bH^2}{6}$，$\dfrac{BH^2}{6}-\dfrac{Bh^3}{6H}$，$\dfrac{BH^2}{6}-\dfrac{bh^3}{6H}$；7. −173、−77 、0 、78 、176；

8. 8 倍，16 倍，2 倍，8 倍；9. $Fal/(6EI)$。

(四) 计算题

1. T 形截面外伸梁受力如图 13.29 所示，已知截面对中性轴(z)的惯性矩 $I_z=4\times10^7\ \text{mm}^4$，$y_1=140$ mm，$y_2=60$ mm，试求梁中横截面上的最大拉应力，并指明其所在位置。

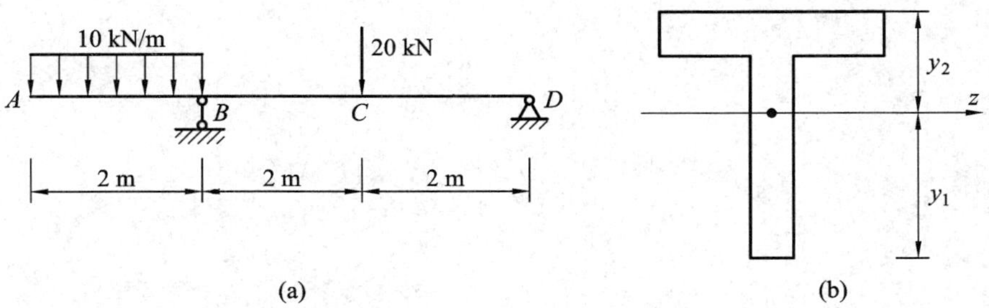

图 13.29

2. 图 13.30 所示 AC 梁的受力如图所示，其中 $F=qb$，梁各处截面的弯曲刚度均为 EI。利用几种常见梁的变形公式求：(1) 截面 C 的挠度；(2) 截面 B 的转角。

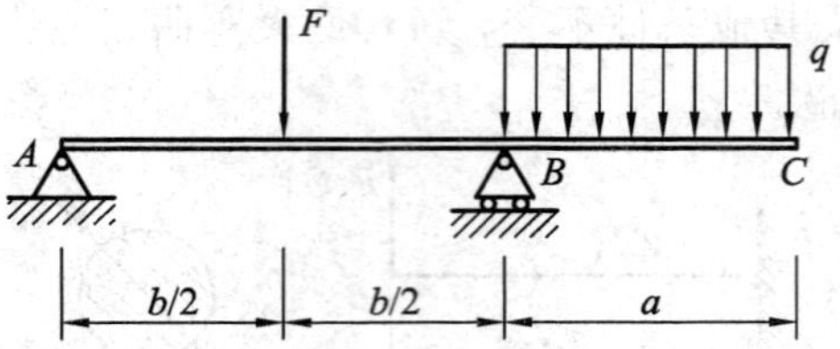

图 13.30

3. 画出图 13.31(a)、(b)、(c)三种梁的挠曲线大致形状。

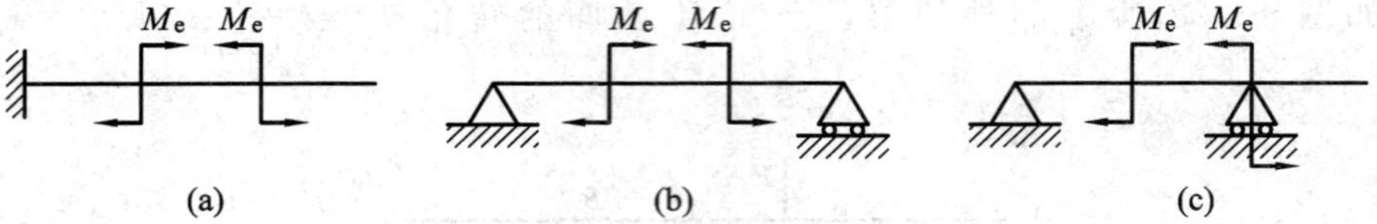

图 13.31

参考答案：

1. $\sigma_{\max}^{t}=\dfrac{M_C}{I_z}\cdot y_1=\dfrac{10\times10^3}{4\times10^{-5}}\times0.14=35\ \text{MPa}$，最大拉应力在 C 截面的下边缘各点处。

2. $\theta_B=\dfrac{qb^3}{16EI}-\dfrac{qa^2b}{6EI}$，$w_C=\dfrac{qb^3a}{16EI}-\dfrac{qa^4}{8EI}-\dfrac{qa^3b}{6EI}$

3. 如图 13.32 所示。

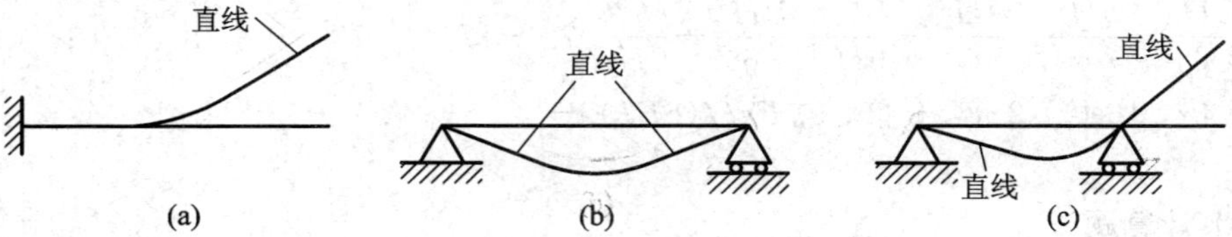

图 13.32

第 14 章　应力状态和强度理论

一、知识点归纳

1. 应力状态的概念

1）点的应力状态

一点的应力状态是指通过受力构件内任一点处各个不同方位的截面上的应力的总称。表示一点应力状态的方法是围绕此点取一个微小的正六面体，当正六面体的各边长趋近于零时，正六面体即收缩为该点，称此正六面体为单元体。由于单元体的边长可以无限小，因此可以认为各个侧面上的应力均匀分布，而且认为相对两侧面上的应力大小相等，方向相反。

2）主平面与主应力

如果单元体的每个面(三个互相垂直的侧面)上只有正应力而无切应力，则称此单元体为主单元体；切应力为零的平面为主平面；主平面上的正应力称为主应力，三个主应力分别用 σ_1、σ_2、σ_3 表示，即 $\sigma_1 \geqslant \sigma_2 \geqslant \sigma_3$。

3）应力状态分类

(1) 单向应力状态：三个主应力中只有一个不为零，其余两个全为零的应力状态。

(2) 二向应力状态：三个主应力中有两个不为零的应力状态，又称为平面应力状态。

(3) 三向应力状态：三个主应力都不为零的应力状态，又称为空间应力状态。

(4) 纯剪切应力状态：只受切应力作用的应力状态。

2. 平面应力状态分析——解析法

1）任意斜截面上的正应力和切应力

平面应力状态的单元体如图 14.1 所示，两对互相垂直的面上的正应力和切应力分别为 (σ_x, τ_{xy})，(σ_y, τ_{yx})，其中 $\tau_{xy} = -\tau_{yx}$。任意一个斜截面的方位是由它的法线 n 与水平坐标轴 x 正方向的夹角 α 确定的，如图 14.1(a)和(b)所示，α 角和各个面上的正应力和切应力的符号规定如下：

α 角——由 x 轴逆时针方向转到外法线 n 时为正，反之为负。

正应力——拉应力为正、压应力为负。

切应力——对单元体或局部微体内任一点的矩为顺时针方向为正、反之为负。

斜截面上的正应力和切应力的解析式为

$$\sigma_\alpha = \frac{\sigma_x + \sigma_y}{2} + \frac{\sigma_x - \sigma_y}{2}\cos 2\alpha - \tau_{xy}\sin 2\alpha \tag{14-1}$$

$$\tau_\alpha = \frac{\sigma_x - \sigma_y}{2}\sin 2\alpha + \tau_{xy}\cos 2\alpha \tag{14-2}$$

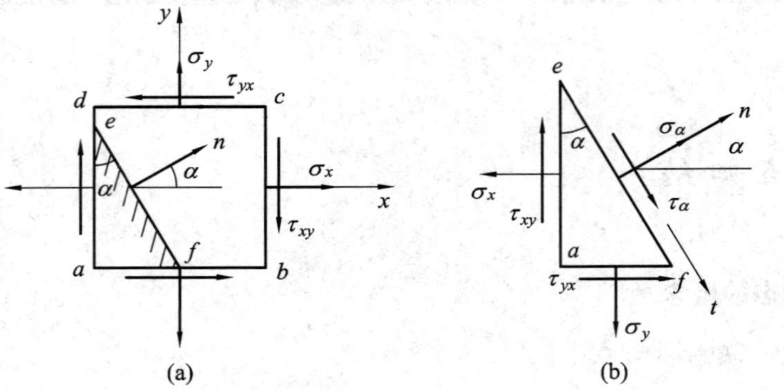

图 14.1

2）极值正应力、主应力、主平面

（1）极值正应力为

$$\left.\begin{matrix}\sigma_{\max} \\ \sigma_{\min}\end{matrix}\right\} = \frac{\sigma_x + \sigma_y}{2} \pm \sqrt{\left(\frac{\sigma_x - \sigma_y}{2}\right)^2 + \tau_{xy}^2} \tag{14-3}$$

（2）极值正应力方位角为

$$\tan 2\alpha_0 = \frac{-2\tau_{xy}}{\sigma_x - \sigma_y} \tag{14-4}$$

α_0 和 $\alpha_0 + 90°$（或 $\alpha_0 - 90°$）为极值正应力的方位角。将 $\sigma_{\max}$、$\sigma_{\min}$ 和 0 按照大小排序即得到 σ_1、σ_2 和 σ_3。这样 α_0 和 $\alpha_0 + 90°$（或 $\alpha_0 - 90°$）即成为主平面的方位角。

3）极值切应力及其方位角

（1）极值切应力为

$$\left.\begin{matrix}\tau_{\max} \\ \tau_{\min}\end{matrix}\right\} = \pm\sqrt{\left(\frac{\sigma_x - \sigma_y}{2}\right)^2 + \tau_{xy}^2} \tag{14-5}$$

（2）极值切应力方位角为

$$\tan 2\alpha_1 = \frac{\sigma_x - \sigma_y}{2\tau_{xy}} \tag{14-6}$$

由 α_1 和 α'_1（$\alpha'_1 = \alpha_1 \pm 90°$）所对应的应力，分别为作用在 xy 平面内的最大和最小切应力。

3. 平面应力状态分析——图解法

1）应力圆（莫尔圆）方程

$$\left(\sigma_\alpha - \frac{\sigma_x + \sigma_y}{2}\right)^2 + \tau_\alpha^2 = \left(\frac{\sigma_x - \sigma_y}{2}\right)^2 + \tau_{xy}^2 \tag{14-7}$$

圆心为 $C\left(\frac{\sigma_x + \sigma_y}{2}, 0\right)$，半径为 $R = \sqrt{\left(\frac{\sigma_x - \sigma_y}{2}\right)^2 + {\tau_{xy}}^2}$，如图 14.2 所示。

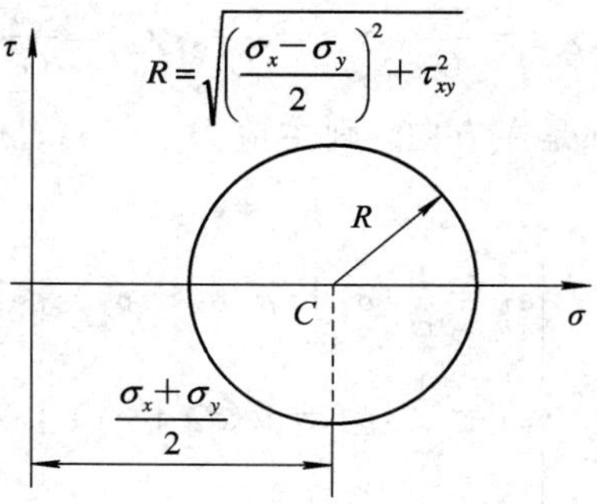

图 14.2

2）应力圆上点的坐标和单元体斜截面上应力对应关系

点面对应：应力圆上点的坐标对应于单元体上某斜截面上的应力。

2 倍角对应：应力圆上转过 2α 角，对应于单元体上按相同方向转 α 角。

4. 三向应力状态

(1) 主应力：在任意应力状态下，必存在三个相互垂直的主应力 σ_1、σ_2、σ_3，且有 $\sigma_1 \geqslant \sigma_2 \geqslant \sigma_3$。三项应力圆如图 14.3 所示。

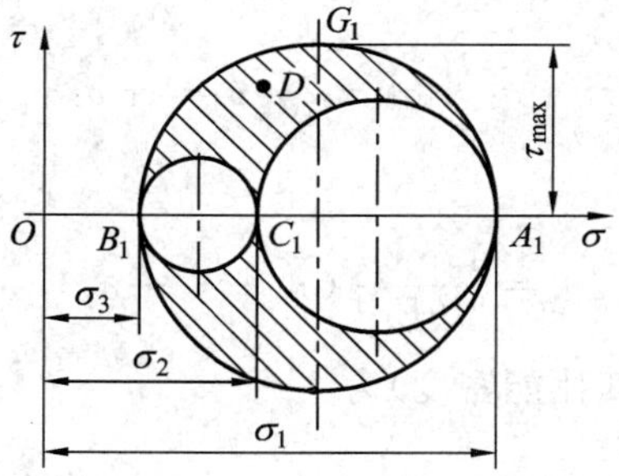

图 14.3

(2) 最大切应力为

$$\tau_{\max}=\frac{\sigma_1-\sigma_3}{2}$$

5. 广义胡克定律(一般应力状态下的广义胡克定律)

各向同性材料沿 σ_x、σ_y、σ_z 三个方向的线应变为 ε_x、ε_y、ε_z，则有

$$\begin{cases}\varepsilon_x=\dfrac{1}{E}[\sigma_x-\mu(\sigma_y+\sigma_z)]\\[2ex]\varepsilon_y=\dfrac{1}{E}[\sigma_y-\mu(\sigma_z+\sigma_x)]\\[2ex]\varepsilon_z=\dfrac{1}{E}[\sigma_z-\mu(\sigma_x+\sigma_y)]\end{cases}\tag{14-8}$$

xy、yz 和 zx 三个面内的切应变分别为

$$\gamma_{xy}=\frac{\tau_{xy}}{G},\ \gamma_{yz}=\frac{\tau_{yz}}{G},\ \gamma_{zx}=\frac{\tau_{zx}}{G} \tag{14-9}$$

如果 x、y、z 三个方向都是主方向，则主应力 σ_1、σ_2、σ_3 和主应变 ε_1、ε_2、ε_3 之间关系为

$$\begin{cases}\varepsilon_1=\dfrac{1}{E}[\sigma_1-\mu(\sigma_2+\sigma_3)]\\ \varepsilon_2=\dfrac{1}{E}[\sigma_2-\mu(\sigma_3+\sigma_1)]\\ \varepsilon_3=\dfrac{1}{E}[\sigma_3-\mu(\sigma_1+\sigma_2)]\end{cases} \tag{14-10}$$

6. 应变能密度

（1）单向应力状态应变能密度为

$$\nu_\varepsilon=\frac{1}{2}\sigma\varepsilon \tag{14-11}$$

（2）二向或三向应力状态应变能密度为

$$\nu_\varepsilon=\frac{1}{2}\sigma_1\varepsilon_1+\frac{1}{2}\sigma_2\varepsilon_2+\frac{1}{2}\sigma_3\varepsilon_3 \tag{14-12}$$

或

$$\nu_\varepsilon=\frac{1}{2E}[\sigma_1^2+\sigma_2^2+\sigma_3^2-2\mu(\sigma_1\sigma_2+\sigma_2\sigma_3+\sigma_1\sigma_3)] \tag{14-13}$$

（3）体积改变能密度为

$$\nu_v=\frac{1-2\mu}{6E}(\sigma_1+\sigma_2+\sigma_3)^2 \tag{14-14}$$

（4）畸变能密度（形状改变比能密度）为

$$\nu_d=\frac{1+\mu}{6E}[(\sigma_1-\sigma_2)^2+(\sigma_2-\sigma_3)^2+(\sigma_3-\sigma_1)^2] \tag{14-15}$$

7. 强度理论概念

1）材料失效的两种形式

材料由于强度不足而引起的失效形式，与材料的物理性能，而且还与材料所处的应力状态、加载速率、温度及环境因素有关。材料在常温、静载下的失效形式有以下两种：

（1）脆性断裂，即材料在无明显的变形下突然断裂。

（2）塑性屈服，即材料由于产生显著的塑性变形而丧失正常工作能力。

2）强度理论

不论材料处于何种应力状态，材料在常温静载下主要发生两种形式的强度失效：屈服和断裂。只要失效的模式相同，其失效的原因就包含着共同的因素。建立复杂应力状态下的强度失效判据，就是提出材料在不同应力状态下失效原因与失效规律的各种假说。根据这些假说，就可利用单向拉伸实验结果来建立材料在复杂应力状态下的强度条件，即为强度理论。

3）四种常用的强度理论

（1）最大拉应力理论（第一强度理论）。

最大拉应力理论认为，引起材料断裂的主要原因为最大拉应力，强度条件为

$$\sigma_{r1}=\sigma_1\leqslant[\sigma] \tag{14-16}$$

式中，σ_{r1}为第一强度理论的相当应力。这一理论对铸铁、玻璃、石膏等脆性材料在二向或三向拉伸断裂时，与实验结果较吻合。但这一理论没有考虑其他两个主应力的影响。另外，对于没有拉应力的情况，如三向压应力状态，该理论不适用。

（2）最大拉应变理论（第二强度理论）。

最大拉应变理论认为，引起材料断裂的主要原因是最大拉应变，强度条件为

$$\sigma_{r2}=\sigma_1-\mu(\sigma_2+\sigma_3)\leqslant[\sigma] \tag{14-17}$$

式中，σ_{r2}为第二强度理论的相当应力。这一理论对脆性材料在双向拉伸-压缩应力状态下，且压应力值大于拉应力值时，与实验结果大致吻合。此外，该理论能够很好地解释砖、石等脆性材料在轴向受压时，试件沿纵向截面断裂的现象。

（3）最大切应力理论（第三强度理论）。

最大切应力理论认为，引起材料屈服的主要原因为最大切应力，强度条件为

$$\sigma_{r3}=\sigma_1-\sigma_3\leqslant[\sigma] \tag{14-18}$$

式中，σ_{r3}为最大切应力理论的相当应力。对于塑性材料，最大切应力理论与实验结果比较接近，而且简明易懂，因此在工程中广为应用。该理论的缺陷是忽略了中间主应力σ_2对材料屈服的影响。在二向应力状态下，该理论所得结果较实验结果偏于安全。

（4）畸变能密度理论（第四强度理论）。

畸变能密度理论认为，畸变能密度是引起材料屈服的主要原因，相应的强度条件为

$$\sigma_{r4}=\sqrt{\frac{1}{2}[(\sigma_1-\sigma_2)^2+(\sigma_2-\sigma_3)^2+(\sigma_3-\sigma_1)^2]}\leqslant[\sigma] \tag{14-19}$$

式中，σ_{r4}为畸变能密度理论的相当应力。此理论适用于塑性材料，考虑了三个主应力的共同影响。

关于强度理论的应用，一般来说，铸铁、混凝土、砖、岩石、玻璃等脆性材料通常以断裂的方式失效，宜采用第一和第二强度理论。而低碳钢、铝合金、铜等塑性材料通常以屈服的方式破坏，宜采用第三和第四强度理论。

二、典型例题解析

例 14.1　图 14.4(a)所示单元体，试求：（1）指定斜截面上的应力；（2）主应力大小及主平面位置，并将主平面标在单元体上。（3）xy 平面内的最大切应力及其方位角。

解法一：解析法。

（1）由单元体可知，

$$\sigma_x=0,\ \sigma_y=-40\ \text{MPa},\ \tau_{xy}=-100\ \text{MPa},\ \alpha=30°$$

$$\sigma_\alpha=\frac{\sigma_x+\sigma_y}{2}+\frac{\sigma_x-\sigma_y}{2}\cos 2\alpha-\tau_{xy}\sin 2\alpha$$

$$=\frac{0-40}{2}+\frac{0+40}{2}\cos 60°+100\sin 60°=76.6\ \text{MPa}$$

$$\tau_\alpha=\frac{\sigma_x-\sigma_y}{2}\sin 2\alpha-\tau_x\cos 2\alpha$$

$$=\frac{0+40}{2}\sin 60°-100\cos 60°=-32.7\ \text{MPa}$$

σ_α，τ_α 的方向画在图 14.4(a)中。

(2) 极值正应力为

$$\left.\begin{matrix}\sigma_{\max}\\ \sigma_{\min}\end{matrix}\right\}=\frac{\sigma_x+\sigma_y}{2}\pm\sqrt{\left(\frac{\sigma_x-\sigma_y}{2}\right)^2+\tau_{xy}^2}=\frac{0-40}{2}\pm\sqrt{\left(\frac{0-40}{2}\right)^2+100^2}=\begin{matrix}82\\ -122\end{matrix}\ \text{MPa}$$

三个主应力分别为：

$$\sigma_1=82\ \text{MPa},\ \sigma_2=0,\ \sigma_3=-122\ \text{MPa}$$

由主应力方位角公式有

$$\alpha_0=\frac{1}{2}\arctan\left(\frac{-2\tau_{xy}}{\sigma_x-\sigma_y}\right)=\frac{1}{2}\arctan\frac{200}{40}=39.5°$$

$$\alpha_0+90°=129.5°$$

主平面的位置如图 14.4(b)所示。

(3) 极值切应力为

$$\left.\begin{matrix}\tau_{\max}\\ \tau_{\min}\end{matrix}\right\}=\pm\sqrt{\left(\frac{\sigma_x-\sigma_y}{2}\right)^2+\tau_{xy}{}^2}=\pm\sqrt{\left(\frac{0+40}{2}\right)^2+100^2}=\pm 102\ \text{MPa}$$

最大切应力方位角为

$$\alpha_1=\alpha_0+45°=84.5°$$

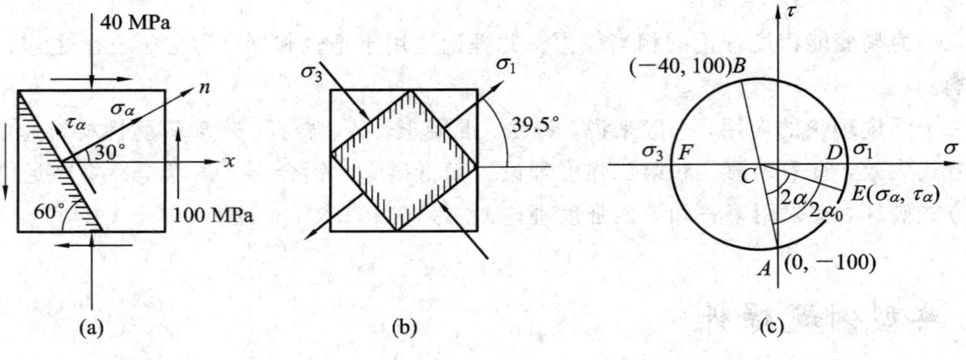

图 14.4

解法二：图解法。

建立 $\sigma-\tau$ 坐标系，选取适当的比例尺，以横坐标 σ_x、纵坐标 τ_{xy} 确定 A 点的位置，即 $A(0, -100)$；以横坐标 σ_y、纵坐标 $-\tau_{xy}$ 确定 B 点的位置，即 $B(-40, 100)$；以 AB 为直径画应力圆，如图 14.4(c)所示。以点 A(对应单元体上以 x 轴为法线的平面)为起点，按照单元体上 x 轴转至 n 的相同方向逆时针旋转 $2\alpha=60°$，得到点 E(对应单元体上以 n 轴为法线的平面)，量出该点的横坐标为 σ_α，纵坐标为 τ_α。量出应力圆与轴两个交点 D 和 F 的横坐标，可得主应力 σ_1 和 σ_3 的数值。主应力的方位角 $\alpha_0=\dfrac{\angle ACD}{2}$。$xy$ 平面内的最大切应力是此应力圆的半径，量出即得到。

应力圆上的基准点(σ_x，τ_{xy})对应单元体上的 x 面，此点是判断角度转向和正负号的基准，基准确定后利用点面对应、二倍角对应、转向一致关系求解。

例 14.2　图 14.5(a)和(b)所示为铸铁和低碳钢扭转试件断口破坏的不同形式，试分析危险点的应力状态和破坏原因。

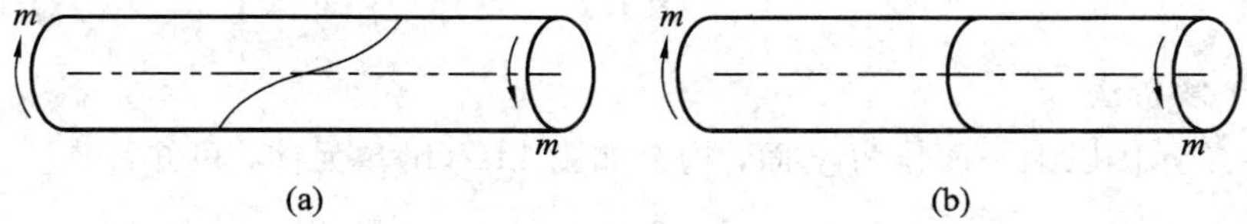

图 14.5

解　(1) 由受扭圆轴的圆周上取出单元体，如图 14.6(a)所示，为纯剪切应力状态。

将 $\sigma_x=\sigma_y=0$、$\tau_{xy}=\tau$ 代入式(14－1)和式(14－2)中，得任意斜截面(图 14.6(b))上正应力和切应力分别为

$$\sigma_\alpha=-\tau\sin2\alpha$$
$$\tau_\alpha=\tau\cos2\alpha$$

可见，当 $\alpha=-45°$时，$\sigma_{\max}=\sigma_{-45°}=\tau$；当 $\alpha=45°$时，$\sigma_{\min}=\sigma_{45°}=-\tau$；当 $\alpha=0$ 时，$\tau_{\max}=\tau_{0°}=\tau$；当 $\alpha=90°$时，$\tau_{\min}=\tau_{90°}=-\tau$。

即最大拉应力和最大压应力分别在 $\alpha=-45°$和 $\alpha=45°$的截面上，最大和最小切应力分别在 0°和 90°截面上，其绝对值均等于 τ。

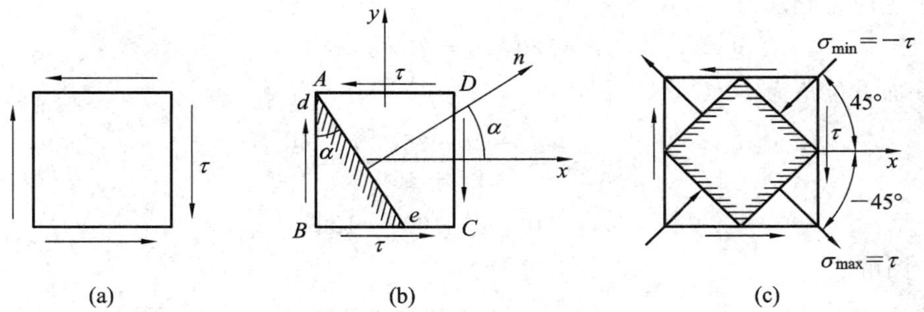

图 14.6

(2) 破坏原因分析。

低碳钢等塑性材料，扭转时沿着横截面发生破坏，是由于横截面上($\alpha=0°$)的最大切应力将其剪断导致的；对铸铁等脆性材料，沿着－45°螺旋面发生破坏，是由于－45°斜截面上最大拉应力将其拉断的结果(图 14.6(c))。

例 14.3　在受力物体的某一处，夹角为 150°的两个截面上的应力如图示 14.7 所示，分别用解析法和图解法求该点处的主应力及主平面的位置。(单位：MPa)

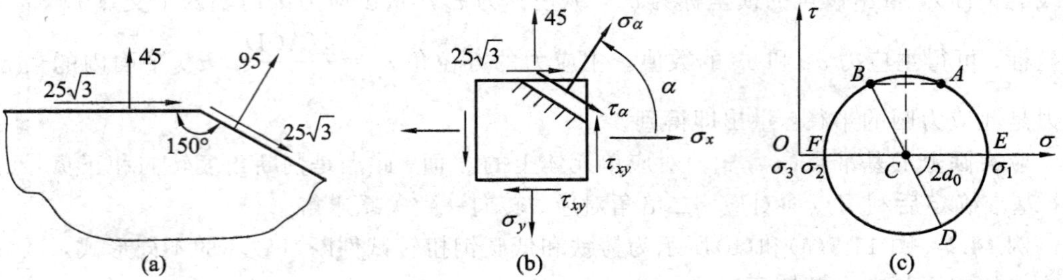

图 14.7

解 (1) 解析法。

① 确定单元体以上平面作为 y 面，构造如图 14.7(b)单元体，可知：

$$\sigma_y=45,\ \tau_{xy}=-\tau_{yx}=-25\sqrt{3},\ \alpha=60^\circ,\ \sigma_{60^\circ}=95,\ \tau_{60^\circ}=25\sqrt{3}$$

② 求 σ_x。

将上述已知条件代入任意斜截面上切应力公式中，即

$$\sigma_\alpha=\frac{\sigma_x-\sigma_y}{2}\sin2\alpha+\tau_{xy}\cos2\alpha$$

$$25\sqrt{3}=\frac{\sigma_x-45}{2}\sin120^\circ+(-25\sqrt{3})\cos120^\circ$$

解得 $\sigma_x=95$。

③ 求主应力、主平面。

$$\sigma_{\min}^{\max}=\frac{\sigma_x+\sigma_y}{2}\pm\sqrt{\left(\frac{\sigma_x-\sigma_y}{2}\right)^2+\tau_{xy}^2}=\frac{95+45}{2}\pm\sqrt{\left(\frac{95-45}{2}\right)^2+(-25\sqrt{3})^2}=\begin{matrix}120\\20\end{matrix}$$

三个主应力分别为

$$\sigma_1=120,\ \sigma_2=20,\ \sigma_3=0$$

主平面方位角为

$$\tan2\alpha_0=\frac{-2(-25\sqrt{3})}{95-45}=\sqrt{3}$$

$$\alpha_0=30^\circ,\ \alpha_0+90^\circ=120^\circ$$

(2) 图解法。

建立 $\sigma-\tau$ 坐标系，按选取的比例尺，在坐标系中确定 $A(45,\ 25\sqrt{3})$ 和 $B(95,\ 25\sqrt{3})$ 两点的位置，连接 AB 并作其垂直平分线与 σ 轴交于 C 点。以 C 为圆心，CA 为半径画应力圆，与 σ 轴交于 E 和 F 两点，量得 $\sigma_1=OE=120$ MPa，$\sigma_2=OF=20$ MPa，$\sigma_3=0$。连接 BC 并延长交圆周于 D 点，则 D 点对应 x 面，为应力圆上的基准点，量得 D 点横坐标，即为 x 面上的正应力 $\sigma_x=95$ MPa，即 $D(95,\ -25\sqrt{3})$，量取 $\angle DCE=60^\circ$，则 $\alpha_0=30^\circ$。

例 14.4 求图 14.8(a)所示单元体的主应力和最大切应力。(单位：MPa)

解 (1) 解析法。

建立坐标系，由单元体应力状态知 x 面为主平面之一，相应主应力为 50 MPa。

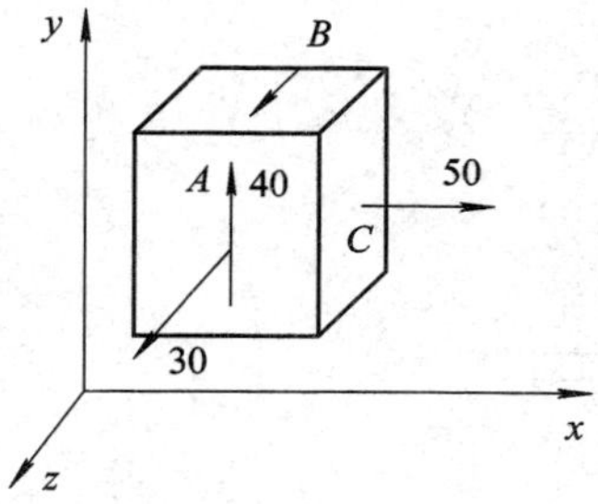

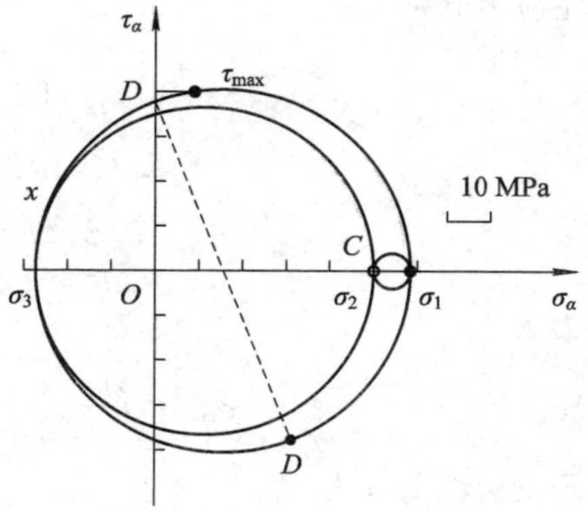

图 14.8

在 yz 平面内应用极值正应力公式求 σ_{max} 和 σ_{min}，即

$$\sigma_{\min}^{\max}=\frac{\sigma_y+\sigma_z}{2}\pm\sqrt{\left(\frac{\sigma_y-\sigma_z}{2}\right)^2+\tau_{yz}^2}=\frac{0+30}{2}\pm\sqrt{\left(\frac{0-30}{2}\right)^2+40^2}=\begin{matrix}58\\-27\end{matrix}\ \text{MPa}$$

即 $\sigma_1=58$ MPa，$\sigma_2=50$ MPa，$\sigma_3=-27$ MPa。

由三向应力状态最大切应力公式得

$$\tau_{max}=\frac{\sigma_1-\sigma_3}{2}=\frac{58-(-27)}{2}=43\ \text{MPa}$$

(2) 图解法。

如图 14.8(b)所示，设定比例尺，并绘制 yz 平面应力圆和三向应力圆。根据三向应力圆，显然有 $\sigma_1=58$ MPa，$\sigma_2=50$ MPa，$\sigma_3=-27$ MPa，则单元体内的最大切应力为最大应力圆的半径，即

$$\tau_{max}=\frac{\sigma_1-\sigma_3}{2}=\frac{58-(-27)}{2}=43\ \text{MPa}$$

例 14.5　图 14.9 为单向拉伸与纯剪切组合的应力状态，其中，σ 和 τ 均为已知，试确定这一应力状态的三个主应力和最大切应力，并建立第三和第四强度理论的强度条件。

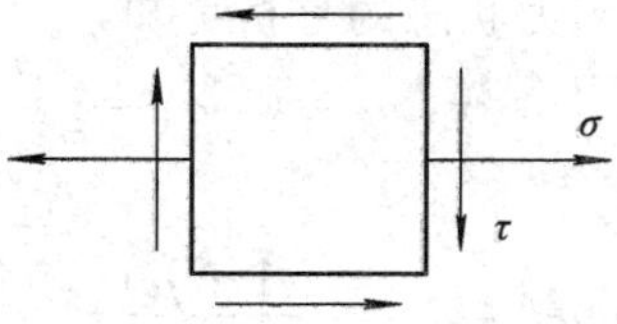

图 14.9

解　对于图 14.9 所示平面应力状态，有 $\sigma_x=\sigma$，$\sigma_y=0$，$\tau_{xy}=\tau$，平面内的最大和最小正应力分别为

$$\left.\begin{matrix}\sigma_{max}\\ \sigma_{min}\end{matrix}\right\}=\frac{1}{2}(\sigma\pm\sqrt{\sigma^2+4\tau^2})$$

所以三个主应力分别为

$$\sigma_1 = \frac{\sigma}{2} + \frac{1}{2}\sqrt{\sigma^2 + 4\tau^2}$$

$$\sigma_2 = 0$$

$$\sigma_3 = \frac{\sigma}{2} - \frac{1}{2}\sqrt{\sigma^2 + 4\tau^2}$$

最大切应力为

$$\tau_{\max} = \frac{\sigma_1 - \sigma_3}{2} = \frac{1}{2}\sqrt{\sigma^2 + 4\tau^2}$$

第三强度理论强度条件为

$$\sigma_{r3} = \sqrt{\sigma^2 + 4\tau^2} \leqslant [\sigma]$$

第四强度理论强度条件为

$$\sigma_{r4} = \sqrt{\sigma_x^2 + 3\tau^2} \leqslant [\sigma]$$

例 14.6 在图 14.10(a)中矩形截面梁的中性层上某点 K 处，沿与轴线成 45°处贴有电阻应变片，测得线应变 $\varepsilon_{45^\circ} = -2.6 \times 10^{-5}$，求梁上的载荷 F。已知 $E = 210$ GPa，$\mu = 0.28$。

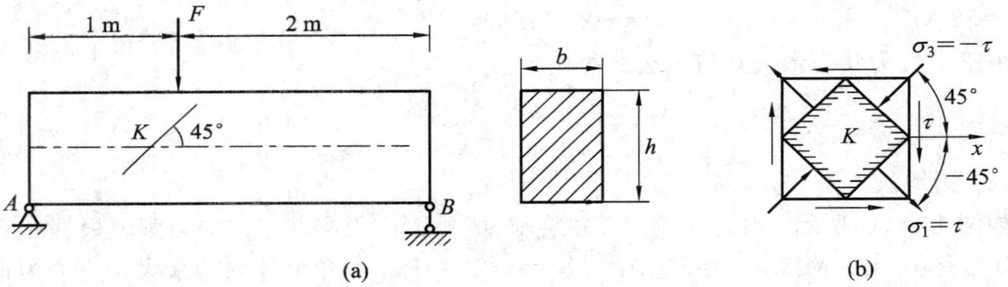

图 14.10

解 根据平衡条件，左端支座向上的约束力 $F_A = \dfrac{2}{3}F$，由截面法得 K 点所在截面的切应力 $F_s = \dfrac{2}{3}F$，因此中性层上的切应力 $\tau = \dfrac{3}{2}\dfrac{F_s}{A} = \dfrac{3}{2}\dfrac{F_s}{bh}$。从 K 点取出单元体的应力状态如图 14.10(b)所示，由纯剪切应力状态的分析可知

$$\sigma_1 = \sigma_{-45^\circ} = \tau, \ \sigma_2 = 0, \ \sigma_3 = \sigma_{45^\circ} = -\tau$$

根据广义胡克定律得

$$\varepsilon_{45^\circ} = \frac{1}{E}(\sigma_{45^\circ} - \mu\sigma_{-45^\circ}) = -\frac{(1+\mu)}{E}\tau = -\frac{F}{Ebh}(1+\mu)$$

$$F = -\frac{Ebh}{1+\mu}\varepsilon_{45^\circ} = \frac{210 \times 10^6 \times 0.1 \times 0.2 \times 2.6 \times 10^{-5}}{1 + 0.28} = 85.3 \text{ kN}$$

例 14.7 图 14.11(a)所示槽形刚体内放置一边长为 $a = 10$ mm 的正方体钢块，钢块顶面承受 $F = 8$ kN 的均布压力作用。试求钢块的三个主应力和主应变。已知钢的 $E = 210$ GPa，$\mu = 0.3$。

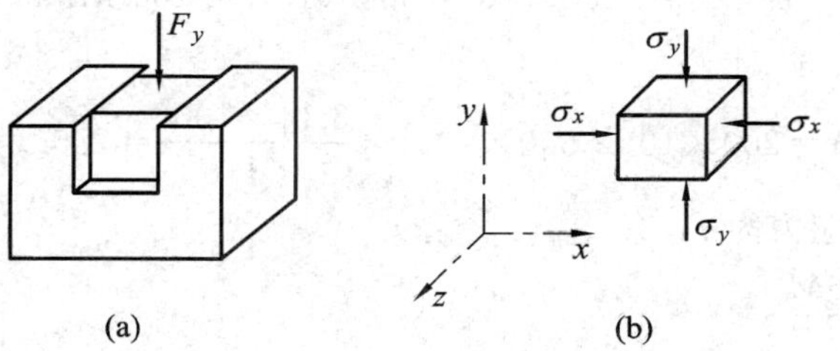

图 14.11

解　选取图 14.11(b)所示坐标系。考察正方体钢块，其 z 截面为自由表面，所以 $\sigma_z=0$；同时钢块在侧向(x 方向)变形受阻，因此 $\varepsilon_x=0$。另钢块 y 方向受压，钢块的各面上应力如图 14.11(b)所示，y 方向截面的应力为

$$\sigma_y=\frac{F_y}{a^2}=\frac{-8\times10^3\ \text{N}}{(0.01\ \text{m})^2}=-80\ \text{MPa}$$

由广义胡克定律，有

$$\varepsilon_x=\frac{1}{E}[\sigma_x-\mu(\sigma_y+\sigma_z)]$$

将 $\varepsilon_x=0$ 和 $\sigma_z=0$ 代入上式，得

$$\sigma_x=\mu\sigma_y=0.3\times(-80\ \text{MPa})=-24\ \text{MPa}$$

主应力为

$$\sigma_1=\sigma_z=0,\ \sigma_2=\sigma_x=-24\ \text{MPa},\ \sigma_3=\sigma_y=-80\ \text{MPa}$$

将上述三个主应力代入广义胡克定律，可求得相应三个主应变为

$$\varepsilon_1=\frac{1}{E}[\sigma_1-\mu(\sigma_2+\sigma_3)]=\frac{[0-0.3(-24-80)]\times10^6\ \text{Pa}}{210\times10^9\ \text{Pa}}=1.49\times10^{-4}$$

$$\varepsilon_2=\frac{1}{E}[\sigma_2-\mu(\sigma_3+\sigma_1)]=0$$

$$\varepsilon_3=\frac{1}{E}[\sigma_3-\mu(\sigma_1+\sigma_2)]=\frac{[-80-0.3(0-24)]\times10^6\ \text{Pa}}{210\times10^9\ \text{Pa}}=-3.47\times10^{-4}$$

例 14.8　如图 14.12(a)所示，直径 $d=100$ mm 的圆轴，受轴向拉力 F 和力偶矩 M_e 作用。材料的弹性模量 $E=200$ GPa，泊松比 $\mu=0.3$。现测得圆轴表面的轴向线应变 $\varepsilon_0=500\times10^{-6}$，$-45°$方向的线应变 $\varepsilon_{-45°}=400\times10^{-6}$，求 F 和 M_e。

解　在圆周上取出单元体应力状态如图 14.12(b)所示，F 引起的正应力为 σ。

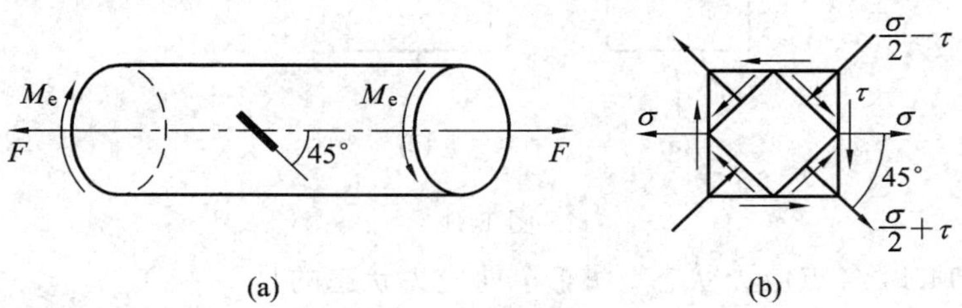

图 14.12

有

$$\sigma=E\varepsilon_0=200\times10^9\times500\times10^{-6}=100\ \text{MPa}$$

则

$$F=\sigma A=E\varepsilon_0 A=200\times10^9\times500\times10^{-6}\times\frac{3.14\times100^2}{4}=785\times10^3\ \text{N}=785\ \text{kN}$$

设扭转引起的切应力为 τ，有

$$\tau=\frac{M_e}{W_p}=\frac{16M_e}{\pi d^3}$$

$$\sigma_{-45^\circ}=\frac{\sigma+0}{2}+\frac{\sigma-0}{2}\cos(-90^\circ)-\tau\sin(-90^\circ)=\frac{\sigma}{2}+\tau=50+\tau$$

$$\sigma_{45^\circ}=\frac{\sigma+0}{2}+\frac{\sigma-0}{2}\cos(90^\circ)-\tau\sin(90^\circ)=\frac{\sigma}{2}-\tau=50-\tau$$

$$\varepsilon_{-45^\circ}=\frac{1}{E}(\sigma_{-45^\circ}-\mu\sigma_{45^\circ})=\frac{1}{200\times10^9}[(50+\tau)\times10^6-0.3\times(50-\tau)\times10^6]$$

$$=400\times10^{-6}$$

$$\tau=34.6\ \text{MPa}$$

又由

$$\tau=\frac{16M_e}{\pi\times0.1^3}$$

得

$$M_e=6.8\ \text{kN}\cdot\text{m}$$

三、自测题

(一) 选择题

1. 按照第三强度理论，比较图 14.13(a)、(b)两种应力状态的危险程度，正确的是(　　)。

(A) 两者相同　　(B) (a)更危险

(C) (b)更危险　　(D) 无法判断

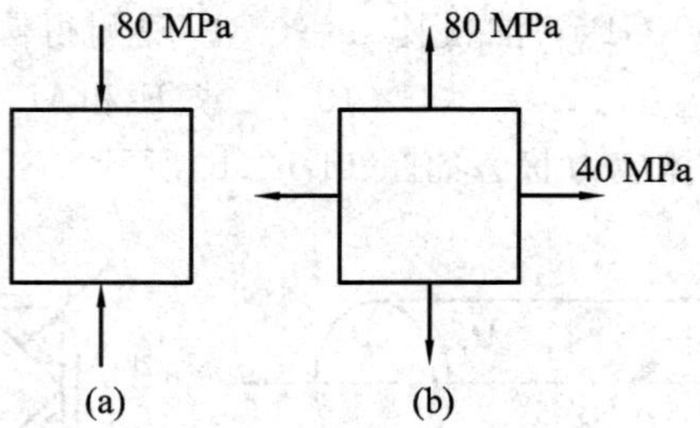

图 14.13

2. 对于图 14.14 各点应力状态，属于单向应力状态的是(　　)。

(A) a 点　　(B) b 点

(C) c 点　　(D) d 点

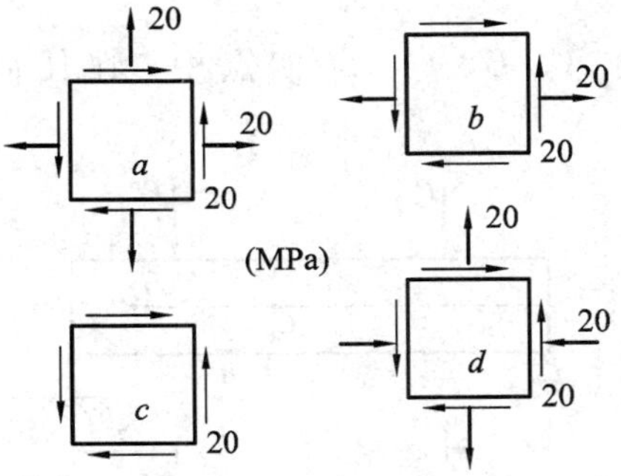

图 14.14

3. 图 14.15 所示应力状态的单元体，按第四强度理论，相当应力 σ_{r4} 为（　　）。

(A) $3\sigma/2$　　(B) $\sigma/2$　　(C) $\sqrt{7}\sigma/2$　　(D) $\sqrt{5}\sigma/2$

4. 纯剪切应力状态如图 14.16 所示，设 $\alpha=45°$，E、μ 分别为材料的弹性模量和泊松比，沿 n 方向的正应力和线应变，有四种答案，正确的是（　　）。

(A) $\sigma_\alpha=\tau$，$\varepsilon_\alpha=\tau/E$　　(B) $\sigma_\alpha=-\tau$，$\varepsilon_\alpha=-\tau/E$

(C) $\sigma_\alpha=\tau$，$\varepsilon_\alpha=\tau(1+\mu)/E$　　(D) $\sigma_\alpha=-\tau$，$\varepsilon_\alpha=\tau(1-\mu)/E$

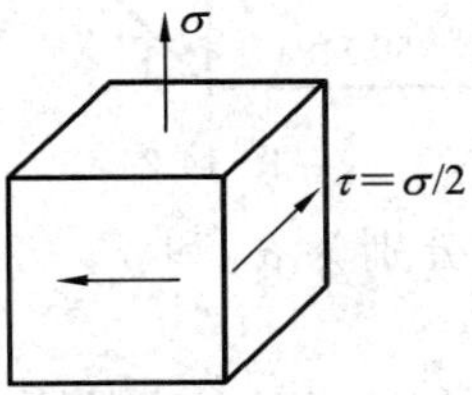

图 14.15

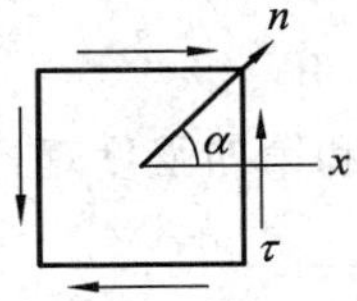

图 14.16

5. 图 14.17 所示的纯剪切应力状态，按第三强度理论校核，正确的是（　　）。

(A) $\tau\leqslant[\sigma]$　　(B) $\sqrt{2}\tau\leqslant[\sigma]$

(C) $-\sqrt{2}\tau\leqslant[\sigma]$　　(D) $2\tau\leqslant[\sigma]$

6. 已知图 14.18 所示单元体 AB、BC 面上只作用有切应力 τ，现关于 AC 面上应力有下列四种答案，正确的是（　　）。

(A) $\tau_{AC}=\tau/2$，$\sigma_{AC}=0$　　(B) $\tau_{AC}=\tau/2$，$\sigma_{AC}=\sqrt{3}\tau/2$

(C) $\tau_{AC}=\tau/2$，$\sigma_{AC}=-\sqrt{3}\tau/2$　　(D) $\tau_{AC}=-\tau/2$，$\sigma_{AC}=\sqrt{3}\tau/2$

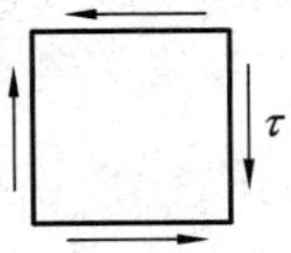

图 14.17

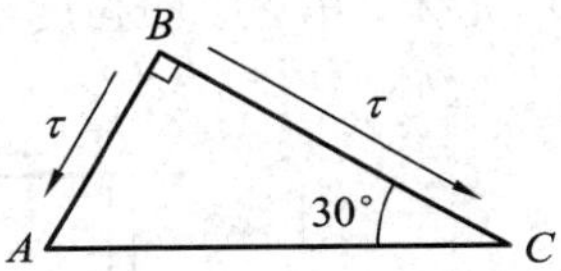

图 14.18

参考答案：1. (A)；2. (A)；3. (C)；4. (C)；5.(D)；6. (C)。

（二）填空题

1. 图 14.19 所示梁的 A、B、C、D 四点中，在任何截面上应力均为零的点是__________。

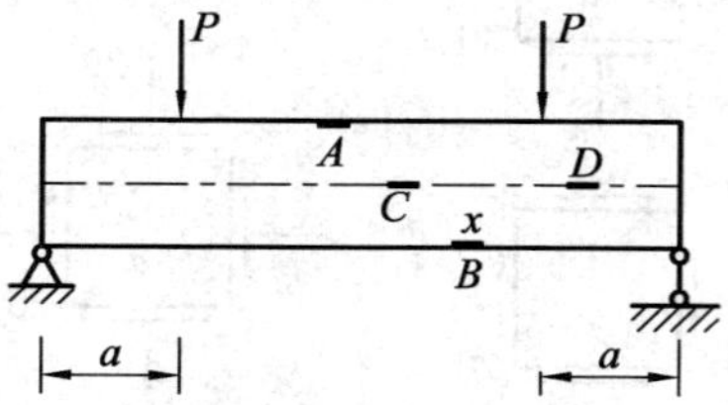

图 14.19

2. 图 14.20 所示单元体的主应力 $\sigma_1=$__________，$\sigma_2=$__________，$\sigma_3=$__________，最大切应力 $\tau_{\max}=$__________（单位：MPa）。

3. 按第三强度理论计算图 14.21 所示单元体的相当应力 $\sigma_{r3}=$__________。

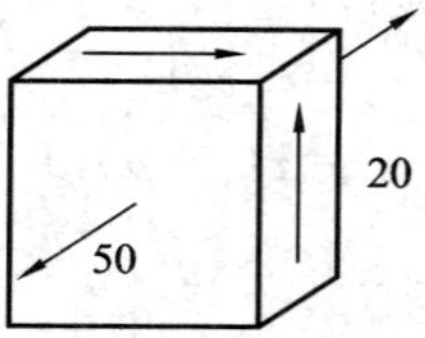

图 14.20

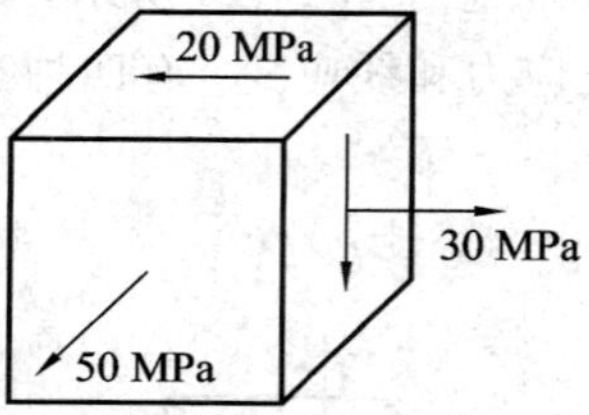

图 14.21

4. 第三强度理论和第四强度理论的相当应力分别为 σ_{r3} 和 σ_{r4}，对于纯剪切状态（见图 14.17）恒有 $\sigma_{r3}/\sigma_{r4}=$__________。

5. A、B 两点的应力状态如图 14.22 所示，已知两点处的主拉应力 σ_1 相同，则 B 点处的 $\tau_{xy}=$__________。

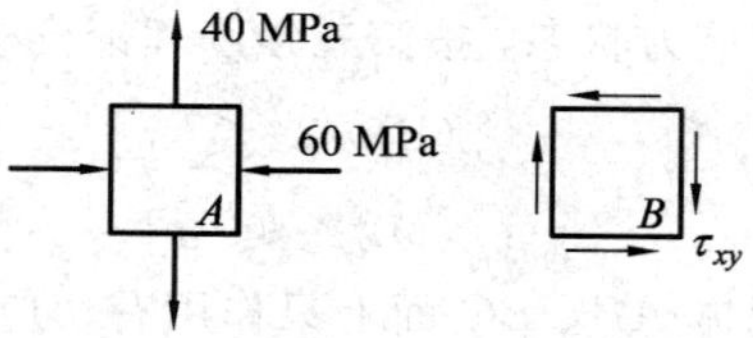

图 14.22

6. 三向应力状态中，若三个主应力相等，即 $\sigma_1=\sigma_2=\sigma_3=\sigma$，材料的弹性模量为 E，泊松比为 μ，则三个主应变为__________。

7. 图 14.23 所示单元体，第三、四强度理论的相当应力分别为 $\sigma_{r3}=$______________，$\sigma_{r4}=$__________。

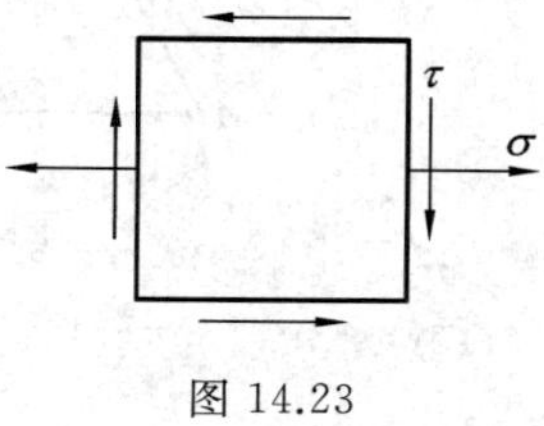

图 14.23

8. 图 14.24 所示为五个平面应力状态的应力圆，试在主平面微体上画出相应的主应力，并注明数值。

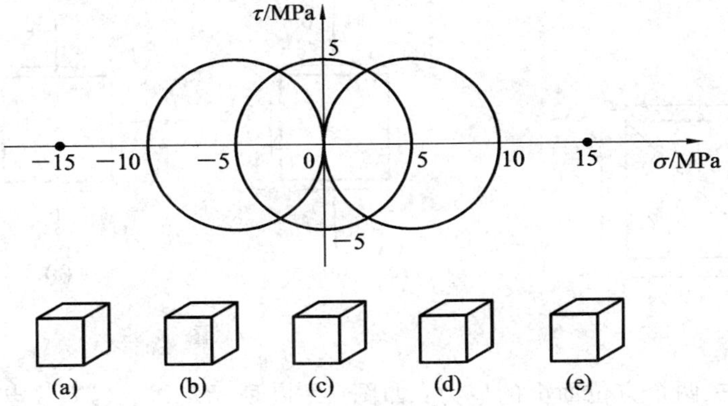

图 14.24

参考答案：

1. C 点；2. $\sigma_1=50$，$\sigma_2=20$，$\sigma_3=-20$，$\tau_{\max}=35$；3. 60 MPa；4. $2/\sqrt{3}$；5. 40 MPa；6. $\dfrac{1-2\mu}{E}\sigma$；7. $\sqrt{\sigma^2+4\tau^2}$，$\sqrt{\sigma^2+3\tau^2}$；8. 略。

(三) 计算题

1. 图 14.25 所示为承受弯曲与扭转组合变形的圆杆，绘出横截面上 1、2、3、4 各点的应力状态，已知直径为 d，写出这些单元体的第三和第四强度理论的相当应力。

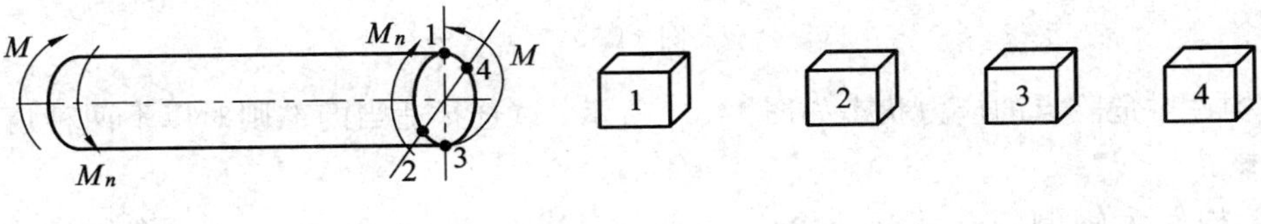

图 14.25

2. 某点应力状态如图 14.26 所示。试求该点的主应力。

3. 一点处两个互成 45°平面上的应力如图 14.27 所示，其中 σ 未知，求该点主应力。

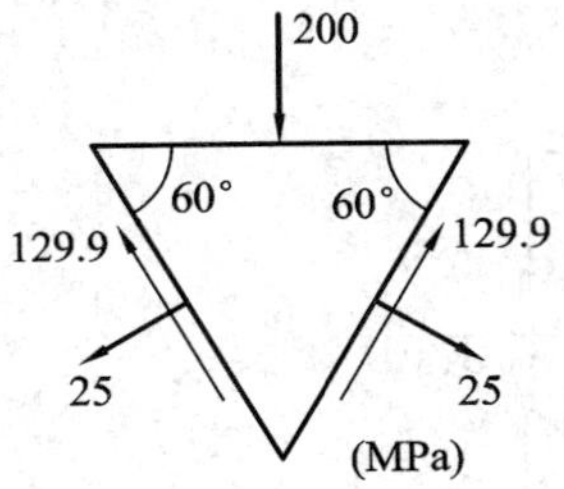

图 14.26

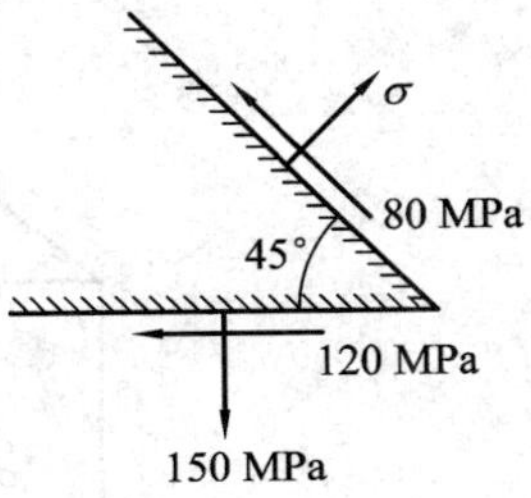

图 14.27

4. 如图 14.28 所示，一边长为 50 mm 的正方形硬铝板处于纯剪切状态，若切应力 $\tau=80$ MPa，并已知材料的弹性模量 $E=72$ GPa，泊松比 $\mu=0.34$。试求对角线 AC 的伸长量。

5. 已知应力状态如图 14.29 所示，应力单位为 MPa。试用解析法和图解法分别求：(1) 主应力大小，主平面位置；(2) 在单元体上绘出主平面位置及主应力方向；(3) 最大切应力。

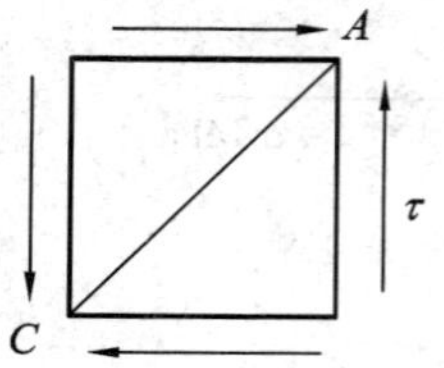

图 14.28

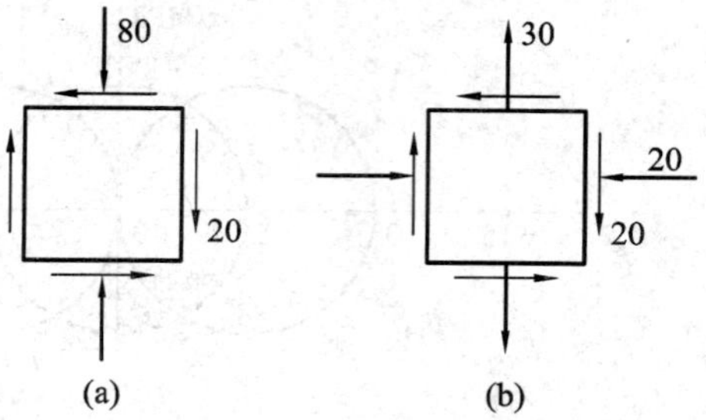

图 14.29

6. 已知某点在两个方位面上的应力，如图 14.30 所示。求：(1) 该点在 AB 面上的应力 τ_α 和 σ_α 的大小；(2) 该点的三个主应力 σ_1、σ_2、σ_3 的大小；(3) 沿 y 轴方向的正应变 ε_y。材料的弹性常数 $E=200$ GPa，泊松比 $\mu=0.3$。

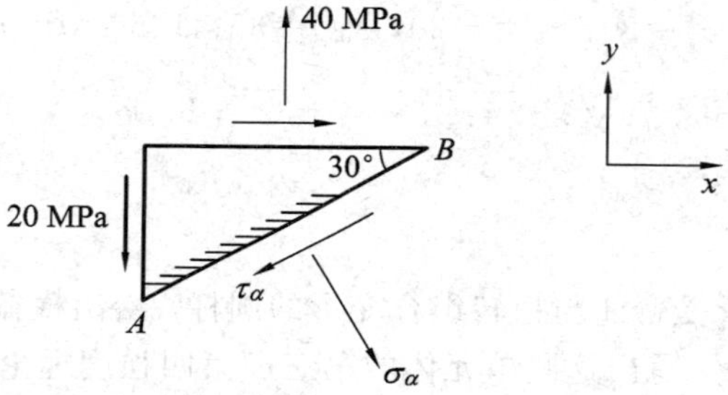

图 14.30

7. 构件中危险点的应力状态如图 14.31 所示，试选择适当的准则对以下两种情形进行强度校核。

(1) 构件为钢制，$\sigma_x=45$ MPa，$\sigma_y=135$ MPa，$\sigma_z=0$，$\tau_{xy}=0$，许用应力 $[\sigma]=160$ MPa。

(2) 构件为铸铁，$\sigma_x=20$ MPa，$\sigma_y=-25$ MPa，$\sigma_z=30$ MPa，$\tau_{xy}=0$，许用应力 $[\sigma]=30$ MPa。

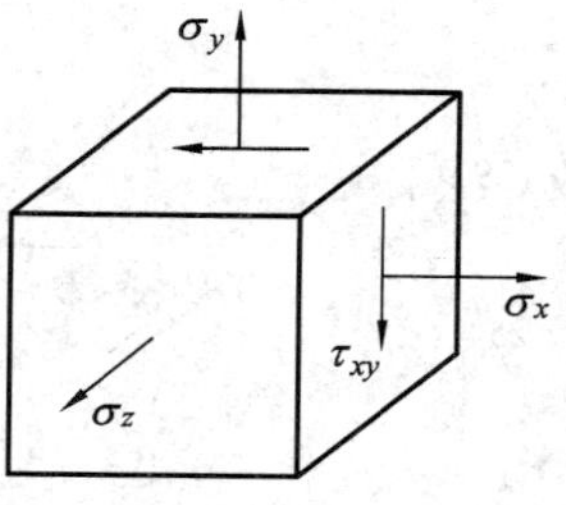

图 14.31

8. 如图 14.32 所示，一变形体 A 四周和底边均与刚性边界光滑接触，上边受均布压力

σ_0。已知材料的弹性模量 E，泊松比 μ，求竖向和水平方向上的应变和应力。

9. 图 14.33 所示曲拐 ABC 在水平面内，悬臂端 C 处作用铅垂集中力 F。在上表面 E 处，沿与母线成 45°方向贴一应变片，已测得线应变 ε_{45°，求载荷 F 值。已知长度 l、a、直径 d 及材料的常数 E、μ。

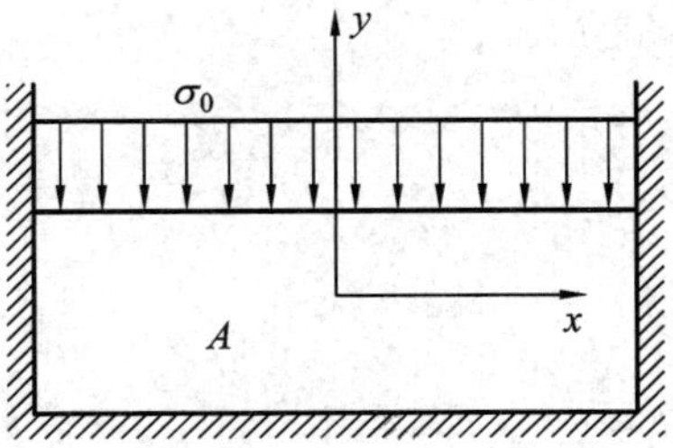

图 14.32

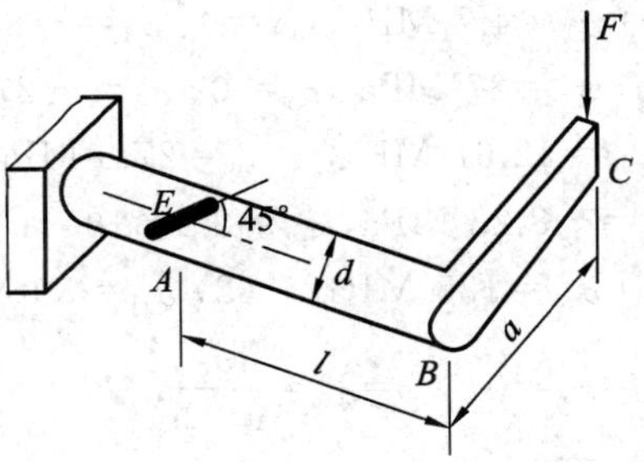

图 14.33

10. 如图 14.34 所示，列车通过钢桥时，用变形仪测得钢桥横梁 A 点的应变为 $\varepsilon_x = 0.0004$，$\varepsilon_y = -0.000\,12$。试求 A 点在 x 和 y 方向的正应力。设 $E = 200$ GPa，$\mu = 0.3$。

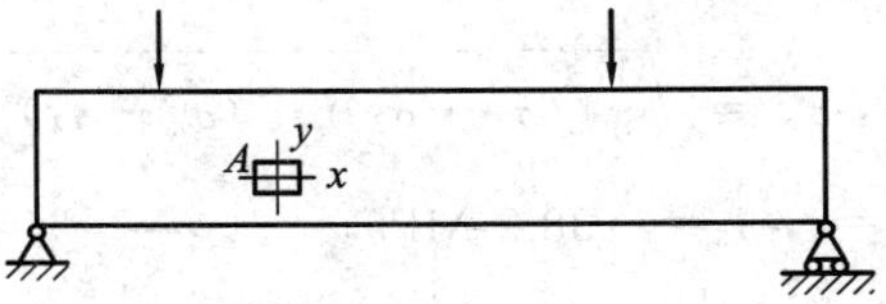

图 14.34

11. 如图 14.35 所示，受内压的薄壁圆筒，已知内压为 p，平均直径为 D，壁厚为 t，弹性常数为 E、ν。试确定圆筒薄壁上任一点的主应力、主应变及第三、第四强度理论的相当应力。

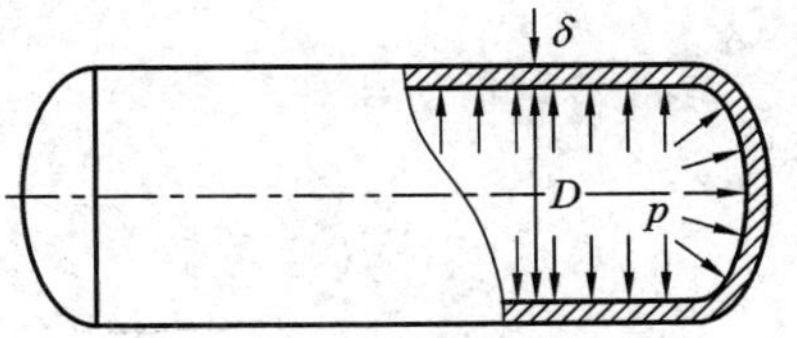

图 14.35

12. 图 14.36 所示工字形截面梁，截面的惯性矩 $I_z = 72.56 \times 10^{-6}\ \text{m}^4$，求固定端截面翼缘和腹板交界处点 a 的主应力和主方向。

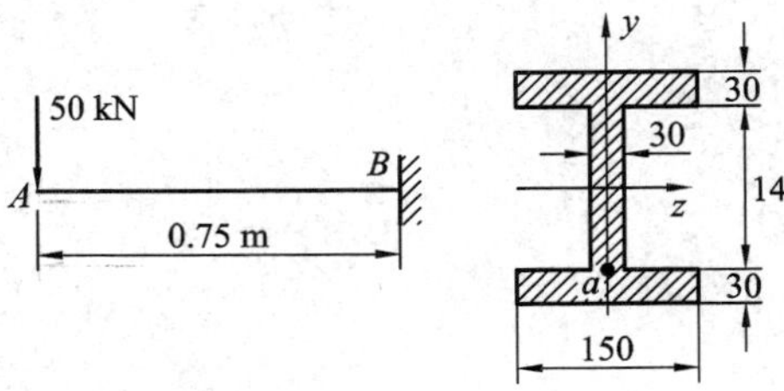

图 14.36

参考答案：

1. 略；2. $\sigma_1=100$ MPa，$\sigma_2=0$，$\sigma_3=-200$ MPa；

3. $\sigma_1=214.22$ MPa，$\sigma_2=0$，$\sigma_3=-74.22$ MPa；

4. $\Delta L_{AC}=5\sqrt{2}\times 1.48\times 10^{-3}=0.001\ 05$ mm；

5. (a) $\sigma_1=4.7$ MPa、$\sigma_2=0$、$\sigma_3=-84.7$ MPa，$\tau_{\max}=44.7$ MPa；
(b) $\sigma_1=37$ MPa、$\sigma_2=0$、$\sigma_3=-27$ MPa，$\tau_{\max}=32$ MPa；

6. $\sigma_{-60}=12.67$ MPa，$\tau_{-60}=27.3$ MPa，$\sigma_1=48.28$，$\sigma_2=0$，
$\sigma_3=-8.28$ MPa，$\varepsilon_y=0.2\times 10^{-3}$；

7. (1) $\sigma_{r3}=135$ MPa，（2）$\sigma_{r1}=30$ MPa；

8. $\varepsilon_x=\varepsilon_z=0$，$\sigma_x=\sigma_z=\dfrac{\nu\sigma_0}{\nu-1}$，

$$\varepsilon_y=\frac{1}{E}[\sigma_y-\nu(\sigma_x+\sigma_z)]=\frac{1}{E}\left[-\sigma_0-\nu\left(\frac{2\nu\sigma_0}{\nu-1}\right)\right]=-\frac{\sigma_0}{E}\left(1-\frac{2\nu^2}{1-\nu}\right)；$$

9. $F=\dfrac{E\varepsilon_{45^\circ}\pi d^3}{16l(1-v)+16a(1+v)}$；

10. $\sigma_x=80$ MPa，$\sigma_y=0$；

11. $\sigma_{r3}=\sigma_1-\sigma_3=\dfrac{pD}{2t}$，$\sigma_{r4}=\sqrt{\dfrac{1}{2}[(\sigma_1-\sigma_2)^2+(\sigma_2-\sigma_3)^2+(\sigma_3-\sigma_1)^2]}=\dfrac{\sqrt{3}pD}{4t}$ 。

12. $\sigma_1=2.03$ MPa，$\sigma_2=0$，$\sigma_3=-38.2$ MPa，

$$\alpha_0=\frac{1}{2}\arctan\left(\frac{-2\tau_{xy}}{\sigma_x-\sigma_y}\right)=\frac{1}{2}\arctan\frac{-2\times 8.8}{36.17}=77.05^\circ。$$

第15章　组合变形

一、知识点归纳

1. 组合变形

1）组合变形

组合变形是指杆件在外力作用下，同时发生两种或两种以上的基本变形。

2）组合变形的计算方法——叠加法

在线弹性和小变形的情况下，假设杆件上各种外力的作用互不影响，几种外力共同作用下产生的应力和变形，等于这几种外力单独作用引起的应力和变形的叠加，即叠加法。

3）几种常见的组合变形

(1) 斜弯曲：杆件在相互垂直的两纵向对称面内同时受到弯矩的作用，杆件弯曲变形后的轴线不在外力作用平面内。

(2) 拉伸(或压缩)与弯曲组合：杆件同时受到轴力和弯矩的作用，偏心拉伸和偏心压缩属于拉弯组合和压弯组合。

(3) 弯曲与扭转组合：杆件同时受到弯矩和扭矩作用。

2. 组合变形强度计算步骤

(1) 分析外力：将外力分解为几个简单载荷，每一个简单载荷只引起一种基本变形，最后确定组合变形类型。

(2) 分析内力：绘制各种基本变形下杆件的内力图，并确定危险截面。

(3) 分析应力：分析危险截面上各基本变形的应力分布，确定危险点。

(4) 确定主应力：在危险点取单元体，分析应力状态，确定主应力。

(5) 强度计算：选择适当强度条件，进行强度计算。

3. 斜弯曲

(1) 斜弯曲截面上任一点 $K(z, y)$处的正应力公式为

$$\sigma_k = \sigma_k^{M_z} + \sigma_k^{M_y} = \frac{M_z y_k}{I_z} + \frac{M_y z_k}{I_y} \qquad (15-1)$$

式中，M_z 和 M_y 分别是该截面上位于两互相垂直纵向对称平面 xy、xz 内的弯矩，式中 I_z 和 I_y 分别是截面对 z 轴和 y 轴的惯性矩。关于应力的正负符号，则根据梁变形情况来确定，拉为正，压为负。

(2) 横截面为圆形截面或圆环形截面。

危险点在危险截面外边缘的某点，由于截面关于形心对称，且两平面内弯矩矢量正交，可由正交矢量合成方法得到危险截面上的合成弯矩，即 $M=\sqrt{M_z^2+M_y^2}$，强度条件为

$$\sigma_{\max}=\frac{\sqrt{M_z^2+M_y^2}}{W}\leqslant[\sigma] \tag{15-2}$$

式中，W 为圆形截面或圆环形截面对中性轴的抗弯截面系数，有 $W_z=W_y=W$。

(3) 横截面为矩形截面。

危险点在危险截面的尖角处，具体位置可用应力叠加结果确定，强度条件为

$$\sigma_{\max}=\frac{|M_z|}{W_z}+\frac{|M_y|}{W_y}\leqslant[\sigma] \tag{15-3}$$

4. 拉伸(压缩)与弯曲组合

1) 拉伸与弯曲组合

任意点处的正应力公式为

$$\sigma=\sigma_N+\sigma_M=\frac{F_N}{A}+\frac{My}{I_z} \tag{15-4}$$

拉应力强度条件为

$$\sigma_{\max}^{t}=\frac{F_N}{A}+\frac{|M_{\max}|}{W_z}\leqslant[\sigma] \tag{15-5}$$

2) 压缩与弯曲组合

当横截面上的 y 轴和 z 轴为形心主惯性轴时，压力作用点 A 的坐标为(y_p、z_p)，横截面上任意一点压应力公式为

$$\sigma=-\frac{F}{A}-\frac{M_z y}{I_z}-\frac{M_y z}{I_y} \tag{15-6}$$

考虑到 $I_z=Ai_z^2$，$I_y=Ai_y^2$，再把 $M_y=Fz_p$，$M_z=Fy_p$ 代入得

$$\sigma=-\frac{F}{A}\left(1+\frac{y_p y}{i_z^2}+\frac{z_p z}{i_y^2}\right)$$

由 $\sigma=0$，得中性轴方程为

$$1+\frac{y_p}{i_z^2}y_0+\frac{z_p}{i_y^2}z_0=0 \tag{15-7}$$

中性轴在 y、z 轴上的截距分别为

$$a_y=-\frac{i_z^2}{y_p},\ a_z=-\frac{i_y^2}{z_p}$$

偏心压缩时危险点为离中性轴最远的点，若截面有尖角，危险点在尖角处；若截面无尖角，则危险点在截面边缘与中性轴平行线的切点处，强度条件为

$$\sigma=\frac{F}{A}\left(1+\frac{y_p y_1}{i_z^2}+\frac{z_p z_1}{i_y^2}\right)\leqslant[\sigma] \tag{15-8}$$

y_1 和 z_1 为截面上危险点的坐标。使截面只产生压应力的外力作用区域，称为截面核心。

5. 弯曲与扭转组合

危险点处于二向应力状态，塑性材料的第三和第四强度理论的相当应力为

$$\sigma_{r3}=\sqrt{\sigma^2+4\tau^2}=\frac{\sqrt{M^2+T^2}}{W_z}\leqslant[\sigma] \tag{15-9}$$

$$\sigma_{r4}=\sqrt{\sigma^2+3\tau^2}=\frac{\sqrt{M^2+0.75T^2}}{W_z}\leqslant[\sigma] \tag{15-10}$$

M 和 T 分别是危险截面上的弯矩和扭矩。

二、典型例题解析

例 15.1　图 15.1 所示的悬臂梁，$L=1$ m，受到载荷 F_1 和 F_2 作用，$F_1=0.8$ kN，$F_2=1.65$ kN。求在下列两种情况下，此梁的最大正应力：(1) 梁的截面为矩形 $b\times h=9\times 18$；(2) 梁的横截面为圆形，$d=13$ cm。

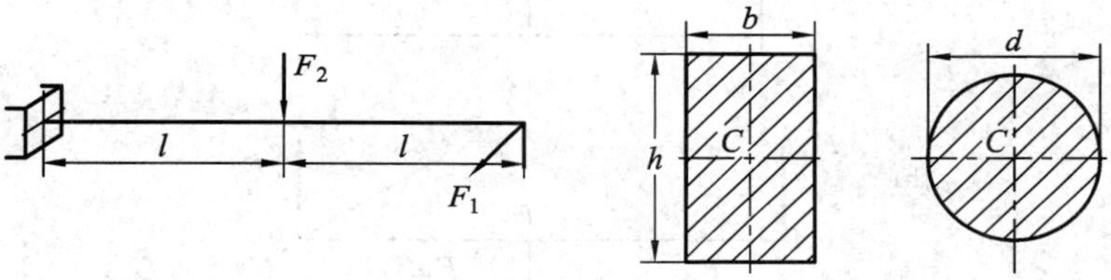

图 15.1

解　(1) 外力分解。

$$F_y=F_2$$
$$F_z=F_1$$

(2) 内力计算。

固定端截面为危险截面，弯矩分别为

$$M_{z\max}=F_2L=1.65\times1=1.65\ (\text{kN}\cdot\text{m})$$
$$M_{y\max}=F_1 2L=0.8\times2=1.6\ (\text{kN}\cdot\text{m})$$

(3) 计算最大正应力。

矩形截面：如图 15.2(a)所示，a 点为最大拉应力，c 点为最大压应力。

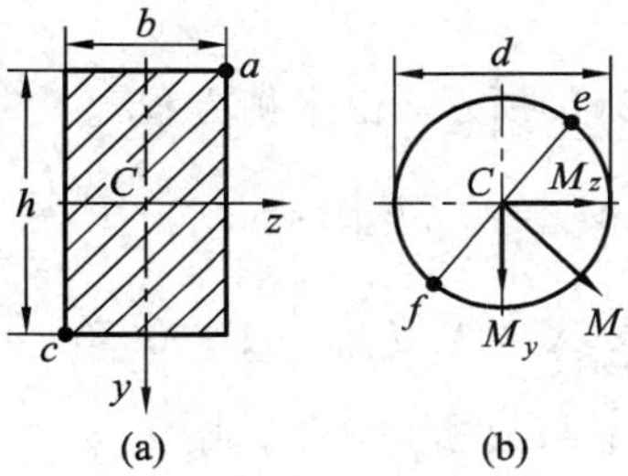

图 15.2

$$\sigma_{\max}=\frac{M_{z\max}}{W_z}+\frac{M_{y\max}}{W_y}=\frac{1.65\times10^6}{\frac{1}{6}\times9\times18^2\times10^3}+\frac{1.60\times10^6}{\frac{1}{6}\times18\times9^2\times10^3}=9.94\ (\text{MPa})$$

圆形截面：如图 15.2(b)所示，e 点为最大拉应力，f 点为最大压应力。

$$M_{\max}=\sqrt{M_{z\max}^2+M_{y\max}^2}=\sqrt{1.65^2+1.6^2}=2.3\ (\text{kN}\cdot\text{m})$$

$$\sigma_{\max}=\frac{M_{\max}}{W}=\frac{2.3\times10^6}{\frac{1}{32}\pi\times13^3\times10^3}=10.7\ (\text{MPa})$$

例 15.2 悬臂吊车的计算简图如图 15.3(a)所示，横梁由两根 20 号槽钢组成，$F=40$ kN，$\alpha=30°$，材料的许用应力$[\sigma]=120$ MPa，试校核横梁的强度。

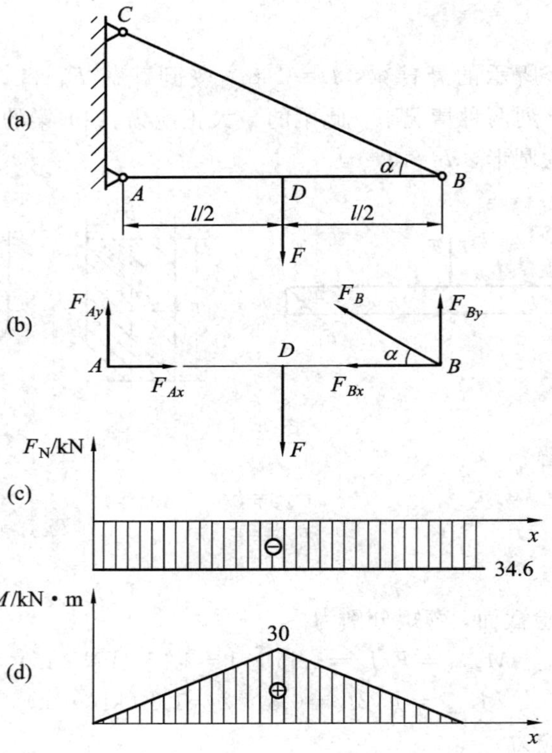

图 15.3

解 (1) 受力分析。

研究 AB，其受力如图 15.3(b)所示，由平衡方程

$$\sum M_A=0,\ F_BL\sin30°-F\frac{L}{2}=0$$

$$\sum X=0,\ F_{Ax}-F_B\cos30°=0$$

$$\sum Y=0,\ F_{Ay}+F_B\sin30°-F=0$$

得

$$F_B=F=40\ \text{kN},\ F_{Ax}=34.6\ \text{kN},\ F_{Ay}=20\ \text{kN}$$

F_B 的水平分量 $F_{Bx}=F_B\cos 30°=34.6\ \text{kN}$，垂直分量 $F_{By}=F_B\sin 30°=20\ \text{kN}$。

可见，横梁由于轴向压力 F_{Ax} 和 F_{Bx} 发生轴向压缩，由于横向力 F 发生弯曲，为轴向压缩与平面弯曲的组合变形。

(2) 确定危险截面。

作出横梁的轴力图和弯矩图，如图 15.3(c)、(d)所示，$F_N=-34.6\ \text{kN}$，最大弯矩 $M_{max}=30\ \text{kN}\cdot\text{m}$ 发生在 D 截面，所以 D 截面为危险截面。

(3) 强度校核。

20 号槽钢的截面面积 $A=32.83\ \text{cm}^2$，$W_z=191.4\ \text{cm}^3$，在危险截面的上边缘各点处具有最大压应力，即

$$\begin{aligned}\sigma_{max}^{c}&=\sigma_N-\sigma_M=\frac{F_N}{A}-\frac{M_{max}}{W_z}\\&=-\frac{34.6\times10^3}{2\times32.83\times10^{-4}}-\frac{30\times10^3}{2\times191.4\times10^{-6}}\\&=-83.6\ \text{MPa}\end{aligned}$$

$$|\sigma_{max}^{c}|<[\sigma]=120\ \text{MPa}$$

故梁的强度条件合格。

例 15.3　螺旋夹紧器立臂的横截面为 $a\times b$ 的矩形，如图 15.4(a)所示。已知该夹紧器工作时承受的夹紧力 $F=16\ \text{kN}$，材料的许用应力 $[\sigma]=160\ \text{MPa}$，力臂厚度 $a=20\ \text{mm}$，偏心距 $e=140\ \text{mm}$，求力臂宽度 b。

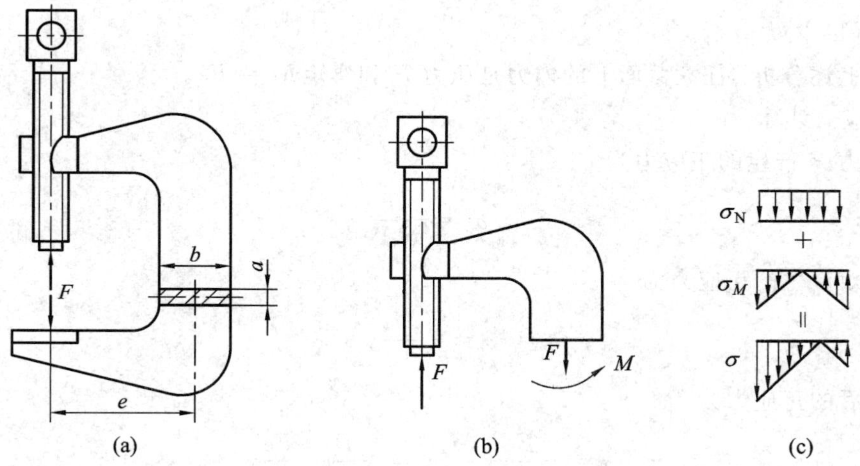

图 15.4

解　将力臂沿着横截面截开，取出上半部分为研究对象，由平衡关系可知，沿着力臂横截面轴线有轴力 $F_N=F$，同时还有弯矩 $M=Fe$，上半部分的受力如图 15.4(b)所示，根据力臂横截面上内力分析，可知力臂的变形为拉伸与弯曲组合变形。

由轴力产生的应力 σ_N 和由弯矩产生的弯曲应力沿着力臂宽度方向的分布如图 15.4(c)所示，危险点为力臂横截面左侧边缘上各点，危险点处最大拉应力为

$$\sigma_{\max}=\sigma_N+\sigma_M=\frac{F_N}{A}+\frac{M}{W}=\frac{F}{ab}+\frac{Fe}{\frac{ab^2}{6}}\leqslant[\sigma]$$

$$\frac{16\times10^3}{20b}+\frac{6\times16\times10^3\times140}{20b^2}\leqslant160$$

$$b^2-5b-4200\geqslant0$$

$$b\geqslant67.4\ \text{mm}$$

力臂的宽度不小于 67.4 mm。

例 15.4 图 15.5(a)所示铸铁杆件，横截面为圆形，直径为 d，受到偏心压力 F 的作用。为使横截面上不存在拉应力，偏心距 e 应为多少？

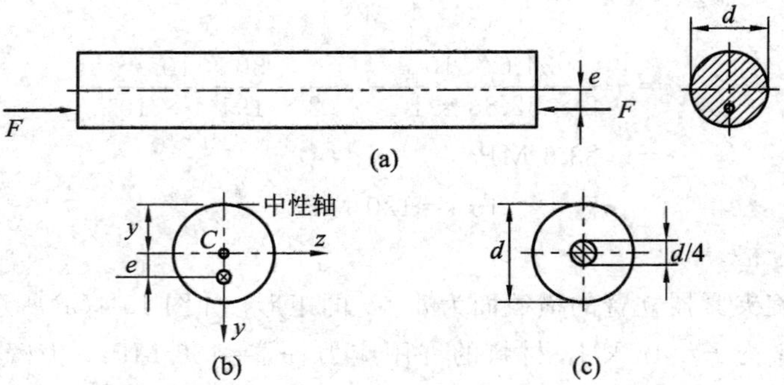

图 15.5

解 (1) 内力分析。

根据上述分析，任意截面上的内力是压力 F 和弯矩 $M_z=Fe$。

(2) 应力计算。

由压力 F 产生的正应力为

$$\sigma_1=-\frac{F}{A}$$

由弯矩产生的正应力为

$$\sigma=-\frac{M_z}{I_z}y$$

叠加后的正应力为

$$\sigma=-\frac{F}{A}-\frac{M_z}{I_z}y=-\frac{F}{A}-\frac{Fe}{I_z}y$$

(3) 确定偏心距 e。

由于中性轴上正应力 σ 等于零，所以有

$$-\frac{1}{A}-\frac{e}{I_z}y=0 \tag{a}$$

式中的 y 为中性轴上点的纵坐标，为使横截面上不存在拉应力，中性轴必与横截面的周边相切，如图 15.5(b)所示，即

$$y=-\frac{d}{2} \tag{b}$$

将(b)带入(a)，解得

$$e=\frac{d}{8}$$

可见，压力 F 的偏心距 $e\leqslant\frac{d}{8}$ 时，即当偏心压力作用点位于图 15.5(c)所示的圆形阴影区域内时，横截面上将不存在拉应力。

例 15.5　直径 $d=20$ mm 的等圆截面直杆，承受外力偶矩 M_x 和 M_z 作用，如图 15.6 所示，在杆表面 A、B 两点分别测得沿图示方向线的应变 $\varepsilon_A=250\times10^{-6}$ 和 $\varepsilon_B=200\times10^{-6}$，材料弹性模量 $E=200$ GPa，泊松比 $\mu=0.25$，许用应力 $[\sigma]=100$ MPa，试按第四强度理论校核杆的强度。

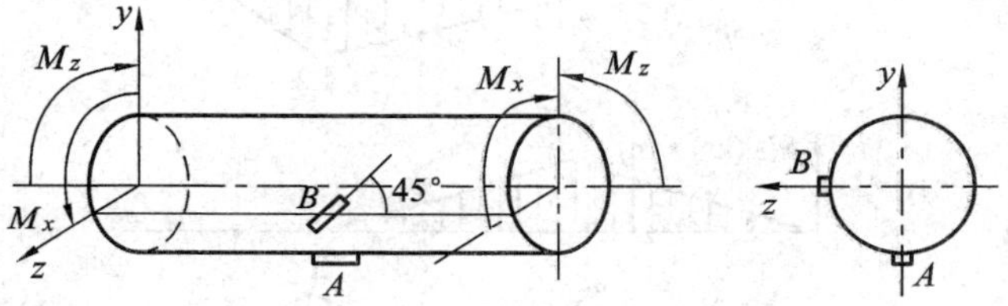

图 15.6

解　(1) 计算外力偶矩。

由 $\varepsilon_A=\frac{\sigma_A}{E}=\frac{M_z}{EW_z}=\frac{32M_z}{E\pi d^3}$，得

$$M_z=E\varepsilon_A\frac{\pi d^3}{32}=(200\times10^9)(250\times10^{-6})\frac{3.14\times(20\times10^{-3})^3}{32}=39.3\ \text{N}\cdot\text{m}$$

点 B 为纯剪切应力状态，由 $\sigma_1=-\sigma_3=\tau=\frac{T}{W_p}$，$\sigma_2=0$。由广义胡克定律，有

$$\varepsilon_B=\frac{1}{E}(\sigma_1-\mu\sigma_3)=\frac{1+\mu}{E}\tau=\frac{1+\mu}{E}\cdot\frac{T}{W_p}=\frac{1+\mu}{E}\cdot\frac{16M_x}{\pi d^3}$$

$$M_x=E\varepsilon_B\frac{\pi d^3}{16(1+\mu)}=(200\times10^9)(200\times10^{-6})\frac{3.14\times(20\times10^{-3})^3}{16(1+0.25)}=50.3\ \text{N}\cdot\text{m}$$

(2) 强度校核。

圆杆为弯扭组合变形，按第四强度理论，即

$$\sigma_{r4}=\frac{\sqrt{M^2+0.75T^2}}{W}=\frac{32\sqrt{M_z^2+0.75M_x^2}}{\pi d^3}=\frac{32\sqrt{39.3^2+0.75\times50.3^2}}{3.14\times(20\times10^{-3})^3}=74.7\ \text{MPa}<[\sigma]$$

可见，圆杆满足强度条件。

例 15.6　实心圆轴如图 15.7(a)所示，C 轮皮带张力铅垂方向，E 轮皮带张力水平方向，两轮直径 $D=500$ mm，轴材料许用应力 $[\sigma]=80$ MPa，试分别按第三和第四强度理论确定轴直径。

解　(1) 计算轴的外力。

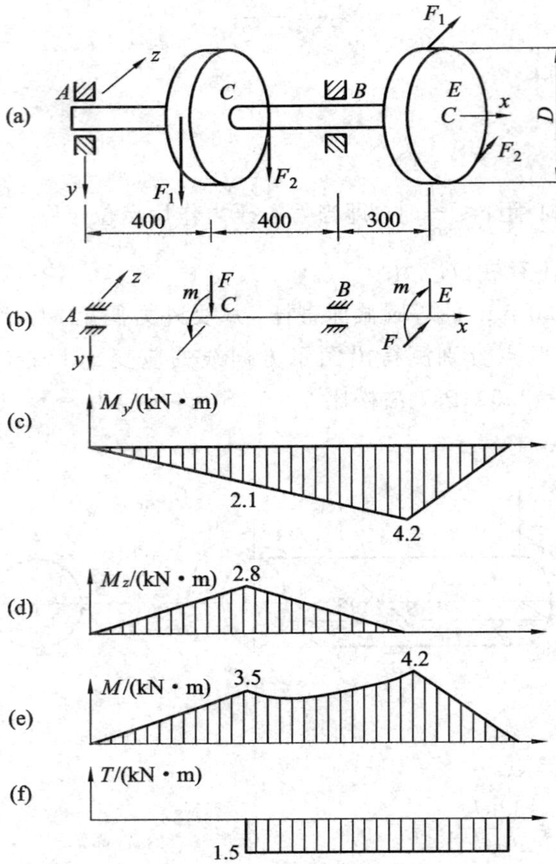

图 15.7

将 C、E 轮上的皮带张力向轮心简化，得到合力 F，同时附加外力偶矩 m，C 轮的 F 垂直向下，E 轮的 F 水平向里，轴产生垂直于水平面内的弯曲与扭转的组合变形，图 15.7(b)为其受力简图，力 F 的值为

$$F = F_1 + F_2 = 10 + 4 = 14\ \text{kN}$$

外力偶 m 的值为

$$m = (F_1 - F_2)\frac{D}{2} = (10 - 4)\frac{0.5}{2} = 1.5\ \text{kN} \cdot \text{m}$$

(2) 作轴的内力图，确定危险截面。

作出水平弯矩图 M_y、垂直弯矩图 M_z、合弯矩图 M 及扭矩图 T，如图 15.7(c)、(d)、(e)、(f)所示。由内力图可知，危险截面为 B 截面。其上弯矩为

$$M_B = \sqrt{M_{yB}^2 + M_{zB}^2} = 4.2\ \text{kN} \cdot \text{m}$$

扭矩为

$$T = -1.5\ \text{kN} \cdot \text{m}$$

(3) 确定直径。

按第三强度理论计算轴直径，即

$$d \geqslant \sqrt[3]{\frac{32\sqrt{M^2+T^2}}{\pi[\sigma]}} = \sqrt[3]{\frac{32\times\sqrt{(4.2\times10^3)^2+(-1.5\times10^3)^2}}{3.14\times80\times10^6}}$$

$$=0.0828\ \mathrm{m}=82.8\ \mathrm{mm}$$

按第四强度理论计算轴直径，即

$$d \geqslant \sqrt[3]{\frac{32\sqrt{M^2+0.75T^2}}{\pi[\sigma]}} = \sqrt[3]{\frac{32\times\sqrt{(4.2\times10^3)^2+0.75\times(-1.5\times10^3)^2}}{3.14\times80\times10^6}}$$

$$=0.0824\ \mathrm{m}=82.4\ \mathrm{mm}$$

三、自测题

(一) 选择题

1. 铸铁构件受力如图 15.8 所示，其危险点的位置有四种答案，正确的是(　　)。

(A) A 点　　(B) B 点　　(C) C 点　　(D) D 点

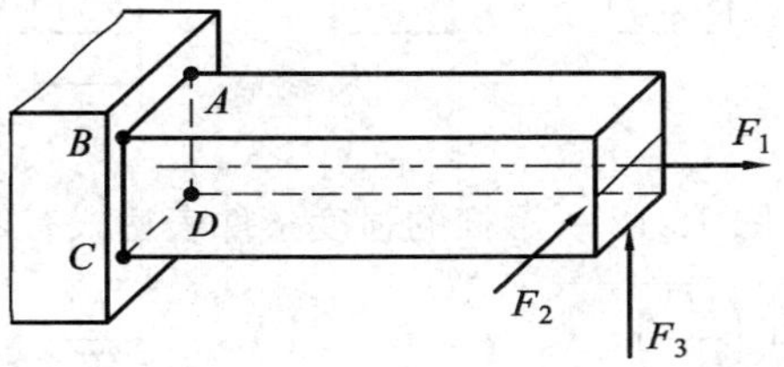

图 15.8

2. 三种受压杆件如图 15.9 所示，杆 1、杆 2 与杆 3 中的最大压应力(绝对值)分别为 $\sigma_{\max1}$、$\sigma_{\max2}$ 和 $\sigma_{\max3}$，现有下列四种答案，正确的是(　　)。

(A) $\sigma_{\max1}<\sigma_{\max2}<\sigma_{\max3}$　　(B) $\sigma_{\max1}<\sigma_{\max2}=\sigma_{\max3}$

(C) $\sigma_{\max1}<\sigma_{\max3}<\sigma_{\max2}$　　(D) $\sigma_{\max1}=\sigma_{\max3}<\sigma_{\max2}$

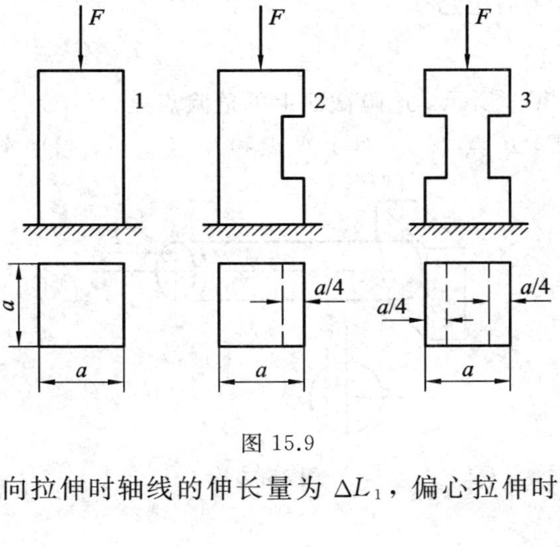

图 15.9

3. 圆截面直杆，轴向拉伸时轴线的伸长量为 ΔL_1，偏心拉伸时轴线的伸长量为 ΔL_2，设两种情况的作用力相同，两个伸长量的关系有四种答案，正确的是(　　)。

(A) $\Delta L_1 > \Delta L_2$　　(B) $\Delta L_1 < \Delta L_2$

(C) $\Delta L_1 = \Delta L_2$　　(D) 不确定

4. 图 15.10 所示空心立柱，横截面外边界为正方形，内边界为圆形(二图形形心重合)。立柱受沿图示 $a-a$ 线的压力作用，该柱变形有四种答案，正确的是(　　)。

(A) 斜弯曲与轴向压缩的组合

(B) 平面弯曲与轴向压缩的组合

(C) 斜弯曲

(D)平面弯曲

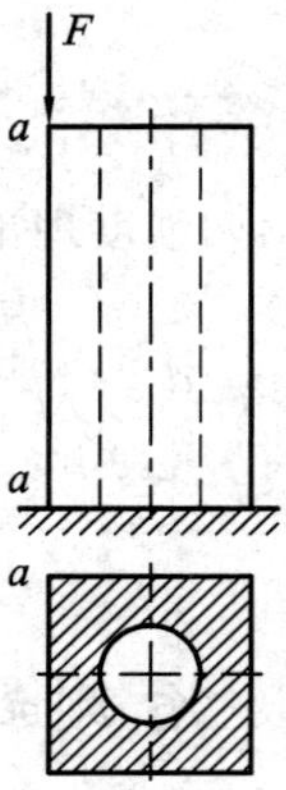

图 15.10

5. 图 15.11 所示矩形截面拉杆，中间开有深度为 $h/2$ 的缺口，与不开口的拉杆相比，开口处最大正应力将是不开口杆的(　　)倍。

(A) 2 倍　　(B) 4 倍　　(C) 8 倍　　(D) 16 倍

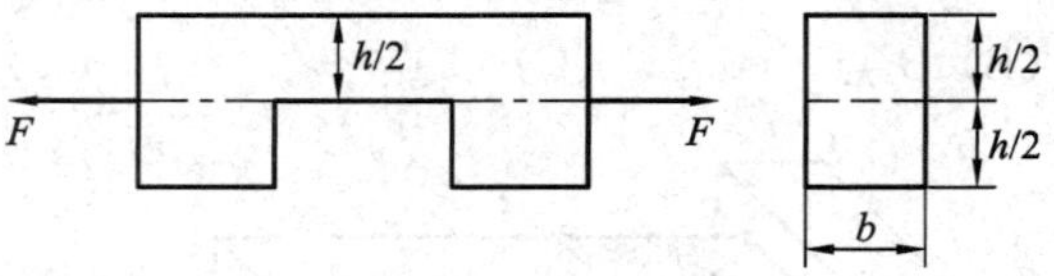

图 15.11

6. 按照第三强度理论，图 15.12 所示杆的强度条件表达式有四种答案，正确的是(　　)。

(A) $\dfrac{F}{A}+\sqrt{\left(\dfrac{M}{W_z}\right)^2+4\left(\dfrac{T}{W_p}\right)^2}\leqslant[\sigma]$　　(B) $\dfrac{F}{A}+\dfrac{M}{W_z}+\dfrac{T}{W_p}\leqslant[\sigma]$

(C) $\sqrt{\left(\dfrac{F}{A}+\dfrac{M}{W_z}\right)^2+\left(\dfrac{T}{W_p}\right)^2}\leqslant[\sigma]$　　(D) $\sqrt{\left(\dfrac{F}{A}+\dfrac{M}{W_z}\right)^2+4\left(\dfrac{T}{W_p}\right)^2}\leqslant[\sigma]$

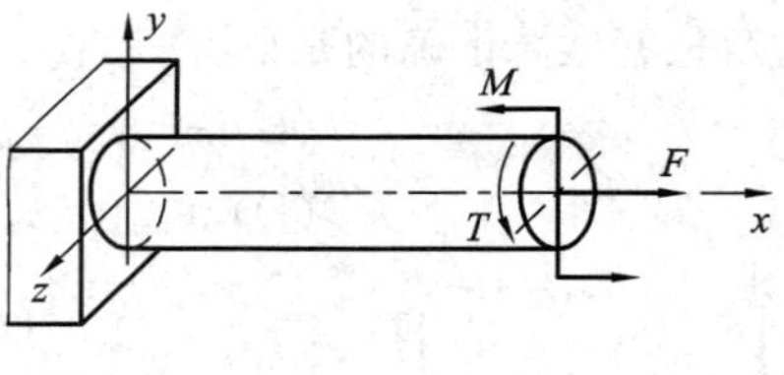

图 15.12

7. 圆轴受力如图 15.13 所示，危险截面上的危险点是(　　)。

(A) A 点　　(B) B 点　　(C) A 点和 B 点　　(D) 截面圆轴上各点

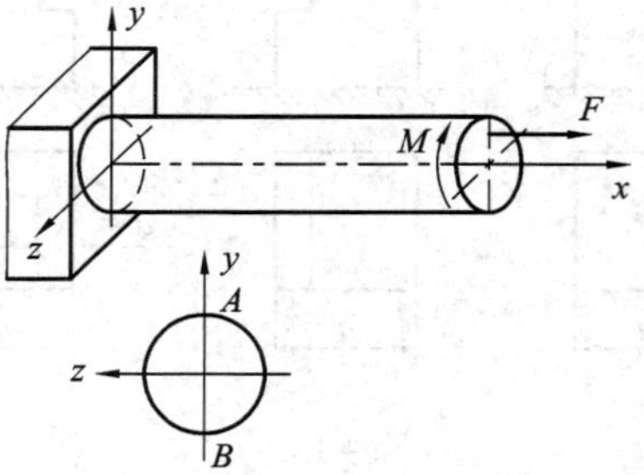

图 15.13

8. 如图 15.14 所示，折杆危险截面上危险点的应力状态，现有四种答案，正确答案是（　　）。

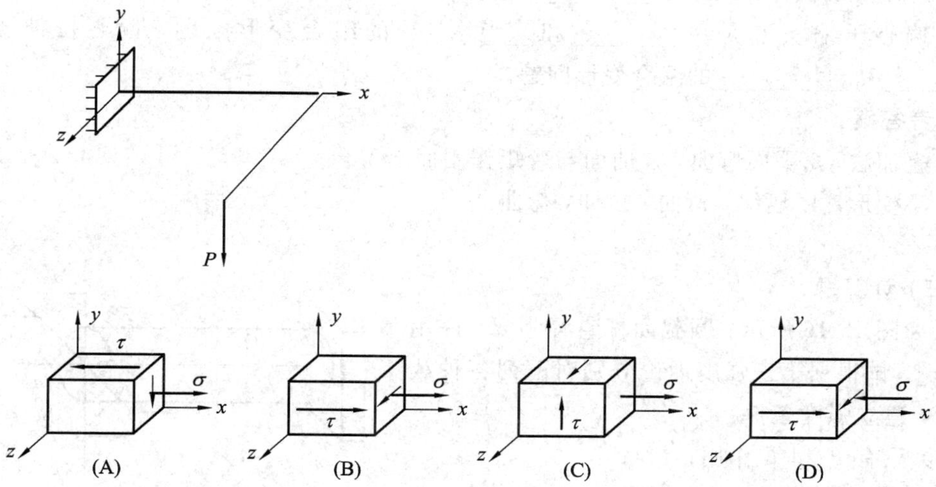

图 15.14

9. 三种受压杆件如图 15.15 所示，杆 1、杆 2 与杆 3 中的最大压应力(绝对值)分别为 σ_{max1}、σ_{max2} 和 σ_{max3}，现有下列四种答案，正确的是（　　）。

(A) $\sigma_{max1}=\sigma_{max2}=\sigma_{max3}$　　(B) $\sigma_{max1}>\sigma_{max2}=\sigma_{max3}$

(C) $\sigma_{max2}>\sigma_{max1}=\sigma_{max3}$　　(D) $\sigma_{max2}<\sigma_{max1}=\sigma_{max3}$

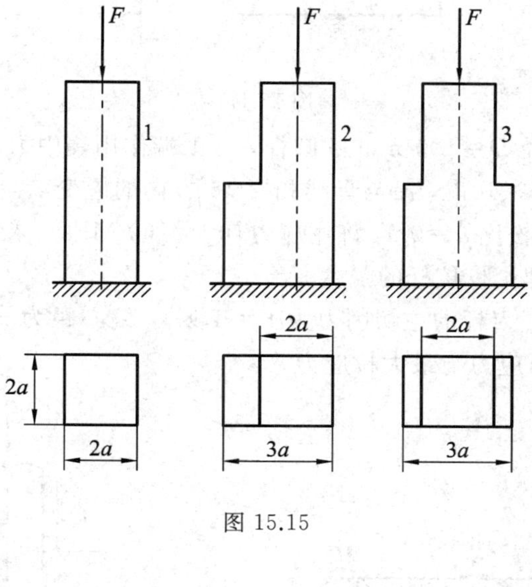

图 15.15

参考答案：

1. (C)；2. (C)；3. (C)；4. (B)；5. (C)；6. (D)；7. (A)；8. (B)；9. (C)。

(二) 填空题

1. 解决组合变形的强度计算问题采用的是__________法。

2. 梁的斜弯曲是两个互相垂直平面内________________的组合，该变形最主要的特点是________________。

3. 应用叠加法，必须是在__________条件下是正确的。

4. 偏心压缩实际是__________和__________的组合变形问题；偏心拉伸实际是__________和__________的组合变形问题。

参考答案：

1. 叠加法；2.平面弯曲，挠曲面与弯矩作用面不重合；

3. 小变形；4. 压缩，弯曲，拉伸，弯曲。

（三）计算题

1. 如图 15.16 所示，圆截面杆直径为 d，许用应力 $[\sigma]$，试根据第三强度理论分别对下列各种载荷作用，建立强度条件：

（1）只有 F 和 T 作用；

（2）只有 T、M_y 和 M_z 作用；

（3）F、T、M_y 和 M_z 共同作用。

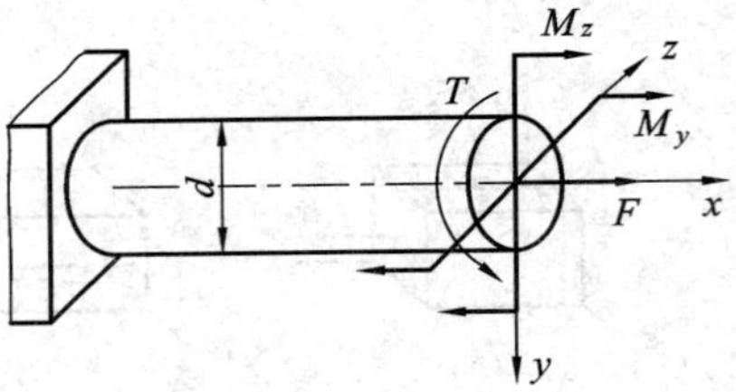

图 15.16

2. 图 15.17 所示矩形截面杆，试验测得杆上下表面的纵向线应变分别为 $\varepsilon_a=100\times10^{-6}$ 和 $\varepsilon_b=300\times10^{-6}$。截面边长 $b=40$ mm，弹性模量 $E=200$ GPa，求 F 及 M。

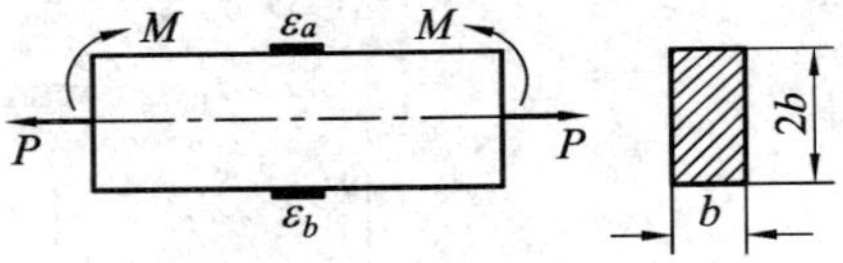

图 15.17

3. 图 15.18 所示直径 $D=100$ mm 的圆杆，自由端作用集中力 F 和集中力偶 M，测得沿母线方向的应变 $\varepsilon_1=5\times10^{-4}$，沿与母线相交 45°方向的应变 $\varepsilon_{45^\circ}=3\times10^{-4}$。已知杆的弹性模量 $E=200$ GPa，泊松比 $\mu=0.3$，许用应力 $[\sigma]=160$ MPa。求集中力 F 和集中力偶 M 的大小，并用第三强度理论校核杆的强度。

4. 图 15.19 所示插刀刀杆的主切削力为 $F=1$ kN，偏心距为 $a=2.5$ cm，刀杆直径为 d。试求刀杆内的最大压应力与最大拉应力。

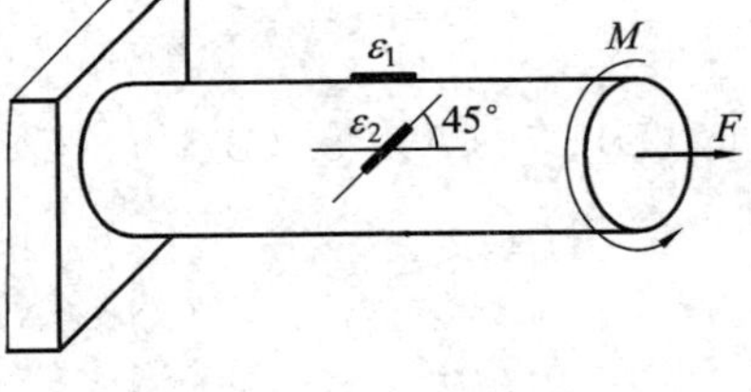

图 15.18

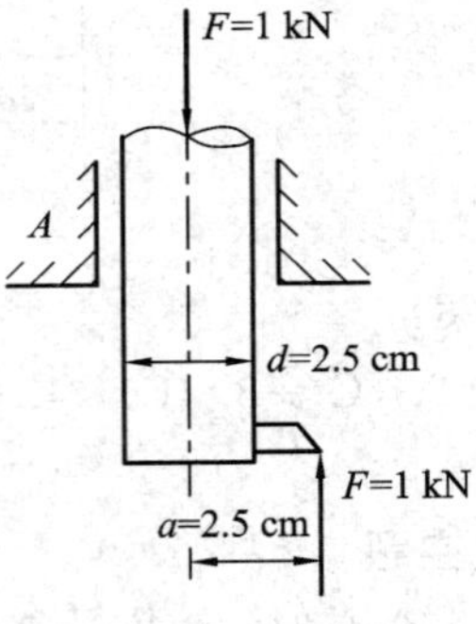

图 15.19

5. 如图 15.20 所示板件，外力 $F=12$ kN，许用应力$[\sigma]=100$ MPa，试求板边切口的允许深度 x 的值。

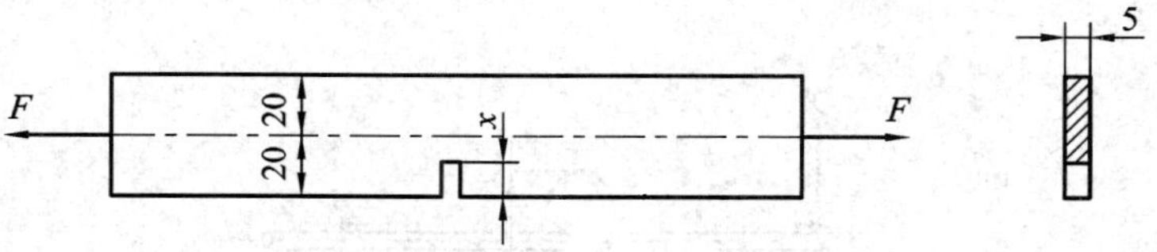

图 15.20

6. 图 15.21 所示矩形截面钢杆，用应变片测得上、下表面的纵正线应变分别为 $\varepsilon_a=1.0\times10^{-3}$和 $\varepsilon_B=0.4\times10^{-3}$，材料的弹性模量 $E=210$ GPa。绘出横截面上正应力分布图，并求拉力 F 及其偏心距 e 的数值。

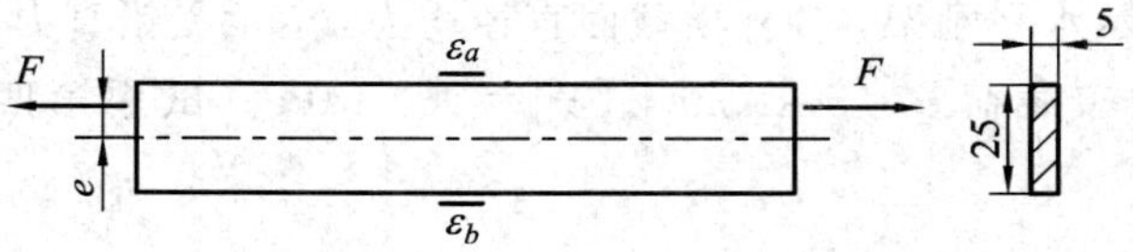

图 15.21

7. 如图 15.22 所示，圆形钢杆 AB 与 CD 处于水平面内，且 CD 与 AB 垂直，在 B、C 处受铅垂方向的外力作用。已知 $P_1=2$ kN，$P_2=6$ kN，材料的许用应力$[\sigma]=100$ MPa。试按第三强度理论选择 AB 杆的直径。

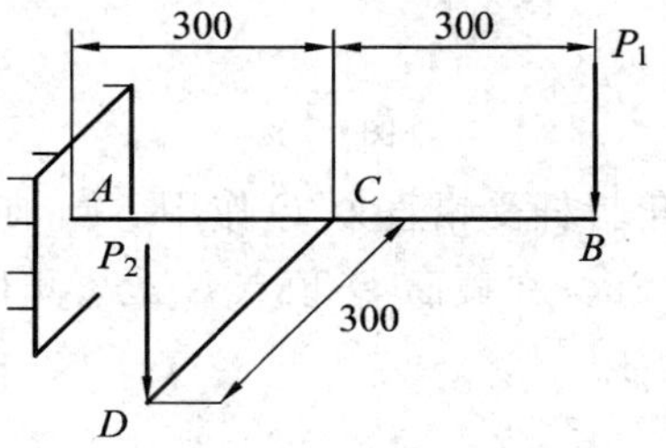

图 15.22

8. 图 15.23 所示传动轴上，皮带拉力 $F_1=3.9$ kN，$F_2=1.5$ kN，皮带轮直径 $D=600$ mm，$[\sigma]=80$ MPa。试用第三强度理论选择轴的直径。

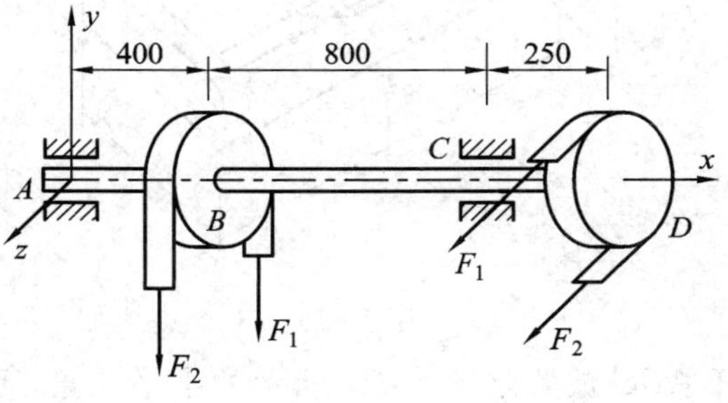

图 15.23

9. 如图 15.24 所示，传动轴 AB 直径 $d=80$ mm，轴长 $l=2$ m，$[\sigma]=100$ MPa，轮缘挂重 $P=8$ kN，与转矩 M 平衡，轮直径 $D=0.7$ m。试画出轴的内力图，并用第三强度理论校核轴的强度。

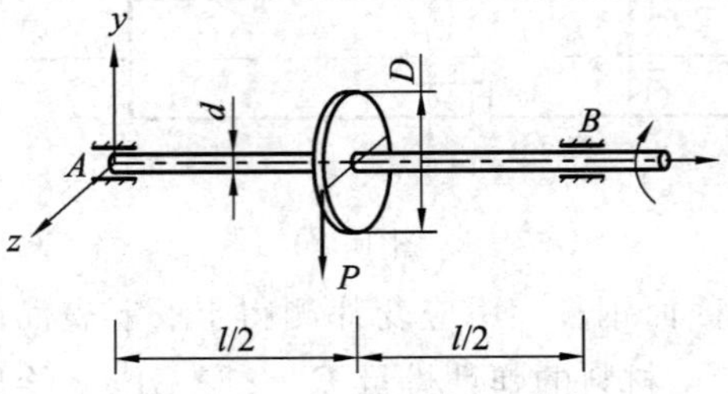

图 15.24

10. 图 15.25 所示水平刚架，各杆横截面直径均为 d，承受铅直力 $F_1=20$ kN，水平力 $F_2=10$ kN，铅直均布载荷 $q=5$ kN/m，$[\sigma]=160$ MPa。试用第四强度理论选择圆杆直径。

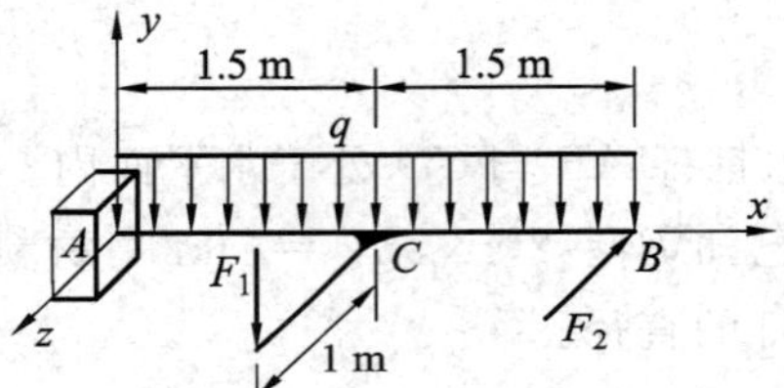

图 15.25

11. 图 15.26 所示水平直角折杆受铅直力 F 作用。圆轴 AB 的直径 $d=100$ mm，$a=400$ mm，$E=200$ GPa，$\mu=0.25$。在截面 D 顶点 K 处，测得轴向线应变 $\varepsilon_0=2.75\times10^{-4}$。试求该折杆危险点的相当应力 σ_{r3}。

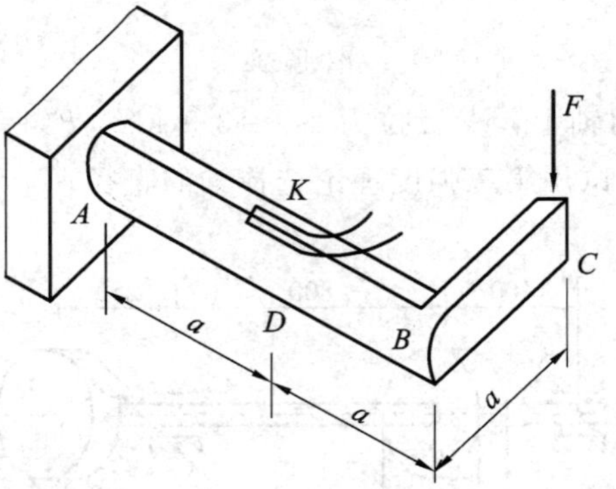

图 15.26

12. 圆截面直角弯杆 ABC 放置于图 15.27 所示的水平位置，已知 $L=50$ cm，水平力 $F=40$ kN，铅垂均布载荷 $q=28$ kN/m，材料的许用应力$[\sigma]=160$ MPa，试用第三强度理论设计杆的直径 d。

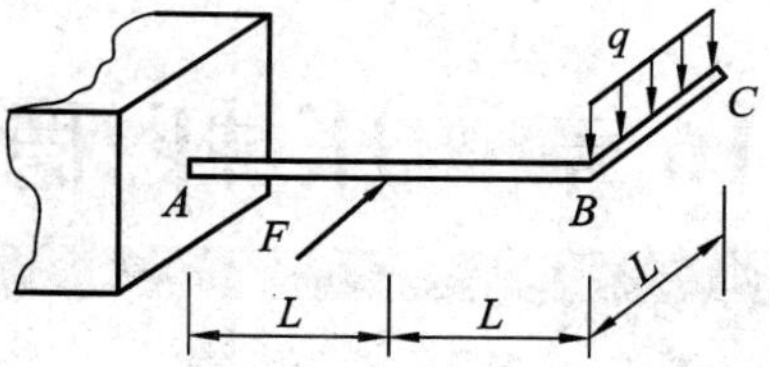

图 15.27

13. 图 15.28 所示圆杆的直径 $d=200$ mm，两端承受力与力偶，$F=628$ kN，$E=200\times10^3$ MPa，$\mu=0.3$，$[\sigma]=170$ MPa。在杆表面点 K 处，测得线应变 $\varepsilon_{45°}=3\times10^{-4}$。试用第四强度理论校核杆的强度。

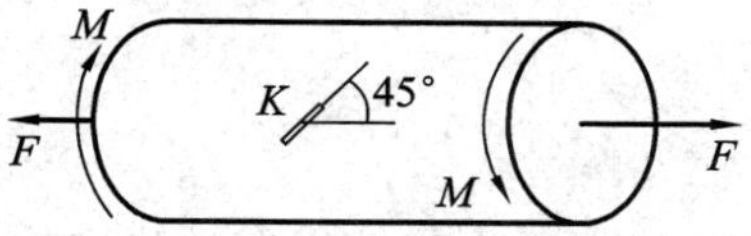

图 15.28

参考答案：

1. (1) $\sigma_{r3}=\sqrt{\left(\dfrac{4F}{\pi d^2}\right)^2+4\left(\dfrac{16T}{\pi d^3}\right)^2}\leqslant[\sigma]$，

(2) $\sigma_{r3}=\dfrac{32}{\pi d^3}\sqrt{M_y^2+M_z^2+T^2}\leqslant[\sigma]$，

(3) $\sigma_{r3}=\sqrt{\left[\dfrac{4F}{\pi d^2}+\dfrac{32\sqrt{M_y^2+M_z^2}}{\pi d^3}\right]^2+4\left(\dfrac{16T}{\pi d^3}\right)^2}\leqslant[\sigma]$；

2. $F=128$ kN，$M=853$ N·m；

3. 集中力 $F=785$ kN，集中力偶 $M=143.5$ N·m，$\sigma_{r3}=177$ MPa，强度不够；

4. $\sigma_{max}^{t}=14.26$ MPa，$\sigma_{max}^{c}=18.3$ MPa；

5. $x=5.2$ mm；

6. $F=18.38$ kN，$e=1.785$ mm；

7. $d=70.9$ mm；

8. $d\geqslant59.7$ mm；

9. $\sigma_{max}=97.2$ MPa，强度合格；

10. $d\geqslant159$ mm；

11. $\sigma_{r3}=123$ MPa；

12. $d=116$ mm；

13. $\sigma_{r4}=73.4$ MPa，强度合格。

第16章 压杆稳定

一、知识点归纳

1. 压杆稳定的概念

1）弹性体平衡的稳定性

弹性体保持原有平衡状态的能力称为弹性平衡的稳定性。

（1）稳定平衡：系统处于平衡状态，若对原有的平衡形态有微小的位移，其弹性恢复力使系统恢复到原有的平衡形态，则称系统原有的平衡形态是稳定的。

（2）不稳定平衡：系统处于平衡状态，若对原有的平衡形态有微小的位移，其弹性恢复力不再使系统恢复到原有的平衡形态，则称系统原有的平衡形态是不稳定的。

2）压杆的稳定性

（1）压杆的稳定性：是指受压杆件保持原有直线平衡状态的能力。

（2）失稳：压杆丧失了原有直线形状的平衡而变为曲线平衡。

（3）临界压力：设压杆的压力为 F，压杆由稳定平衡向不稳定平衡过渡的临界值，即为临界压力，即 F_{cr}。当 $F<F_{cr}$时，压杆为稳定平衡；当 $F>F_{cr}$时，压杆失稳；当 $F=F_{cr}$时，为临界状态，为不稳定平衡。

2. 细长压杆的临界压力和临界应力

1）临界压力的欧拉公式

$$F_{cr}=\frac{\pi^2 EI_{min}}{(\mu l)^2} \tag{16-1}$$

式中 l 为压杆长度，E 为材料弹性模量，I 为压杆沿失稳方向的惯性矩，μ 为压杆长度因数，与杆的两端约束形式有关，其值如下：

① 两端铰支，$\mu=1$；

② 一端固定，另一端自由，$\mu=2$；

③ 两端固定，$\mu=0.5$；

④ 一端固定，另一端铰支，$\mu\approx0.7$。

2）压杆柔度（又叫长细比）

$$\lambda=\frac{\mu l}{i} \tag{16-2}$$

式中 i 为压杆截面的惯性半径，压杆柔度综合反映了压杆的长度、截面和杆两端的约束对压杆稳定性的影响，柔度越大，压杆越容易失稳。

3）临界应力的欧拉公式

$$\sigma_{cr}=\frac{F_{cr}}{A}=\frac{\pi^2 E}{\lambda^2} \tag{16-3}$$

4）欧拉公式的适用范围

欧拉公式是根据挠曲线近似微分方程建立的，适用于杆内的应力不超过比例极限 σ_p 的情况，欧拉公式的适用范围为 $\sigma_{cr}=\dfrac{\pi^2 E}{\lambda^2}\leqslant\sigma_p$，有

$$\lambda \geqslant \lambda_p=\sqrt{\frac{\pi^2 E}{\sigma_p}} \tag{16-4}$$

当 $\lambda\geqslant\lambda_p$ 时，压杆为大柔度杆(细长杆)，欧拉公式成立。

3. 压杆临界应力的经验公式

压杆临界应力的经验公式一般表示为直线公式，即

$$\sigma_{cr}=a-b\lambda \tag{16-5}$$

式中 a、b 为与材料相关的常数。

直线公式的适用范围：当 $\lambda_0<\lambda<\lambda_p$，压杆为中柔度杆(中长杆)，直线公式适用，其中，$\lambda$ 为压杆的柔度，λ_0 为与材料相关的常数，$\lambda_0=\dfrac{a-\sigma_s}{b}$，$\sigma_s$ 为材料的屈服极限。

4. 临界应力总图

如图 16.1 所示，以压杆的柔度 λ 为横坐标，临界应力 σ_{cr} 为纵坐标，反映压杆的临界应力 σ_{cr} 随柔度 λ 变化规律的曲线称为临界应力总图。

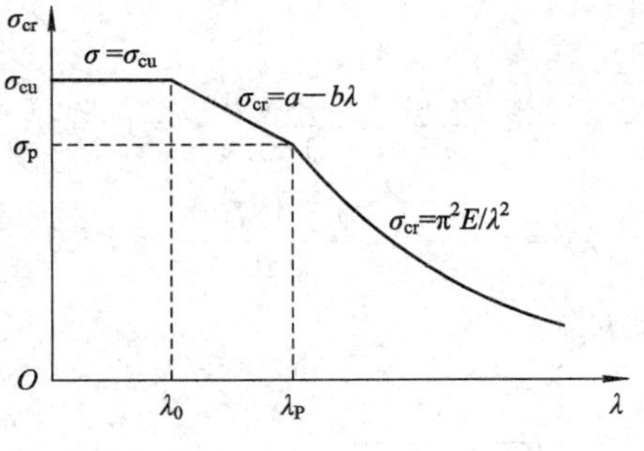

图 16.1

5. 压杆的稳定性计算

为保证压杆能安全工作，压杆的工作安全因数 n 应大于等于规定的稳定安全因数 n_{st}，即压杆的稳定条件为

$$n=\frac{F_{cr}}{F}=\frac{\sigma_{cr}}{\sigma}\geqslant n_{st} \tag{16-6}$$

式中，F 和 σ 分别是压杆的工作压力和工作应力。

二、典型例题解析

例 16.1　图 16.2 所示圆截面压杆，$E=210$ GPa，$\sigma_p=206$ MPa，$\sigma_s=235$ MPa，临界应力的直线公式为 $\sigma_{cr}=304-1.12\lambda$。(1) 分析哪一根压杆的临界压力比较大；(2) 已知 $d=160$ mm，求二杆的临界压力。

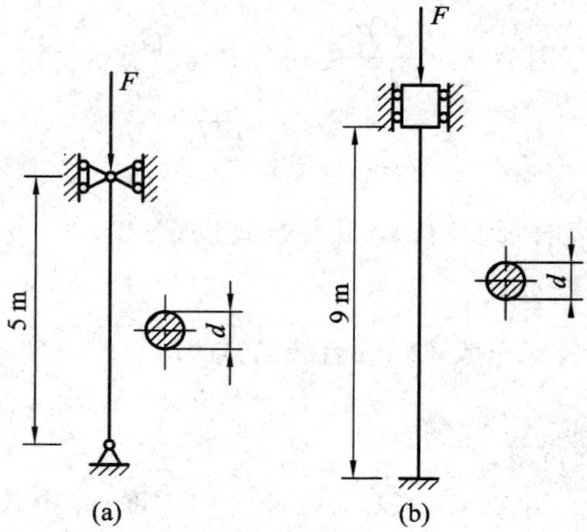

图 16.2

解　(1) 判断临界压力大小。

惯性半径

$$i=\sqrt{\frac{I}{A}}=\sqrt{\frac{\pi d^4/64}{\pi d^2/4}}=\frac{d}{4}$$

柔度分别为

$$\lambda_a=\frac{\mu_a l_a}{i_a}=\frac{1\times5000}{160/4}=125$$

$$\lambda_b=\frac{\mu_b l_b}{i_b}=\frac{0.5\times7000}{40}=87.5$$

因为 $\lambda_a>\lambda_b$，所以有 $F_{cra}<F_{crb}$。

(2) 确定杆的类型。

$$\lambda_p=\pi\sqrt{\frac{E}{\sigma_p}}=\pi\sqrt{\frac{210\times10^3}{206}}=100,\qquad \lambda_0=\frac{304-235}{1.12}=61.6$$

$\lambda_a>\lambda_p$，杆 a 为细长杆，$\lambda_s<\lambda_b<\lambda_p$，杆 b 为中长杆。

(3) 计算临界压力。

$$F_{cra}=\frac{\pi^2EI}{(\mu L)^2}=\frac{\pi^2E}{\lambda^2}A=\frac{\pi^2 210\times10^3}{125^2}\times\frac{\pi}{4}160^2=2663\ (\text{kN})$$

$$F_{crb}=\sigma_{crb}A=(304-1.12\lambda)A=(304-1.12\times87.5)\frac{\pi}{4}160^2=4115.4\ (\text{kN})$$

例 16.2　图 16.3 所示平面结构中的两杆均为圆截面杆，已知两杆的直径 $d=80$ mm，弹性模量 $E=200$ GPa，$\lambda_p=100$，试求该结构的临界压力。

解　(1) 计算各杆的轴力。

以节点 A 为研究对象，由平衡方程得两杆的轴向压力为

$$F_1=\frac{F}{2},\ F_2=\frac{\sqrt{3}F}{2}$$

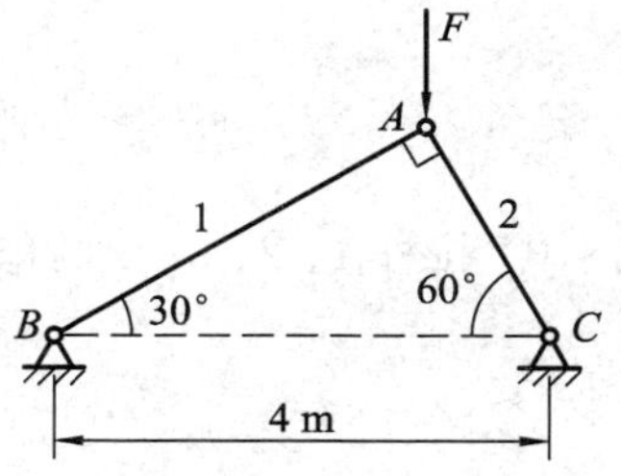

图 16.3

(2) 计算各杆的柔度及临界压力。

两杆两端均为铰支，故 $\mu_1=\mu_2=1$。

AB 杆的柔度为

$$\lambda_1=\frac{\mu_1 l_1}{i}=\frac{\mu_1 l_1}{d/4}=\frac{1\times 4000\times\cos 30^\circ}{80/4}=173>\lambda_p$$

AB 杆为大柔度杆，有

$$F_1=\frac{\pi^2 EI}{(\mu_1 l_1)^2}=331\ \text{kN}$$

由 $F_1=\dfrac{F}{2}$ 可知，由 AB 杆确定的整个结构的临界压力为 $F_{cr1}=2F_1=662$ kN。

AC 杆的柔度为

$$\lambda_2=\frac{\mu_2 l_2}{i}=\frac{\mu_2 l_2}{d/4}=\frac{1\times 4000\times\sin 30^\circ}{80/4}=100=\lambda_p$$

AC 杆仍为大柔度杆，有

$$F_2=\frac{\pi^2 EI}{(\mu_2 l_2)^2}=990\ \text{kN}$$

由 $F_2=\dfrac{\sqrt{3}F}{2}$ 得，由 AC 杆确定的整个结构的临界压力为 $F_{cr2}=\dfrac{2}{\sqrt{3}}F_2=1139$ kN。

考虑结构是由 AB 和 AC 杆共同组成，结构的临界压力应为 F_{cr1} 和 F_{cr2} 的最小值，即

$$F_{cr}=662\ \text{kN}$$

例 16.3　图 16.4 所示桁架由 5 根圆截面杆组成。已知各杆直径均为 $d=30$ mm，$l=1$ m。各杆的弹性模量均为 $E=200$ GPa，$\lambda_p=100$，$\lambda_0=60$，直线经验公式系数 $a=304$ MPa，$b=1.12$ MPa，许用应力 $[\sigma]=160$ MPa，并规定稳定安全因数 $n_{st}=3$，试求此结构的许可载荷 $[F]$。

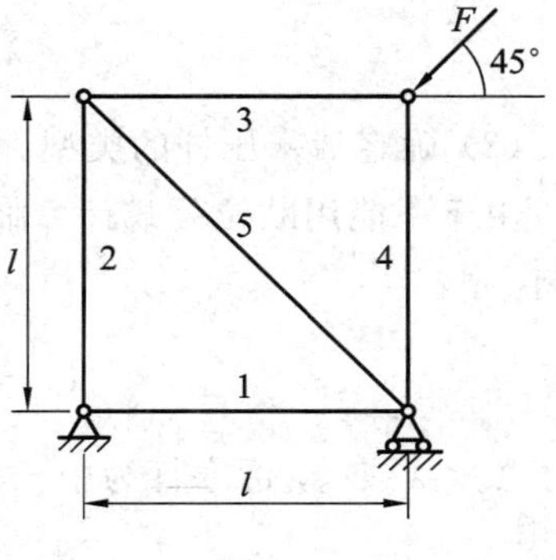

图 16.4

解　(1) 求各杆的轴向力。

由平衡条件可知杆 1、2、3、4 受压，其轴力为

$$F_{N1}=F_{N2}=F_{N3}=F_{N4}=F_N=\frac{F}{\sqrt{2}}$$

杆 5 受拉，其轴力为 $F_{N5}=F$。

(2) 对杆 5 进行强度计算，确定 F 许可值。

$$\sigma_5 = \frac{F_{N5}}{A} = \frac{4F}{\pi d^2} \leqslant [\sigma]$$

$$F \leqslant \frac{1}{4}[\sigma]\pi d^2 = \frac{1}{4} \times 160 \times 3.14 \times 30^2 = 113\ \text{kN}$$

(3) 按杆 1、2、3、4 的稳定条件确定 F 许可值。

$$I = \frac{\pi d^4}{64},\ i = \frac{d}{4}$$

$$\lambda = \frac{\mu l}{i} = \frac{1 \times 1000}{30/4} = 133$$

$\lambda > \lambda_p$，故杆为细长杆，由欧拉公式

$$F_{cr} = \frac{\pi^2 EI}{(\mu l)^2} = \frac{3.14^3 \times 200 \times 10^3 \times 30^4}{(1 \times 1000)^2 \times 64} = 78.5\ \text{kN}$$

由稳定性条件

$$\frac{F_{cr}}{F} \geqslant n_{st}$$

得

$$F \leqslant \frac{\sqrt{2}}{n_{st}} F_{cr} = 37.1\ \text{kN}$$

综上，考虑杆 5 的强度和杆 1、2、3、4 的稳定性，$[F] = 37.1$ kN。

例 16.4 活塞杆由 45 号钢制成，$\sigma_s = 350$ MPa，$\sigma_p = 280$ MPa，$E = 210$ GPa，长度 $l = 703$ mm，直径 $d = 45$ mm，最大压力 $F_{max} = 41.6$ kN。规定稳定安全系数为 $n_{st} = 8 \sim 10$，试校核其稳定性。

解 (1) 确定活塞压杆的柔度。

$$\lambda_p = \sqrt{\frac{\pi^2 E}{\sigma_p}} = 86,\ \mu = 1,\ i = \frac{d}{4}$$

活塞杆的柔度为

$$\lambda = \frac{\mu l}{i} = \frac{1 \times 703}{45/4} = 62.5 < \lambda_p$$

(2) 确定活塞压杆的类型。

由于不能用欧拉公式计算临界压力，查表得直线公式的 $a = 461$ MPa，$b = 2.568$ MPa，则有

$$\lambda_0 = \frac{a - \sigma_s}{b} = \frac{461 - 350}{2.568} = 43.2 < \lambda$$

由于 $\lambda_0 < \lambda < \lambda_p$，活塞杆为中长杆，可由直线公式计算临界应力，即

$$\sigma_{cr} = a - b\lambda = 461 - 2.568 \times 62.5 = 301\ \text{MPa}$$

临界压力为

$$F_{cr} = \sigma_{cr} A = 301 \times \frac{3.14 \times 45^2}{4} = 478\ \text{MPa}$$

(3) 活塞压杆的稳定性计算。

活塞的工作安全系数为

$$n=\frac{F_{cr}}{F}=\frac{478}{41.6}=11.5\geqslant n_{st}$$

满足稳定性要求。

三、自测题

(一) 选择题

1. 压杆临界压力的大小，有四种答案，正确的是(　　)。

(A) 与压杆所承受的轴向压力大小有关

(B) 与压杆的柔度大小有关

(C) 与压杆材料无关

(D) 与压杆的柔度大小无关

2. 长方形截面细长压杆如图 16.5 所示，$b/h=1/2$；将 b 改为 h 后仍为细长压杆，临界压力是原来的(　　)倍。

(A) 2 倍　　(B) 4 倍　　(C) 8 倍　　(D) 16 倍

3. 正方形截面杆，横截面边长 a 和杆长 l 成比例增加，它的柔度(长细比)(　　)。

(A) 成比例增加　　(B) 保持不变

(C) 按$(l/a)^2$ 变化　　(D) 按$(a/l)^2$ 变化

4. 图 16.6 所示材料、截面形状和面积都相同的压杆 AB 和 BC，杆长 $l_1=2l_2$，在受压时失稳状态为(　　)。

(A) AB 杆先失稳　　(B) BC 杆先失稳

(C) 两者同时失稳　　(D) 无法判定失稳情况

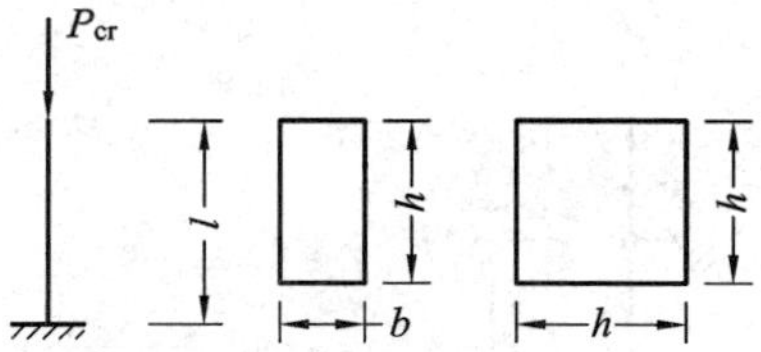

图 16.5

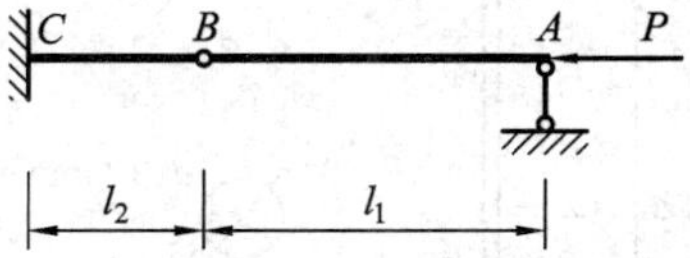

图 16.6

参考答案：1.(B)；2. (C)；3. (B)；4. (A)。

(二) 填空题

1. 非细长杆如果误用了欧拉公式计算临界力，其结果比该杆的实际临界力________。

2. 两根细长压杆，横截面面积相等，其中一个形状为正方形，另一个为圆形，其他条件均相同，则横截面为__________的柔度大，横截面为__________的临界压力大。

3. 圆截面的细长压杆，材料、杆长和杆端约束保持不变，若将压杆的直径缩小一半，则其临界力为原压杆的__________；若将压杆的横截面改变为面积相同的正方形截面，则其临界力为原压杆的__________。

4. 图 16.7 所示的三种结构，各杆的总长度相等，所有压杆截面形状和尺寸以及材料均相同，且均为细长杆。已知两端铰支压杆的临界力为 $P_{cr}=20$ kN，则图 16.7(b)压杆的临界力为__________；图 16.7(c)压杆的临界力为__________。

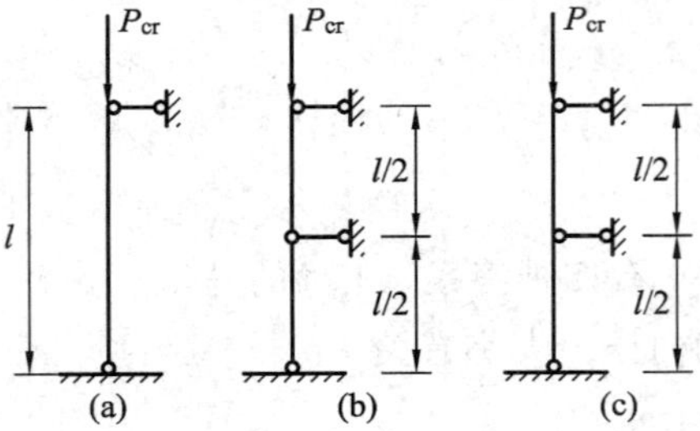

图 16.7

5. 提高压杆稳定性措施有__________、__________、__________、__________。

参考答案：1. 大；2. 圆形，正方形；3. $\frac{3}{16}$，$\frac{\pi}{3}$；4. 80 kN，20 kN；5. 略。

（三）计算题

1. 图 16.8 所示结构，杆长为 $L=300$ mm，弹性模量为 $E=70$ GPa，$\lambda_p=50$，$\lambda_0=10$，$a=384$ MPa，$b=2.18$ MPa。

求：(1) 杆的柔度 λ；(2) 临界力 P_{cr} 大小。

2. 图 16.9 所示细长压杆，截面为圆环形，$E=70$ GPa，稳定安全系数 $n_{st}=2$，计算压杆横截面厚度 t。

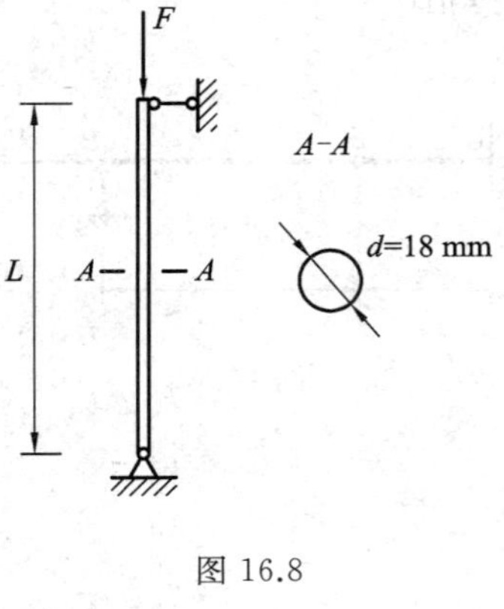

图 16.8

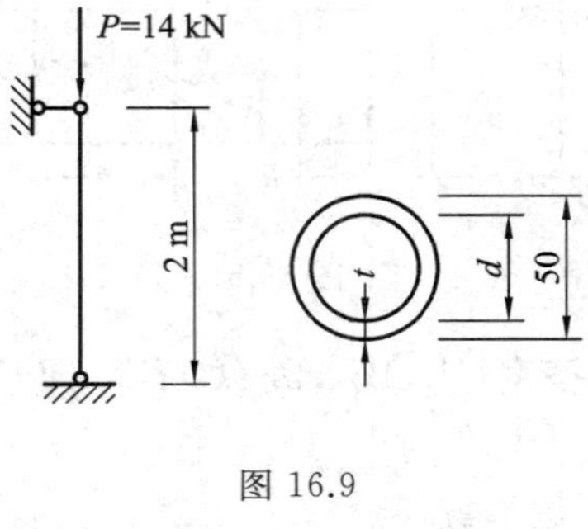

图 16.9

3. 图 16.10 所示结构中，CD 为圆形截面钢杆，已知 $l=800$ mm、$d=20$ mm，钢材的弹性模量 $E=2\times10^5$ MPa，比例极限 $\sigma_p=200$ MPa，$\lambda_p=100$，$\lambda_s=60$，稳定安全系数 $n_{st}=3$，经验公式 $\sigma_{cr}=304-1.12\lambda$ (MPa)。(1) 计算 CD 杆的柔度；(2) 从 CD 杆的稳定性角度考虑

求该结构的许可荷载[P]。

4. 在图 16.11 所示结构中，AB 为圆截面杆，其直径 $d=80$ mm，杆长 $l_1=4.5$ m，BC 为正方形截面杆，其边长 $a=70$ mm，杆长 $l_2=4.5$ m。两杆的材料相同，弹性模量 $E=2\times10^5$ MPa，$\lambda_p=123$。试求此结构的临界力。

5. 图 16.12 所示压杆由直径 $d=60$ mm 的圆钢制成，$E=200$ GPa，$\lambda_p=100$，$\lambda_s=60$，中长杆临界应力公式 $\sigma_{cr}=304-1.12\lambda$（MPa）。(1) 计算杆的惯性半径、柔度，判断这根杆是大柔度杆、中柔度杆还是小柔度杆。(2) 求压杆的临界应力 σ_{cr} 和临界压力 F_{cr}。

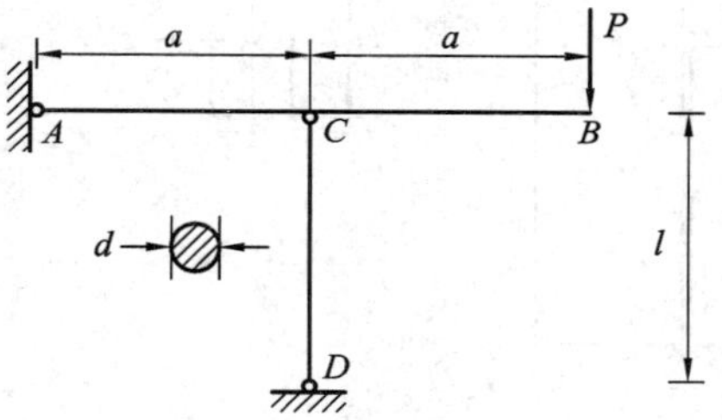

图 16.10

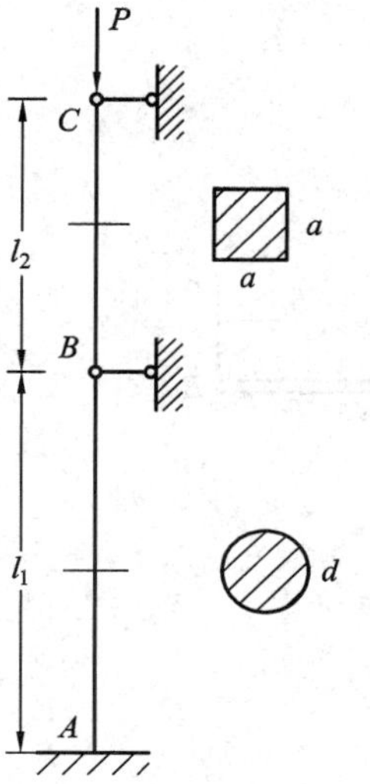

图 16.11

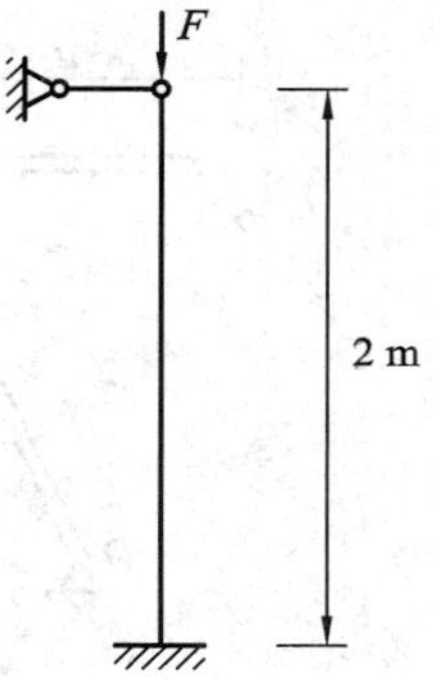

图 16.12

6. 某工厂自制的简易起重机如图 16.13 所示。压杆 BD 为 20 号槽钢，材料为 Q235 钢。最大起重量 $W=40$ kN。如规定稳定安全因数 $n_{st}=5$，试校核压杆 BD 的稳定性。

7. 图 16.14 所示压杆，$l=300$ mm，$b=15$ mm，$h=20$ mm；材料的弹性模量 $E=70$ GPa，$\lambda_p=50$，$\lambda_0=0$，中柔度杆的临界应力为 $\sigma_{cr}=382-2.18\lambda$（MPa）。(1) 试判断此压杆是细长压杆还是中柔度杆。(2) 求压杆的临界载荷；(3) 若载荷为 $F=25$ kN，并要求稳定安全因数 $n_{st}=3.5$，试问此压杆是否安全。

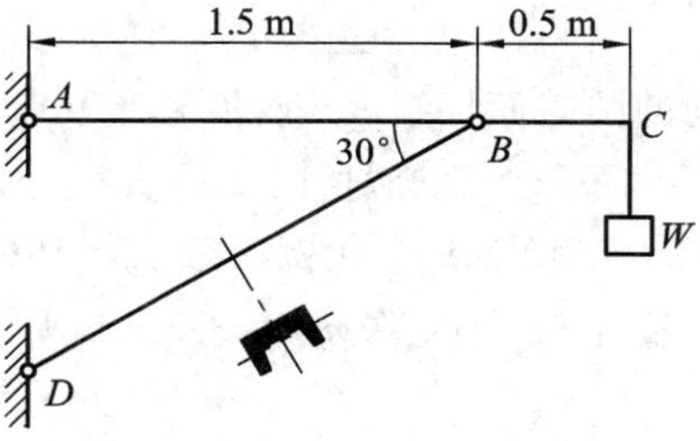

图 16.13

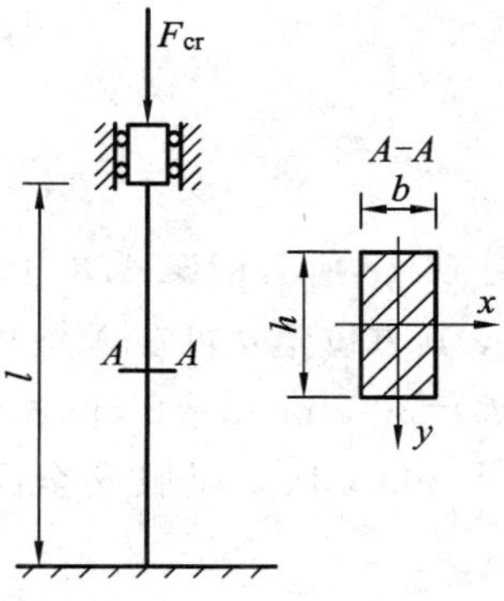

图 16.14

8. 如图 16.15 所示的结构中，各杆的重量不计，杆 AB 可视为刚性杆。已知 $a=100$ cm，$b=50$ cm，杆 CD 长 $L=2$ m，横截面为边长 $h=5$ cm 的正方形，材料的弹性模量 $E=200$ GPa，比例极限 $\sigma_p=200$ MPa，稳定安全系数 $n_{st}=3$。求结构的许可外力[P]。

9. 图 16.16 所示压杆，杆长 $L=3$ m，其截面为 $A=4500\ mm^2$，材料的 $E=200$ GPa，$\lambda_p=100$，$\lambda_0=61.4$，中柔度杆的临界应力公式为 $\sigma_{cr}=304\ MPa-(1.12\ MPa)\lambda$。(1) 判断此杆为细长压杆还是中柔度杆压杆；(2) 求结构失稳时的载荷 F_{cr}；(3) 若稳定安全因数 $n_{st}=2.5$，确定结构的最大工作压力。

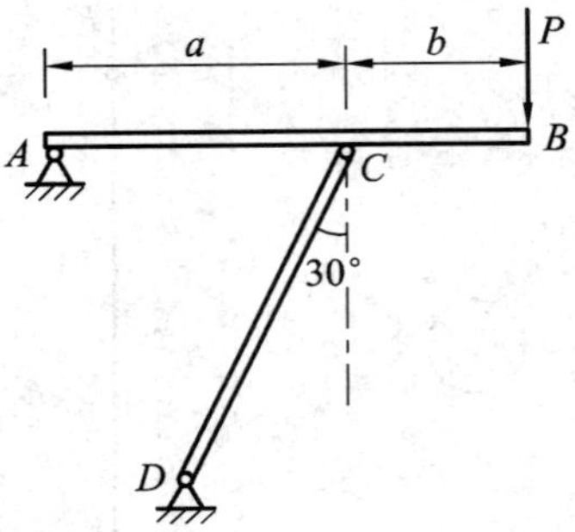

图 16.15

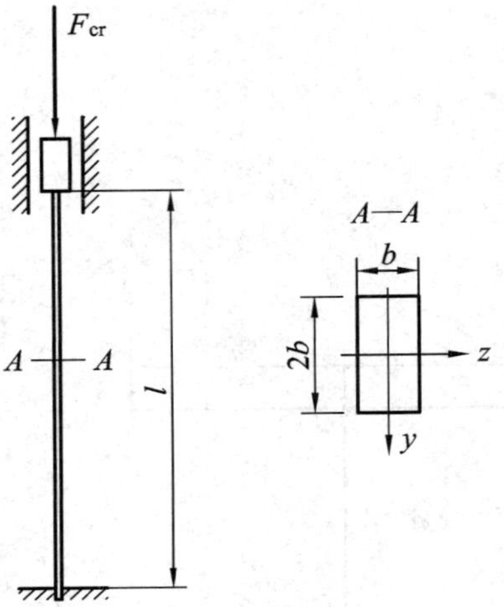

图 16.16

10. 图 16.17 所示结构，尺寸如图 16.17 所示，立柱为圆截面，材料的 $E=200$ GPa，$\sigma_p=200$ MPa。若稳定安全因数 $n_{st}=2$，校核立柱的稳定性。($\lambda_p=\pi\sqrt{E/\sigma_p}$)。

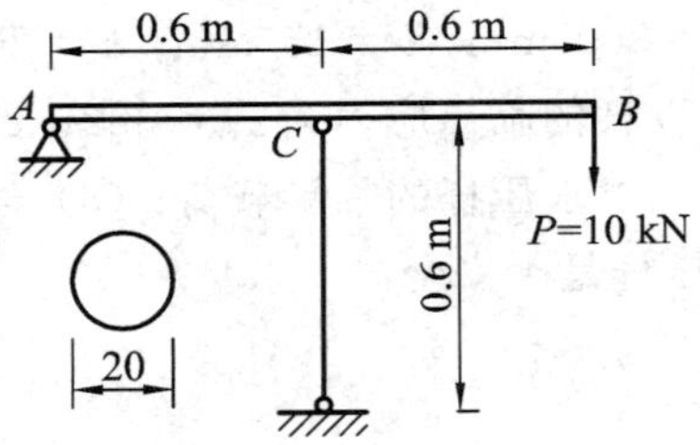

图 16.17

11. 图 16.18 所示桁架 ABC 由两根材料相同的圆截面杆组成，该桁架在节点 B 处受载荷 F 作用，其方位角 θ 可在 0°与 90°间变化，$0\leqslant\theta\leqslant\pi/2$。已知杆 1、2 的直径分别为 $d_1=20$ mm，$d_2=30$ mm，$a=2$ m，材料的屈服极限 $\sigma_s=240$ MPa，比例极限 $\sigma_p=196$ MPa，弹性模量 $E=200$ GPa，屈服安全因数 $n_s=2.0$，稳定安全因数 $n_{st}=2.5$。试计算许可载荷值[F]。

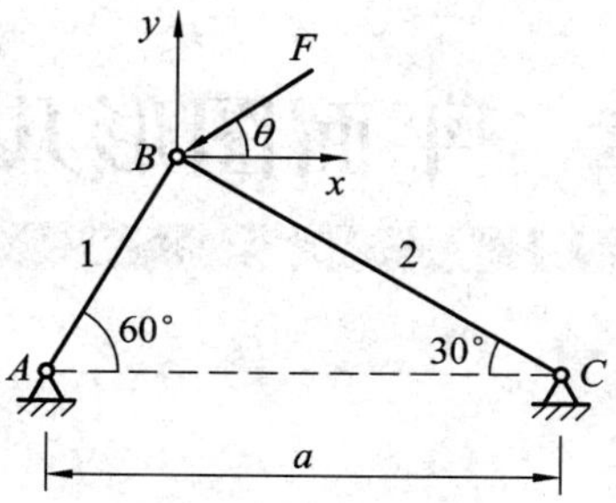

图 16.18

参考答案：

1. $\lambda=66.7$，$P_{cr}=39.4$ kN；
2. $t=4.3$ mm；
3. $\lambda=160$，$[P]=4.03$ kN；
4. $P'_{cr}=400$ kN；
5. $i=15$ mm，$\lambda=93.33$，中柔度杆，$\sigma_{cr}=199.47$ MPa，$F_{cr}=563.99$ kN；
6. $n=6.5>5$，稳定；
7. $\lambda=36.4$，中柔度杆，$F_{cr}=91.94$ kN，$n=3.68>n_{st}$，安全；
8. $[P]=49.4$ kN；
9. 740.2 kN，296.1 kN；
10. $\lambda=120$，临界应力 43 kN，$n=2.15$，稳定；
11. $[F]=6.2$ kN。

第 17 章 平面图形几何性质

一、知识点归纳

1. 静矩和形心

1）平面图形的静矩和形心坐标

平面图形的面积为 A，如图 17.1 所示，则其对 z 轴和 y 轴的静矩分别为

$$S_z=\int_A y\mathrm{d}A=y_C A,\ S_y=\int_A z\mathrm{d}A=z_C A$$

$(z_C,\ y_C)$为形心坐标。

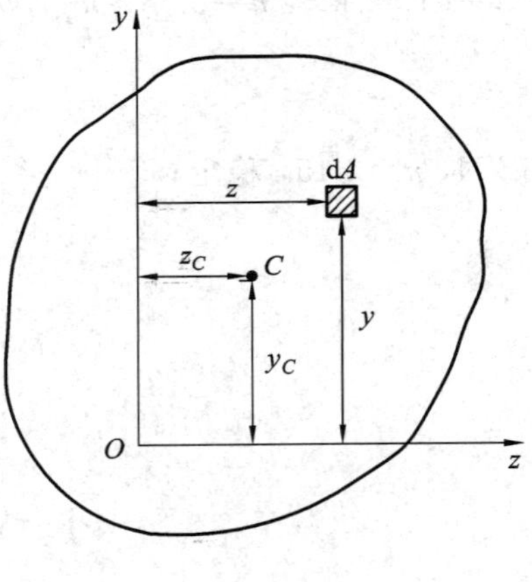

图 17.1

2）组合图形的静矩和形心

组合图形的静矩为

$$S_z=\sum_{i=0}^{n}A_i y_i,\ S_y=\sum_{i=0}^{n}A_i z_i$$

组合图形的形心坐标为

$$z_C=\frac{\sum_{i=1}^{n}A_i z_i}{A},\ y_C=\frac{\sum_{i=1}^{n}A_i y_i}{A}$$

3）静矩的特点

(1) 静矩是对坐标轴而言的，静矩可能为正，可能为负，可能为零；静矩的量纲为长度

的三次方，即 mm^3 或 m^3。

(2) 截面对形心轴的静矩等于零；反之，如果截面对某一轴的静矩为零，则该轴必通过截面的形心。

2. 惯性矩、极惯性矩、惯性积和惯性半径

1) 惯性矩、极惯性矩

平面图形的面积为 A，如图 17.2 所示，则其对 z 轴和 y 轴的惯性矩分别为

$$I_z=\int_A y^2 \mathrm{d}A,\ I_y=\int_A z^2 \mathrm{d}A$$

对坐标原点 O 的极惯性矩为

$$I_\rho=\int_A \rho^2 \mathrm{d}A$$

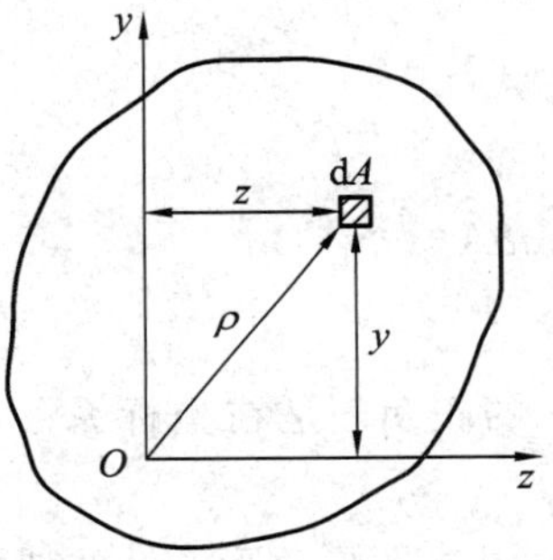

图 17.2

2) 惯性矩和极惯性矩特点

(1) 平面图形的惯性矩是对坐标轴的，而极惯性矩是对坐标原点的。

(2) 惯性矩和极惯性矩的量纲为长度的四次方，即 mm^4 或 m^4。

(3) 惯性矩和极惯性矩的关系是：$I_\rho=I_z+I_y$。

(4) 组合截面对于坐标轴的惯性矩等于各部分对于该轴惯性矩之和，组合截面对于坐标原点的极惯性矩等于各部分对于该点极惯性矩之和，即 $I_z=\sum I_{zi}$，$I_y=\sum I_{yi}$，$I_\rho=\sum I_{\rho i}$。

3) 惯性积、惯性半径

(1) 图 17.2 中的平面图形对于 z 和 y 轴的惯性积为

$$I_{zy}=\int_A zy\,\mathrm{d}A$$

(2) 对于 z 和 y 轴的惯性半径分别为

$$i_z=\sqrt{\frac{I_z}{A}},\ i_y=\sqrt{\frac{I_y}{A}}$$

4) 惯性积和惯性半径特点

(1) 惯性积是对互相垂直的一对坐标轴的，惯性半径是对某一坐标轴的。

(2) 惯性积的数值可正可负，也可为零。若一对坐标轴中，有一轴为图形对称轴，则图形对这一对坐标轴的惯性积必等于零。

(3) 惯性积的量纲为长度的四次方，即 mm^4 或 m^4，惯性半径量纲为长度的一次方，即 mm 或 m。

(4) 组合截面对于某一对坐标轴的惯性积等于各部分对于该对坐标轴惯性积之和，即

$$I_{zy} = \sum I_{zyi}$$

3. 平行移轴定理

1) 平行移轴定理

图 17.3 所示图形对形心轴 z_C 和 y_C 轴的惯性矩为 I_{zC} 和 I_{yC}，惯性积为 I_{zCyC}，则图形对轴 z 和 y 的惯性矩和惯性积分别为

$$I_z = I_{zC} + a^2 A$$
$$I_y = I_{yC} + b^2 A$$
$$I_{zy} = I_{zCyC} + abA$$

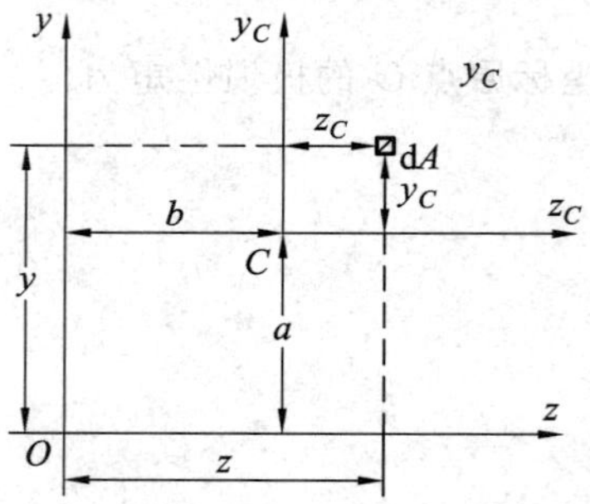

图 17.3

2) 平行移轴定理的特点

(1) 平行轴间的距离 a 和 b 的正负，是在坐标系 zOy 中确定的。

(2) 在所有相互平行的坐标轴中，图形对形心轴的惯性矩最小。

二、典型例题解析

例 17.1 半径为 R 的半圆形截面位于坐标系中，如图 17.4 所示，计算截面对 z 轴的静矩 S_z 和形心坐标 y_C。

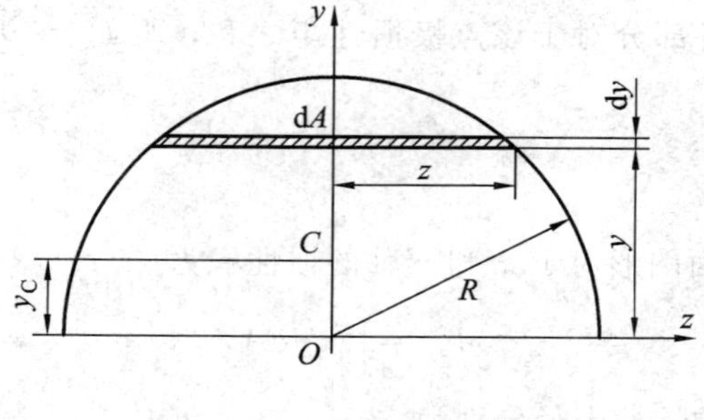

图 17.4

解 在纵坐标为 y 处，z 方向坐标为 $z=\sqrt{R^2-y^2}$

取长边平行于 z 轴，长度为 $2z$、宽为 dy 的微面积 dA，dA 为

$$dA = 2z\,dy = 2\sqrt{R^2 - y^2}\,dy$$

半圆形截面对坐标轴 z 的静矩 S_z 为

$$S_z = \int_A y \mathrm{d}A = \int_0^R 2y\sqrt{R^2 - y^2}\,\mathrm{d}y = \frac{2R^3}{3}$$

得形心 C 的坐标 y_C 为

$$y_C = \frac{S_z}{A} = \frac{4R}{3\pi}$$

例 17.2　试确定图 17.5 所示截面的形心 C 的坐标。

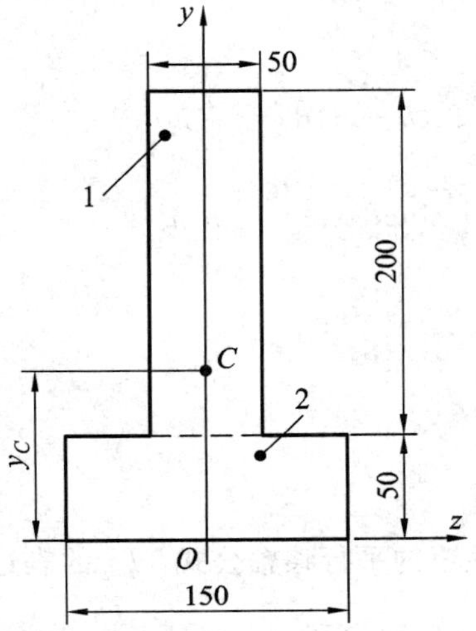

图 17.5

解　此截面左右两部分相对于 y 轴对称，形心坐标 $z_C=0$，建立如图 17.5 所示的坐标轴，将截面分为 1、2 两个矩形。由形心坐标公式得

$$y_C = \frac{A_1 y_1 + A_2 y_2}{A_1 + A_2} = \frac{200 \times 50 \times \left(\frac{200}{2} + 50\right) + 150 \times 50 \times \frac{50}{2}}{200 \times 50 + 150 \times 50} = 96.4 \text{ mm}$$

形心 C 的坐标为(0，96.4)。

例 17.3　试求图 17.6 所示图形的形心坐标 y_C 和 z_C。

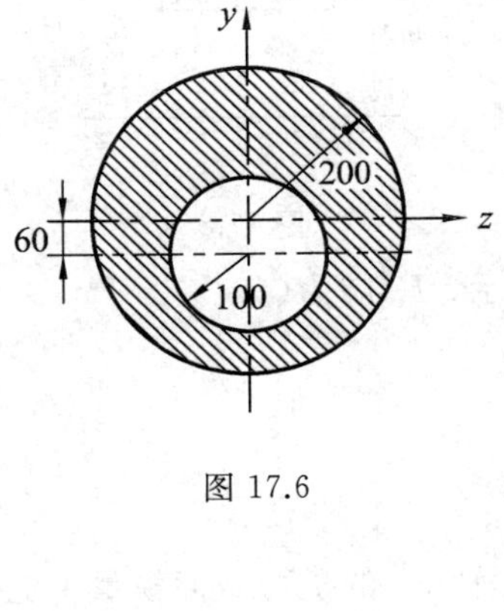

图 17.6

解 $y_C=\dfrac{A_1y_1+A_2y_2}{A_1+A_2}$

$=\dfrac{\pi\times200^2\times0+\pi\times100^2\times(-60)}{\pi\times200^2-\pi\times100^2}=-20\ \text{mm}$

$z_C=0$

例 17.4 试求图 17.7 图形的 I_y、I_z 和 I_{zy}。

解 $I_z=\int_A y^2\mathrm{d}A=\int_0^h\dfrac{b}{h}y^3\mathrm{d}y=\dfrac{1}{4}bh^3$

同理：

$$I_y=\int_A z^2\mathrm{d}A=\int_0^b\frac{h}{b}z^2(b-z)\mathrm{d}z=\frac{1}{12}hb^3$$

$$I_{zy}=\int_A zy\mathrm{d}A=\int_0^h\int_0^{\frac{b}{h}y}yz\mathrm{d}y\mathrm{d}z=\frac{1}{8}b^2h^2$$

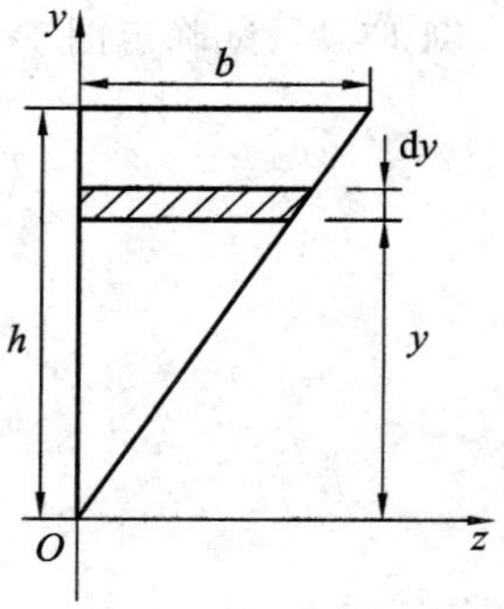

图 17.7

三、自测题

(一) 选择题

1. 如图 17.8 所示，由惯性矩的平行移轴公式，I_{z_2} 的表达式应为(　　)。

(A) $I_{z_2}=I_{z_1}+\dfrac{bh^3}{4}$　　(B) $I_{z_2}=I_z+\dfrac{bh^3}{4}$

(C) $I_{z_2}=I_z+bh^3$　　(D) $I_{z_2}=I_{z_1}+bh^3$

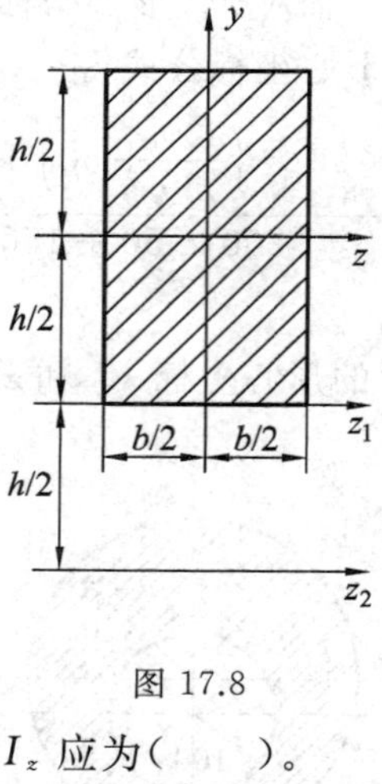

图 17.8

2. 工字形截面如图 17.9 所示，I_z 应为(　　)。

(A) $\dfrac{11}{144}bh^3$　　(B) $\dfrac{11}{121}bh^3$

(C) $\dfrac{1}{32}bh^3$　　(D) $\dfrac{29}{144}bh^3$

3. 图 17.10 所示截面对形心轴 z_C 的抗弯截面模量 W_{zC} 应为(　　)。

(A) $bH^2/6-bh^2/6$　　(B) $(bH^2/6)[1-(h/H)^3]$

(C) $(bh^2/6)[1-(H/h)^3]$　　(D) $(bh^2/6)[1-(H/h)^4]$

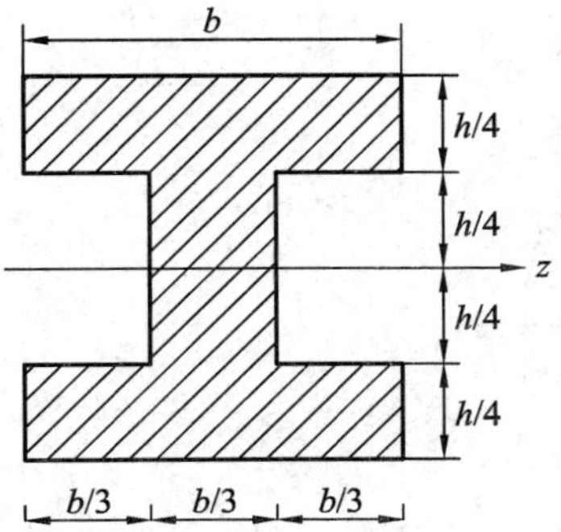

图 17.9

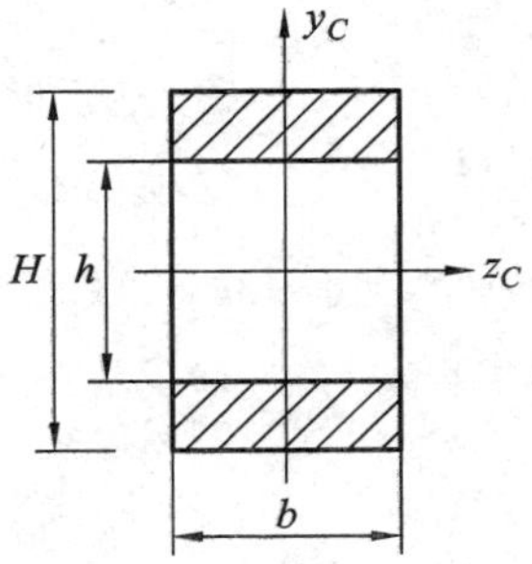

图 17.10

参考答案：1.(C)；2.(A)；3.(B)。

(二) 填空题

1. 图 17.11 所示在边长为 $2a$ 的正方形的中心部挖去一个边长 a 的正方形，则该图形对 y 轴的惯性矩为__________。

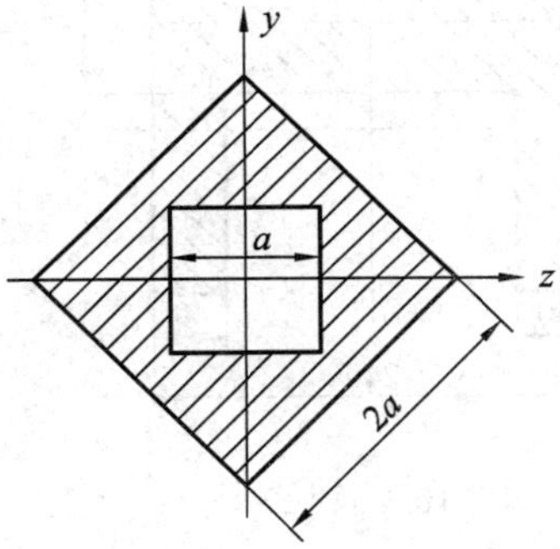

图 17.11

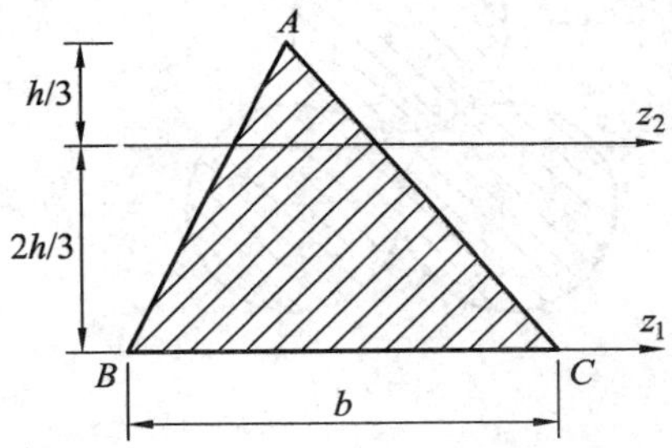

图 17.12

2. 图 17.12 所示三角形 ABC，已知 $I_{z_1}=bh^3/12$，z_2 轴 // z_1 轴，则 I_{z_2} 为__________。

3. 图 17.13 所示 $B\times H$ 的矩形中挖掉一个 $b\times h$ 的矩形，则此平面图形的 $W_z=$__________。

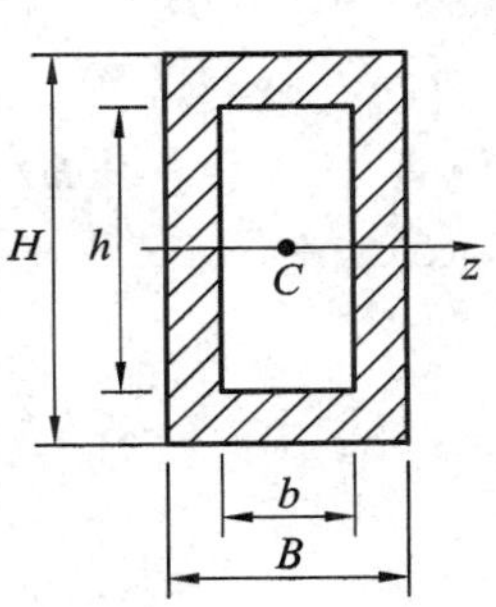

图 17.13

4. 用 I_p、I_y 及 I_z 间的关系式表达图 17.14 中直角扇形的 $I_y =$ ____________，$I_z =$ ____________。

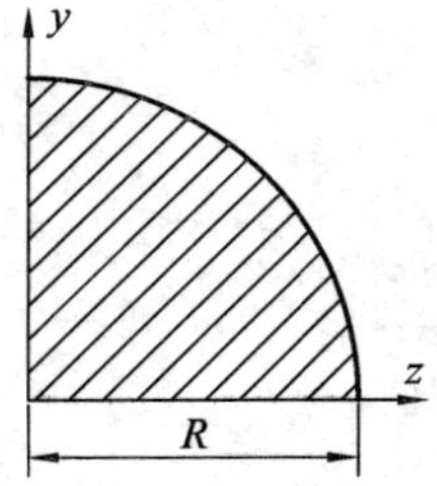

图 17.14

参考答案：1. $\frac{5}{4}a^4$；2. $I_{z_2} = I_{z_1} = bh^3/12$；3. $W_z = \frac{BH^2}{6} - \frac{bh^3}{6H}$；4. $I_y = I_z = \frac{\pi R^4}{16}$。

(三) 计算题

1. 如图 17.15 所示，求由三个直径为 d 的相切圆，构成组合截面对形心轴 x 的惯性矩。

图 17.15

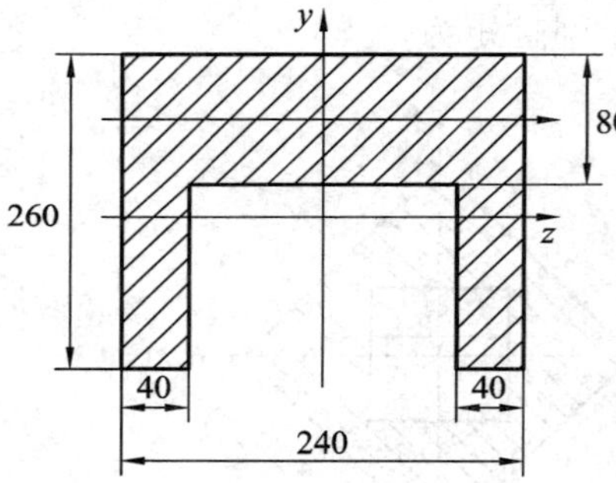

图 17.16

2. 试求图 17.16 所示图形对形心轴的 I_{y_C} 和 I_{z_C}。

3. 图 17.17 所示平行四边形截面，高为 h，底边宽度为 b，求该截面对水平形心轴 z 的惯性矩。

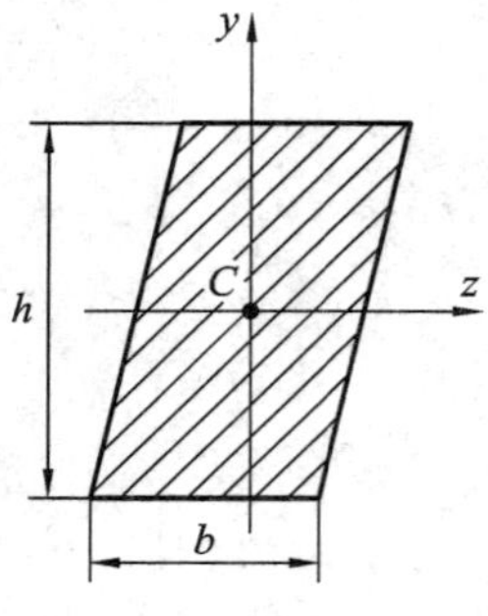

图 17.17

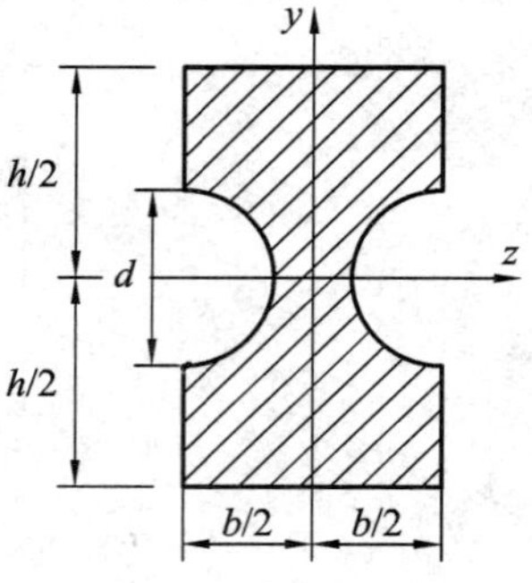

图 17.18

4. 如图 17.18 所示，一矩形截面 $b=2h/3$，从左右两侧切去直径为 d 的半圆形，$d=h/2$，

试求：(1) 切去部分面积占原面积的百分比；(2) 切去后的平面图形对 z 轴的惯性矩与原矩形截面对 z 轴的惯性矩之比。

5. 如图 17.19 所示，在直径为 400 mm 的圆中挖去一个直径为 200 mm 的小圆，求该截面图形形心坐标 y_C 以及对形心轴 z_C 的惯性矩 I_z。

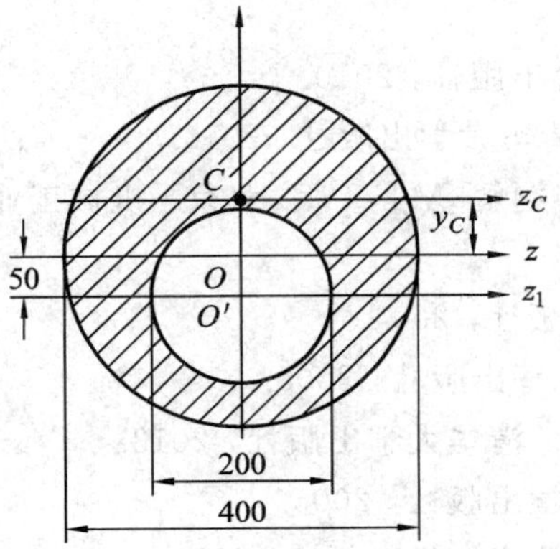

图 17.19

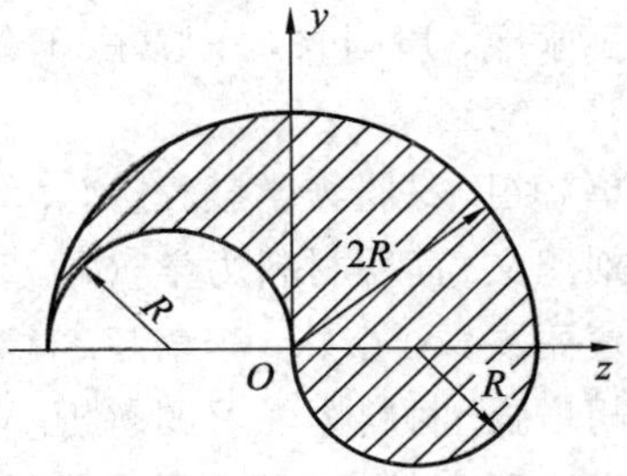

图 17.20

6. 如图 17.20 所示，试求图形对 y、z 轴的惯性矩和惯性积，已知 R。

参考答案：

1. $I_x=\dfrac{11\pi d^4}{64}$；

2. $y_C=-55.7$ mm，$I_{yC}=188.2\times10^{10}$ mm^4，$I_{zC}=23.8\times10^6$ mm^4；

3. $\dfrac{bh^3}{12}$；

4. $\dfrac{A_2}{A_1}=29.45\%$，$\dfrac{I_2}{I_1}=94.5\%$；

5. $y_C=16.67$ mm，$I_{zC}=3.417\times10^8$ mm^4；

6. $I_y=I_z=2\pi R^4$，$I_{zy}=0$。

参考文献

[1] 哈尔滨工业大学理论力学教研室. 理论力学Ⅰ[M]. 7版. 北京：高等教育出版社,2009.

[2] 程新. 简明理论力学[M]. 2版. 北京：高等教育出版社，2010.

[3] 刘立厚，潘颖，曹丽杰. 理论力学[M]. 北京：清华大学出版社，2016.

[4] 王永廉，唐国兴，王晓军. 理论力学学习指导与题解[M]. 2版. 北京：机械工业出版社，2013.

[5] 单辉祖. 材料力学教程[M]. 北京：高等教育出版社，2004.

[6] 刘鸿文. 简明材料力学[M]. 2版. 北京：高等教育出版社，2008.

[7] 曹丽杰，刘小妹，李培超. 材料力学[M]. 北京：清华大学出版社，2013.

[8] 胡增强. 材料力学习题解析[M]. 北京：清华大学出版社，2005.

[9] 郭应征. 材料力学提要与例题解析[M]. 北京：清华大学出版社，2008.

[10] 侯倩倩，高红. 材料力学辅导及习题精解[M]. 延边：延边大学出版社，2015.

[11] 李培超. 简明工程力学[M]. 2版. 北京：清华大学出版社，2016.

[12] 王永廉，汪云祥，方建士. 材料力学学习指导与题解[M]. 北京：机械工业出版社，2011.

[13] 西南交通大学应用力学与工程系. 工程力学教程[M]. 北京：高等教育出版社,2004.

[14] 邱小林，包忠有，杨秀英，等. 工程力学学习指导[M]. 2版. 北京：北京理工大学出版社，2012.